海洋遥感与海洋大数据丛书

北极海洋遥感监测技术

王其茂 等 著

科学出版社

北 京

内 容 简 介

本书是作者团队近几年在北极遥感卫星数据接收与处理技术、北极冰海气陆环境参数反演方法等方面的相关工作成果的集成凝练。全书共 6 章，包括北极地区概况和环境特点、北极地区的卫星数据接收与快速处理技术、北极海洋环境高时空分辨率遥感信息提取技术、北极海冰遥感信息提取技术、北极洋面上空大气遥感信息提取技术、北极典型滨海湿地和海岸线变迁遥感监测技术。

本书可供海洋遥感、极地环境监测等相关领域科研人员参考，也适用于高等院校海洋、遥感等相关专业的师生参考使用。

审图号：GS 京（2025）0128 号

图书在版编目（CIP）数据

北极海洋遥感监测技术 / 王其茂等著. -- 北京 ：科学出版社，2025. 3. --（海洋遥感与海洋大数据丛书）. -- ISBN 978-7-03-081378-7

Ⅰ. P715.7

中国国家版本馆 CIP 数据核字第 2025KS7036 号

责任编辑：董 墨 谢婉蓉 赵 晶 / 责任校对：郝甜甜
责任印制：徐晓晨 / 封面设计：苏 波

科学出版社 出版
北京东黄城根北街 16 号
邮政编码：100717
http://www.sciencep.com
北京建宏印刷有限公司印刷
科学出版社发行 各地新华书店经销
*
2025 年 3 月第 一 版 开本：787×1092 1/16
2025 年 3 月第一次印刷 印张：13 3/4
字数：324 000
定价：198.00 元
（如有印装质量问题，我社负责调换）

"海洋遥感与海洋大数据丛书" 序

在生物学家眼中，海洋是生命的摇篮，是五彩缤纷的生物多样性天然展览厅；在地质学家心里，海洋是资源宝库，蕴藏着地球村人类持续生存的希望；在气象学家看来，海洋是风雨调节器，云卷云舒一年又一年；在物理学家脑中，海洋是运动载体，风、浪、流汹涌澎湃；在旅游家脚下，海洋是风景优美的旅游胜地；在遥感学家看来，人类可以具有如齐天大圣孙悟空之能，腾云驾雾感知一望无际的海洋，让海洋透明、一目了然；在信息学家看来，海洋是五花八门、瞬息万变、铺天盖地的大数据源。有人分析，世界上现存的大数据中环境类大数据占 70%，而海洋环境大数据量占到了其中的 70%以上，与海洋占地球的面积基本吻合。随着卫星传感网络等高新技术日益发展，天-空-海和海面-水中-海底立体观测所获取的数据逐年呈指数级增长，大数据在21 世纪将掀起惊涛骇浪的海洋信息技术革命。

我国海洋科技工作者遵循习近平总书记"关心海洋，认识海洋，经略海洋"的海洋强国战略思想，独立自主地进行了水色、动力和监视三大系列海洋遥感卫星的研发。随着一系列海洋卫星成功上天和业务化运行，海洋卫星在数量上已与气象卫星齐头并进，卫星海洋遥感观测组网基本完成。海洋大数据是以大数据驱动智能的新兴海洋信息科学工程，来自卫星遥感和立体观测网源源不断的海量大数据，在网络和云计算技术支持下进行快速处理、智能处理和智慧应用。

在海洋信息迅猛发展的大背景下，"海洋遥感与海洋大数据丛书"呼之欲出。丛书总结和提炼"十三五"国家重点研发计划项目和近几年来国家自然科学基金等项目的研究成果，内容涵盖两大部分。第一部分为海洋遥感科学与技术，包括《海洋遥感动力学》《海洋微波遥感监测技术》《海洋高度计的数据反演与定标检验：从一维到二维》《北极海洋遥感监测技术》《海洋激光雷达探测技术》《中国系列海洋卫星及其应用》；第二部分为海洋大数据处理科学与技术，包括《海洋大数据分析预报技术》《海洋环境安全保障大数据处理及应用》《海洋遥感大数据信息生成及应用》《海洋环境再分析技术》《海洋盐度卫星资料评估与应用》。

海洋是当今国际上政治、经济、外交和军事博弈的重要舞台，博弈无非是对海洋环境认知、海洋资源开发和海洋权益维护能力的竞争。在这场错综复杂的三大能力的竞争中，哪个国家掌握了高科技制高点，哪个国家就掌握了主动权。本套丛书可谓海洋信息技术革命惊涛骇浪下的一串闪闪发亮的水滴珍珠链，著者集众贤之能、承实践之上，总结经验、理出体会、挥笔习书，言海洋遥感与大数据之理论、摆实践之范例，是值得一读的佳作。更欣慰的是，通过丛书的出版，看到了一大批年轻的海洋遥感与信息学家的崛起和成长。

　　"百尺竿头，更进一步"。殷切期盼从事海洋遥感与海洋大数据的科技工作者再接再厉，发海洋遥感之威，推海洋大数据之浪，为"透明海洋和智慧海洋"做出更大贡献。

中国工程院院士

2022 年 12 月 18 日

前　言

近年来，在全球变暖、北极海冰加速融化的背景下，东北航道商业航行实现常态化，北极油气资源开发变得可行，北极在地缘政治、自然资源、商业航运和科学研究等诸多方面的价值日益凸显，成为各国激烈争抢的战略新高地。我国秉承和平、合作、互惠和可持续的发展理念，正深度参与北极治理、积极建设"冰上丝绸之路"。无论是全球气候变化研究还是北极船舶安全航行，都迫切需要全面掌握北极海冰及环境信息。"十三五"期间，面向上述重大需求，科技部在国家重点研发计划"海洋环境安全保障"重点专项中设立了"北极环境卫星遥感与数值预报合作平台建设"项目，旨在解决我国北极活动自主海洋环境安全保障能力薄弱，保障产品时效性、精度、时空分辨率不足的突出问题，开展了北极遥感卫星高可靠数据接收与实时快速处理技术、北极冰海气陆环境参数反演方法等相关研究。该项目优化了自主卫星全球接收站网布局，提升了我国北极环境认知水平、业务化观测和服务保障能力，实现了我国主导的全球海洋立体观测系统向极地区域的拓展，深化了我国与北极周边国家的国际合作，提高了我国深度参与北极治理的水平和国际影响力，为"冰上丝绸之路"和全球变化研究提供了技术支撑和信息服务。

本书总结了该项目近年来在这些领域的研究成果，全书共分为 6 章。第 1 章介绍了北极环境卫星遥感概况，概述了全球气候变化和北极航运所需的北极环境监测手段和技术。第 2 章介绍了北极地区的卫星数据接收与快速处理技术。第 3 章介绍了海面风场、有效波高、海表温度、叶绿素 a 浓度等北极海洋环境信息反演和高时空分辨率融合技术。第 4 章介绍了北极海冰遥感信息提取技术，详细阐述了海冰密集度、海冰厚度等北极海冰参数的卫星遥感反演方法。第 5 章介绍了北极区域复杂环境下的云、海雾、风矢量和大气温湿廓线等大气环境参数的卫星反演算法。第 6 章介绍了北极海岸带滨海湿地卫星遥感信息提取技术，并在此基础上研究了气候变化及海洋环境演变背景下北极海岸线和滨海湿地时空变迁特征。

本书各章主要撰写人员如下：第 1 章王其茂、石立坚；第 2 章孙从容、胡玉新、闫朝星、刁宁辉、张问一、初庆伟；第 3 章崔廷伟、张婷、孙伟富、陈晓英、郝天一、向金朝、李宇恒、胡焕、刘超；第 4 章刘健、王曦、肖艳芳、廖蜜、胡晶晶、鲍艳松、刘辉；第 5 章柯长青、石立坚、张晰、沈校熠、李海丽、曾韬；第 6 章任广波、邹亚荣、张华国、王建步、王隽。

感谢丛书主编潘德炉院士对本书撰写给予的关心和指导！

本书的出版得到国家重点研发计划项目"北极环境卫星遥感与数值预报合作平台建设"（编号：2018YFC1407200）的资助，本书在撰写过程中得到了项目所有骨干成员的大力支持。由于时间紧迫和编写人员水平所限，本书难免存在不足和疏漏，请读者不吝指正。

作　者

2023 年 11 月

目　录

第1章　北极环境卫星遥感概况

1.1　北极的特殊地理位置

1.1.1　北极地理位置概况

北极是指 66°34′N（北极圈）以北的区域，包括极区北冰洋、边缘陆地海岸带及岛屿、北极苔原和最外侧的泰加林带等区域。北极圈以北的北极地区总面积达到 2100 万 km²，其中位于北极圈内的北冰洋面积为 1475 万 km²，是世界四个大洋中最小的一个。北冰洋占北极地区面积的 60%以上，冬季平均冰厚可达 2 m，中央区的冰厚达到 4 m（Landy et al.，2022）。

1.1.2　北极区域特点

北极地区包括整个北冰洋以及周边国家的部分地区，特殊的地理位置决定了北极地区是从东西半球到另一半球的最短海上航运路线。北极海域最早的航行者应该是在北极地区生活了数千年的土著民族。他们在数千年的历史中，为了寻找食物、适宜居住地而不断迁徙并探索着神秘的北极海域。从中世纪开始，欧洲人认为从挪威海北上，沿着海岸向东或者向西一直航行，就可以到达东方的中国。但是当时受制于恶劣的自然条件和不发达的航海技术，穿越北极区域的航行是一个几乎不可能完成的、非常艰难的任务。随着科技的发展，许多探险家锲而不舍、前仆后继，通过不懈的努力打通了欧亚大陆与北美大陆之间的东北航线和西北航线。近年来，随着全球气候变暖和北极海冰的消融加剧，北极航道潜在的重要商业价值渐渐被人发现。

北极航道是指穿过北冰洋，连接大西洋和太平洋的海上航道，该航道主要可分为三条：东北航道、西北航道和极点航道，与传统的经过苏伊士运河或巴拿马运河的商业航道相比，这三条航道均是连接大西洋北部与太平洋北部的快捷通道，可以使欧洲、亚洲和北美洲更加紧密地联系到一起。

东北航道大部分航段位于俄罗斯北部沿海的北冰洋离岸海域，是连接大西洋和太平洋的海上捷径，全长约 5620 海里（顾维国等，2011），即从北欧出发，向东穿过巴伦支海、喀拉海、拉普捷夫海、新西伯利亚海和楚科奇海五大海域，直到白令海峡，该航线开通于 20 世纪 30 年代，目前该航道每年可维持通航 2～3 个月，部分航段需要岸基支持和破冰船协助。

西北航道大部分航段位于加拿大北极群岛水域，全长约 800 海里，东起加拿大北部巴芬岛以北，途经戴维斯海峡和巴芬湾，向西穿过加拿大北极群岛水域，到达美国阿拉斯加州北面的波弗特海，是连接大西洋和太平洋的一条航道。

受天气和海冰等环境因素的影响，极点航道为一条理论航线，这条航线从白令海峡出发，不经过俄罗斯或加拿大沿岸，直接穿过北冰洋中心区域到达格陵兰海或挪威海，属于大圆航线，共跨越 40 个纬度，航程约为 2100 海里。由于北冰洋中央海域常年被厚厚的冰盖所覆盖，短期内难以融化，因此该航线还不具备商船的通航条件，只有少量科学考察船只在夏季进入该航道区域开展科学考察，通过北冰洋极点的商船贸易航线还处于探索阶段。

1.2 北极海洋环境与卫星遥感监测

由于极地地区气候恶劣，常年冰封，因此在全年中的大部分时间里，北极航道都不具备基本的通航条件，仅有 7～9 月能够在破冰船的协助下通航。近几年来，全球气候呈不断变暖之势，海冰随之加速融化，加上各国不断更新升级其自身的破冰技术和增强其北极航海保障服务能力，促使北极通航得到了极大的改善，全年的通航时间不断延长（贾世娜，2019）。《中国的北极政策》白皮书中明确表示：中国是"近北极国家"，以"利益攸关方"的身份定位参与北极事务，以"尊重、合作、共赢、可持续"的基本原则参与北极治理，而对北极航线航海保障的贡献是我国参与北极航运治理的重要着力点之一（吴昊，2022）。

极地地区对全球气象、气候变化起着重要作用，直接影响大气环流和气候的变化，海冰作为两极地区反照率最高的地表类型，可以将大部分入射辐射能量反射回天空，极区海冰的变化对整个地表-大气辐射平衡系统和全球气候变化都会有重要影响。在全球气候变化背景下，南北极逐渐成为全球海洋学研究的热点区域，我国每年都要开展南北极的业务化科学考察。准确地获取北极海冰、海洋、大气、陆地多种的要素相关信息及其变化信息成为顺利开展科学考察的重要保障内容之一（谭继强等，2014）。

由于北极特殊的地理位置和恶劣的极端环境，长时间运行的现场观测网络布设及运维成本较高。卫星遥感以其全天候、多频次、近实时和长期连续的优势，成为获取北极多要素分布特征和变化信息的重要观测手段。立足自主卫星开展北极环境观测，可以形成覆盖极地重点关注区域的业务化观测能力和运行保障能力，实现我国全球海洋立体观测网向极地区域的拓展。随着全球气候变化加快，极地区域变化尤为突出，这对全球的社会、经济和生态系统都将产生显著的影响。开展北极冰海气陆卫星遥感观测，可以为研究海冰和全球气候系统耦合作用提供数据支持，为国家制定气候变化应对策略提供科学依据。另外，与美国、俄罗斯和加拿大等北极理事会成员国相比，我国在北极圈以内并没有领土，北极海域的开发和北极权益方面在国际法上处于不利地位。长此以往，必将影响我国未来在北极和全球战略中的长远利益。开展卫星遥感北极环境业务化观测，有利于弥补上述短板，可以为北极商业船舶航行提供环境保障信息，也有助于我国参与北极地区的资源开发，提升我国在北极政治和战略的国际话语权。

1.3 北极卫星遥感监测的现状

我国已经发射气象、海洋、资源、高分等多个系列卫星，其中大部分卫星为极轨卫星，可对极地开展多分辨率、多谱段、主被动、多频次联合观测，初步具备了北极冰海气陆环境观测能力，但是还没有形成体系化的监测产品，与美欧等发达国家和地区相比还存在一定的差距。在极区卫星遥感地面站建设方面，发达国家在极区建有多个地面卫星接收站，如美国费尔班克斯地面站、欧洲气象卫星开发组织斯瓦尔巴群岛地面站等。我国气象卫星和陆地卫星数据接收系统在瑞典基律纳建成并正式投入业务运行；国家卫星海洋应用中心利用芬兰北极地面站开展了海洋卫星数据接收，在中国南极长城站建立了静止卫星遥感数据接收系统，在极地科考船"雪龙"号上建立了船载卫星移动接收处理系统，实现了我国自主海洋卫星的极区接收、处理和产品制作；上述卫星遥感接收站的建立，提高了我国遥感卫星全球数据获取量。

在北极卫星遥感环境信息提取方面，国外海洋大气研究主要集中在美、德等国，我国相关研究工作较少，这是由于高纬极区具有低太阳高度角、地表常年覆盖冰雪的特点，为水色、云、海雾等海气观测带来困难，相应算法不成熟，缺少业务化产品。在极地海岸带遥感监测方面，由于日照、天气和缺少地面接收站等原因，北极海岸带卫星数据时空覆盖较差，缺乏相应监测产品。与海洋、大气和海岸带遥感监测相比，北极区域的海冰遥感的研究工作较多，业务化监测也相对更加成熟。

早期，北极海冰观测主要是近岸观测和船舶航行中的站点观测，主要观测要素是海冰厚度、海冰密集度、海冰类型等。而后随着卫星遥感技术的发展，许多国家开展卫星遥感研究试验，近年来海冰卫星遥感已发展成为北极观测最主要的工具和手段。在过去的几十年里，为了能在冰雪覆盖的海洋上安全运行，北极国家的海冰和冰山监测运营体系已取得长足发展。北极国家的工业和贸易都直接依赖于高纬度上的海洋运输，而海上运输又严重受制于海冰和冰山的形貌。1912年泰坦尼克号的灾难直接促成了国际冰情巡逻队的建立，以监测北大西洋上的冰山。20世纪，航运或其他航海活动受海冰影响的国家都已经建立了海冰监测体系，欧洲的德国、丹麦、芬兰、瑞典和俄罗斯等多个国家都建立了海冰监测部门。

国外海冰监测机构主要有两类，第一类是北极理事会国家，以科研和服务为目的，如加拿大冰中心（Canadian Ice Service）、美国国家冰雪数据中心（National Snow and Ice Data Center，NSIDC）、美国国家冰情中心（US National Ice Center）和俄罗斯南北极研究所（Arctic and Antarctic Research Institute）等。这些国外海冰监测机构主要的服务对象为冰区航运、商业捕捞、近岸开发利用、旅游观光和科学研究等。例如，加拿大冰中心的主要服务区域为北冰洋、北极东部和西部、北冰洋东岸、哈得逊湾和北美五大湖，主要提供每天或每周的冰情图（海冰密集度、海冰类型）和冰山情况。第二类是非北极理事会国家，以科研为目的，如欧洲气象卫星开发组织等。

1. 美国国家冰雪数据中心（NSIDC）

美国国家冰雪数据中心（NSIDC）是科罗拉多大学博尔德分校环境科学研究合作研究所的重要组成部分，主要开展创新性研究并提供开放数据，以了解冰冻圈对地球的其他圈层和社会的影响。该机构提供的海冰产品主要包括海冰密集度、海冰范围、海冰分类、海冰高程、海冰干舷、海冰厚度、海冰漂移、海冰年龄等冰冻圈海冰产品，主要作为气候模式的输入数据进行气候变化研究，同时对商业航运也具有重要意义。图 1-1 是该机构发布的海冰指数产品（G02135），提供了 1978 年至今的海冰范围、海冰密集度等多个参数的 PNG、GeoTiff、ASCII 格式的数据。该产品使用 1981～2010 年的 30 年平均值来计算海冰变化趋势和异常情况。

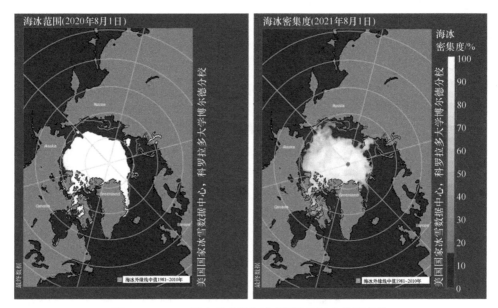

图 1-1　NSIDC 发布的北极海冰范围和海冰密集度产品

2. 美国国家冰情中心（US National Ice Center）

美国国家冰情中心是美国海军（国防部）、美国国家海洋和大气管理局（商务部）和美国海岸警卫队（国土安全部）多机构联合运营中心，其任务是为美国政府机构的武装部队提供全球航行冰情分析。该中心业务范围包括北极和亚北极海域、五大湖和美国东北部海域、南极海域 60°S 以南的海域。

3. 加拿大冰中心（Canadian Ice Service）

加拿大冰中心隶属于加拿大环境和气候变化部，负责提供加拿大周边海域的冰情信息，是加拿大通航水域海冰和冰山信息的权威机构。该机构整合包括卫星图像在内的所有信息，并使用模型分析数据，制作描述作业区域冰情的每日图表和公告。该机构充分利用 RADARSAT 星座任务（RCM）和 Sentinel-1 遥感图像的镶嵌图为加拿大五个通航水域制作每周区域海冰图，该产品每周发布 1 次，将最新的 SAR 图像放在前景中，首先使用 RCM 图像，然后再用 Sentinel-1 图像填充剩余的空白。图 1-2 为 2022 年 10 月 8～10 日北冰洋西部海域 SAR 镶嵌图及解译结果，其中镶嵌图为 HV、HH 和 HH 三个波段合成的 RGB 伪彩色图，图中绿色线为 1991～2020 年平均的海冰边缘，蓝色线为解译获取的海冰边缘。

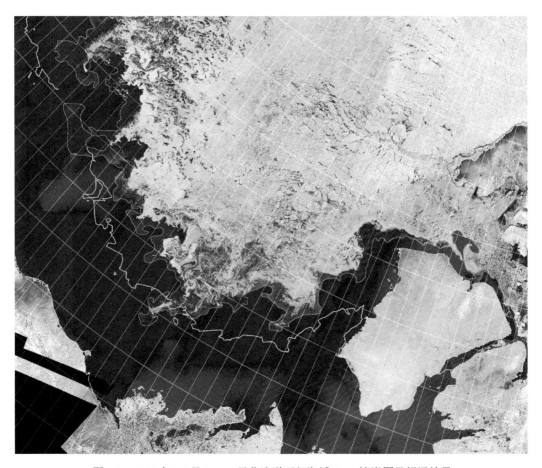

图 1-2　2022 年 10 月 8～10 日北冰洋西部海域 SAR 镶嵌图及解译结果

4. 海洋海冰应用中心

海洋海冰应用中心（Ocean and Sea Ice Satellite Application Facility，OSISAF）是欧洲气象卫星应用组织的重要组成部分，准实时地处理和分发海洋–大气界面关键参数产品，主要包括风场、海面温度、海冰等相关要素产品。其中，海冰处理是在高纬度数据处理组织下进行的，它们由挪威气象局和丹麦气象局联合完成，发布海冰密集度、海冰边缘（范围）、海冰类型、海冰表面比辐射率和海冰漂移矢量等产品。图 1-3 为该机构发布的 2022 年 10 月 11 日北极海冰的 5 种参数产品。

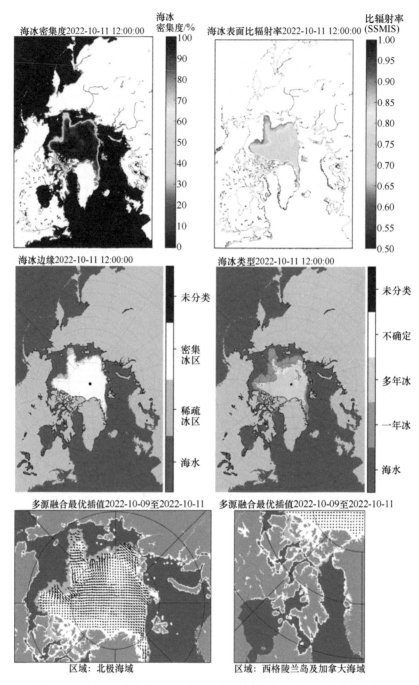

图 1-3　OSISAF 发布的 2022 年 10 月 11 日北极海冰的 5 种参数产品

5. Meereisportal

Meereisportal 是就海冰这一宽泛主题,由阿尔弗雷德·魏格纳研究所、亥姆霍兹极地和海洋研究中心与不来梅大学共同合作提出的一个倡议(网址:https://www.meereisportal.de/en/)。其目的是收集所有与海冰有关的重要和最新的信息并进行处理，为从事海冰研究的科学团体提供服务和各种数据，作为一个交流其研究成果的平台，用户可以进行各种数据的直接访问。该组织使用卫星测量、机载测量等多种测量方式向广大科研工作者提供南北极地区长时间序列海冰密集度、海冰面积、海冰漂移等数据。

6. Polar View

Polar View 起初是欧洲航天局（简称欧空局）、欧洲委员会支持的一个项目，后来加拿大航天局全球环境与安全监测（GMES）计划也参与其中，2011 年 10 月 28 日正式成立极地观测非营利组织（网址：https://www.polarview.aq/）。Polar View 团队由来自欧洲和加拿大等超过 9 个国家和地区的服务提供商、政府机构、研究机构、系统开发人员和大学组成，每个组织都带来了极地地球观测技术、应用和研究方面多样化和互补性的技能和专门知识。Polar View 利用卫星地球观测数据，结合复杂的模型和自动化工具，将卫星数据转化成各种产品，以图形化的方式说明任一天的冰雪特征，在极地地区和部分冰雪覆盖严重的中纬度地区提供综合监测和预报服务。

Polar View 针对石油天然气、航运、旅游、应急管理科学研究提供海冰预报、厚度、压力、类型、密集度和冰川检测、漂移等多种数据。相较于其他组织，Polar View 不仅可以为用户提供准确、及时、实时、分辨率更高、空间和时间覆盖范围更广的数据，还可以根据用户部门的不同需求进行灵活的数据组合。其中，在网站公开的数据包括南北极的 Sentinel-1、MODIS、RADARSAT2 和 COSMO-SkyMed 卫星图像数据，以及海冰密集度数据（图 1-4）、冰山、海冰边缘和冰情图数据（图 1-5）。

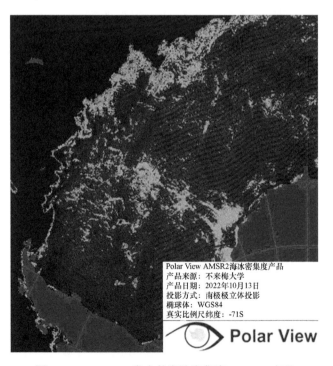

图 1-4　Polar View 发布的海冰密集度 AMSR2 产品

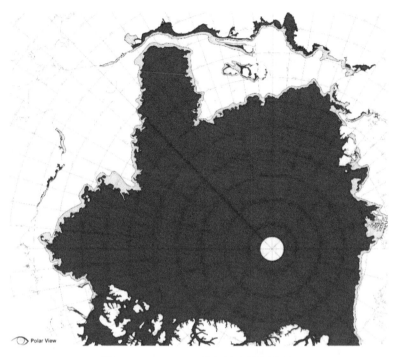

图 1-5　Polar View 发布的冰情图产品

参 考 文 献

顾维国, 张秋荣, 胡志武. 2011. 北冰洋冰区航行的船舶操纵. 航海技术, 1: 10-14.

贾世娜. 2019. 我国北极航线公共安全保障能力评估与提升研究. 大连: 大连海事大学.

谭继强, 詹庆明, 殷福忠, 等. 2014. 面向极地海冰变化监测的卫星遥感技术研究进展. 测绘与空间地理信息, 37(4): 23-31.

吴昊. 2022. 北极安全合作的现实困境与路径选择. 中国海洋大学学报(社会科学版), 3: 78-90.

Landy J C, Dawson G J, Tsamados M, et al. 2022. A year-round satellite sea-ice thickness record from CryoSat-2. Nature, 609: 517-522.

第2章 北极地区的卫星数据接收与快速处理技术

太阳同步轨道卫星的每条轨道都经过北极高纬度区域，所以在北极地区建立遥感卫星地面接收站可以实现更多轨数据的接收（陈塞崎和王东伟，2017），2012年风云三号气象卫星数据接收系统北极站交付（武经，2012），2016年中国遥感卫星地面站北极站建成，为构建"一带一路"国家遥感卫星地面接收站网提供了高时效服务（郭伟等，2016）。通过高可靠高速数据接收技术，可以获取准实时卫星遥感数据，满足北极东北航道保障高时效产品的需求。我国海洋卫星的应用领域不断拓展，为全球数据实时获取提出了更高的要求（蒋兴伟等，2016）。另外，随着在轨运行卫星的日益增多，需要研究多星多载荷接收资源智能规划，已有的研究包括针对多星成像目标规划方法的应用改进多种群遗传算法（张曼利等，2020），面向多星任务规划问题的改进遗传算法（宋彦杰等，2019），针对应急任务响应时间最优的多星成像规划方法（陈书剑等，2020）等。为实现海洋卫星在极地区域的对地观测，充分发挥卫星效能，需要研究北极卫星遥感接收与数据实时快速处理技术，并在北极地面站实施和运行。

面向上述需求，本章对北极地面站数据接收与快速处理技术开展进行了研究，基于北极多任务规划算法实现了北极遥感卫星智能运维管理（孙从容等，2022）；通过远程运维管理技术实现业务监控（张为良等，2014），无人值守逐渐成为海外地面站的运行模式（王嘉和王万玉，2019），通过高灵敏度低损失的高速解调技术实现了北极遥感数据的高可靠接收；基于云平台服务的产品处理调度完成遥感数据的实时快速处理；在北极地面站部署了服务于北极区域产品实时发布的快速处理系统，为预报提供了初始场数据，提高了海洋环境监测和预报的时效性。2.1节介绍了多星多载荷接收资源智能规划和运行管理技术，2.2节介绍了北极遥感数据高可靠高速接收技术，2.3节介绍了北极卫星遥感数据实时快速处理技术，2.4节介绍了北极遥感卫星数据服务质量和评价。

2.1 多星多载荷接收资源智能规划和运行管理

经过北极地区的卫星数量多、频次高，其中太阳同步轨道卫星每天经过14次。海洋一号卫星的水温水色扫描仪、海洋二号卫星的微波辐射计和散射计等载荷长期开机工作，且观测刈幅较宽，每天可对北极某一区域进行多次观测。但是部分卫星受到能源和星上存储资源限制，搭载的高分辨率成像相机在北极地区的成像次数有限、数据使用的时效不高。如何合理安排相机开关机时间、实现更多目标区域的观测是本节研究解决的问题。

2.1.1 北极接收站仿真

以海洋二号 A 星（HY-2A）为例，仿真计算得到国内站与北极各站对于 HY-2A 卫星的接收时间窗口，通过极地站与国内站资源综合调配，实现海洋卫星每圈次的实时接收。国内站和国外北极站的接收能力对比见表 2-1。

表 2-1 各接收站情况统计

站位布局	所属国家	接轨轨道数	接收时间/min	接收能力
国内站	中国	7/14	103.50	较强
基律纳	瑞典	11/14	137.06	强
索丹屈莱	芬兰	11/14	134.48	强
伊努维克	加拿大	11/14	137.42	强
斯瓦尔巴群岛	挪威	14/14	177.15	超强

2.1.2 北极区域需求自动获取与智能规划

为满足北极海域重点区块遥感观测的需求，结合卫星轨道预测技术和卫星载荷特点，本节以海洋一号 C/D 卫星（HY-1C/D）的海岸带成像仪（CZI）观测为例，对多目标区域快速匹配的卫星探测任务规划进行了研究，研究多区域接收任务规划算法，合理选择每个区域的过境轨道及载荷开关机时间，达到观测覆盖面积最大、探测效果最优的目的。

在北极关注的区域，CZI 探测受到以下约束：

（1）多个区域每天安排业务化观测；

（2）连续开机不超过 20 min 的限制；

（3）规避同一圈次对 2 个以上重点区域的探测；

（4）规避同一圈次对境内和北极的同时探测；

（5）地面接收站的选择；

（6）跨日期变更线区域的探测任务安排；

（7）阳照区观测要求。

为达到多区域总探测范围最优，任务规划算法先根据卫星轨道根数外推 1 天或者若干天之后的卫星位置，然后根据卫星载荷对地观测的几何关系，计算星下垂直扫描点和刈幅两侧扫描点的地理坐标，检查它们是否位于上文所述的北极关注区域；计算扫描点的太阳高度角，计算国内和国外接收站所在的轨道，考虑到上述约束避让规则，确认该扫描点是否满足覆盖条件；统计不同轨道对重点关注区域的覆盖因子，比较后得到各个关注区域的优选轨道号和过境时间，算法原理如下。

1. 外推卫星轨道

利用卫星轨道根数，根据地球摄动理论修正生成精确轨道参数，外推指定规划期间的卫星轨道。六个轨道根数是：轨道倾角 i、升交点赤经 Ω、轨道半长轴 a、偏心率 e、近地点幅角 ω、卫星过近地点的时刻 τ_0。

由参考时刻 t_1 的轨道参数求出任一其他时刻 t 的惯性坐标位置的方法（杨维廉，1999；孙从容，2003；刁宁辉等，2012）如下：

$$\omega = \omega_0 - \frac{3}{4} J_2 (\frac{R_e}{a})^2 n(1-5\cos^2 i)(t-t_1) \tag{2-1}$$

$$\Omega = \Omega_0 - \frac{3}{2} J_2 (\frac{R_e}{a})^2 n \cos i (t-t_1) \tag{2-2}$$

$$e_x = \sqrt{(e_{y0}\cos\Delta\omega + e_{x0}\sin\Delta\omega + 0.001) + (e_{x0}\cos\Delta\omega - e_{y0}\sin\Delta\omega)^2} \tag{2-3}$$

$$r = \bar{r} + \frac{1}{4} J_2 (\frac{R_e}{a})^2 a[3(1-3\cos^2 i) + \sin^2 i \cos 2u] \tag{2-4}$$

$$u = \omega + f + \frac{1}{8} J_2 (\frac{R_e}{a})^2 (7\sin^2 i - 6)\sin 2u \tag{2-5}$$

$$i = i_0 + \frac{3}{4} J_2 (\frac{R_e}{a})^2 \sin i \cos i \cos 2u \tag{2-6}$$

$$\begin{cases} x = r(\cos\Omega\cos u - \sin\Omega\cos i \sin u) \\ y = r(\sin\Omega\cos u + \cos\Omega\cos i \sin u) \\ z = r\sin i \sin u \end{cases} \tag{2-7}$$

式中，ω_0、Ω_0、i_0、e_0 分别是 t_0 时刻的 ω、Ω、i 和 e；$J_2=0.00108264$，是地球引力摄动模型的二阶项系数；R_e 是地球半径；$n=(398600.5/a^3)^{1/2}$；$e_{x0}=e_0\cos\omega$；$e_{y0}=e_0\sin\omega$；$\Delta\omega=\omega-\omega_0$；$r$ 是卫星到地心的距离；M 为平近点角，$f=M+2e\sin M+1.25e^2\sin 2M$，$u=f+M$。

2. 计算卫星星下点和刈幅两侧轨迹

根据 CZI 扫描方式、卫星和地球的球面几何关系，计算星下点和刈幅边缘扫描点的地理经纬度。在计算过程中，进行星体坐标系→轨道坐标系→地心惯性坐标系→地心地固坐标系→大地坐标系等多个坐标系的转换。逐点进行地理定位，计算出每个对应地面点的经纬度（孙从容，2003）。

星下点或者刈幅两侧轨迹点对应的位置矢量为 $\vec{R_r}$（X_r，Y_r，Z_r），此刻卫星位置矢量为 $\vec{R_s}$（X_s，Y_s，Z_s），用以下公式计算。对北极地区的定位，根据选择区域特点，为了节省计算时间，设置在 60°N 以上每秒计算一次，60°N 以下每分钟计算一次。

$$\vec{R_r} = \vec{R_s} + R\vec{d} \tag{2-8}$$

即

$$\begin{bmatrix} X_r \\ Y_r \\ Z_r \end{bmatrix} = \begin{bmatrix} X_S \\ Y_S \\ Z_S \end{bmatrix} + R\begin{bmatrix} d_x \\ d_y \\ d_z \end{bmatrix} = \begin{bmatrix} X_s + Rd_x \\ Y_s + Rd_y \\ Z_s + Rd_z \end{bmatrix} \tag{2-9}$$

式中，R 为卫星到星下点或者轨迹点的距离；（d_x，d_y，d_z）为卫星与扫描点连线的三个余旋分量。计算时，星下点对应的扫描角 $p=0$，轨迹点对应的 $p=63°/2=31.5°$。扫描方

向的单位矢量 $\vec{d}$ 相当于卫星的地心矢量 $\vec{R}_S$ 绕卫星的飞行方向矢量 $\vec{S}$ 旋转角度 p，即 t_0 时刻对应的传感器扫描角，用以下关系式表示：

$$\vec{d} = \begin{bmatrix} d_x \\ d_y \\ d_z \end{bmatrix} = \begin{bmatrix} x_s & x_q & x_{sp} \\ y_s & y_q & y_{sp} \\ z_s & z_q & z_{sp} \end{bmatrix} \begin{bmatrix} \cos p & \sin p & 0 \\ -\sin p & \cos p & 0 \\ 0 & 0 & 1 \end{bmatrix} \begin{bmatrix} 1 \\ 0 \\ 0 \end{bmatrix} \qquad (2\text{-}10)$$

其中，矩阵 $\begin{bmatrix} x_s & x_q & x_{sp} \\ y_s & y_q & y_{sp} \\ z_s & z_q & z_{sp} \end{bmatrix}$ 为从星体坐标系向惯性坐标系转换的矩阵。

由于扫描点位于地球表面，由关系式：

$$\frac{X_r^2}{A_e^2} + \frac{Y_r^2}{A_e^2} + \frac{Z_r^2}{B_e^2} = 1 \qquad (2\text{-}11)$$

式中，A_e 是地球半长轴；B_e 是地球半短轴。求解方程可以得到地面扫描点在惯性坐标系中的坐标（X_r，Y_r，Z_r），经坐标转换得到地面扫描点在地心地固坐标系中的坐标（x，y，z）。经地心地固坐标系到直角大地坐标系的转换公式，可以得到地面扫描点的地理纬度：

$$\text{lat} = \arctan \left[\frac{z}{(1-e^2)\sqrt{x^2+y^2}} \right] \qquad (2\text{-}12)$$

和地理经度：

$$\text{lon} = \arctan \left[\frac{y}{x} \right] \qquad (2\text{-}13)$$

其中：

$$e = \frac{\sqrt{(A_e^2 - B_e^2)}}{A_e} \qquad (2\text{-}14)$$

3. 轨道选择规则

对于每个区域，计算所有落在该区域轨道星下点和刈幅两侧轨迹，按照扫描轨迹进入和离开该区域的时间间隔 $t1$ 和 $t2$，比较扫描刈幅对该区域的覆盖情况。设置覆盖因子 Fr 作为覆盖率指标，计算当天所有经过轨道，按大小排序，选择覆盖率最大的轨道。

Fr 定义为扫描点位置（lat，lon）落在区域内：

if（lat1<lat<lat2）and（lon1<lon<lon2）Fr=1 　　（2-15）

这里需要注意，在跨越东西经 180° 的区域，比较经度大小时需将–180°～180°转换为 0°～360°。

经过比较，覆盖因子有多种计算方式：

（1）计算星下点（FOV）轨迹上所有点的 Fr；

（2）计算全部刈幅内的扫描点的 Fr；

（3）用抽样方式取刈幅内的扫描点，计算这些扫描点的 Fr。

最后得到覆盖因子等于多点 Fr 之和。

其中第一种方式最简便，但只有星下点信息，不能真实反映刈幅对该区域覆盖率的差异。第二种方式最合理，但是如果逐点计算全部扫描点，对于 CZI 载荷这样 50 m 分辨率的扫描点，每行有超过 2 万个点，由于每条轨道和每个区域都计算，计算量过大，如果任务规划一次多天，区域增大，数量增多，任务规划软件的计算量将呈几何级数增加，计算时间过长，效率较低。第三种方式在第二种方式上做了简化处理，计算量可控，便于实现，本书算法和软件实现时采用第三种方式，经过比较，选择每扫描行 9 个点，逐行计算。

由于感兴趣区域面积不同，每条轨道对应的覆盖因子数值差异较大，为便于对比，考虑归一化方法，将每天通过感兴趣区域的 CZI 载荷覆盖因子总数设置为 1，计算每条轨道的归一化覆盖因子 NFr，比较后选取归一化覆盖因子最大值，依次选择每个感兴趣区域的过境轨道，并安排探测。第 i 条轨道的归一化覆盖因子计算公式如下：

$$NFr_i=Fr/\sum Fr_i \quad i=1, 2, \cdots, 14 \tag{2-16}$$

4. 冲突和优先级

本书按照目标区域编号排列优先级，在遇到两个区域拟选择的轨道冲突时，优先级高的区域先选择轨道，该轨道打上标记，其他区域选择时避开冲突轨道，按照轨道选择规则选择覆盖因子最大的轨道。

基于上述的任务规划算法，对北极 5 个重点海域进行了观测任务规划，具体区域（按照优先级）包括加拿大北部群岛和兰开斯特海峡、白令海–弗兰格尔岛、新西伯利亚群岛、北地群岛、喀拉海和新地群岛，如图 2-1 中的红色扇形区域。任务规划算法实现的结果见图 2-1，定制的各区域 CZI 探测覆盖范围（刈幅）用蓝色条带表示，中间线条是星下点，两侧线条是刈幅两端，各覆盖范围验证了任务规划算法的正确性。另外，该算法可适用于跨越东西经 180°分界线的观测区域（区域 2）。

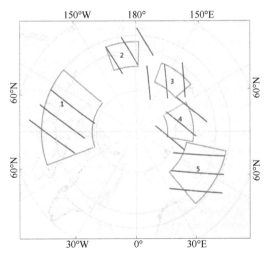

图 2-1　HY-1 多区域接收任务规划仿真结果

表 2-2 和表 2-3 分别为 5 个目标区域的覆盖因子计算结果和最终选择的轨道的具体观测时间。可以看出，该任务规划算法采用简化的轨道预报模型和规划算法，利用 HY-1C 卫星 CZI 进行任务仿真，对五个目标区域实现一天内全部覆盖探测，合计观测时长 16 min 22 s，在载荷有限的探测总时长内，达到对重点区域的每天探测覆盖，满足近实时观测的需求。

表 2-2　覆盖因子

| 区域 | 14 条轨道对应的归一化覆盖因子 NFr | | | | | | | | | | | | | | 选择 | |
	1	2	3	4	5	6	7	8	9	10	11	12	13	14	轨道	NFr
1	0.10	0.00	0.00	0.14	0.00	0.00	0.00	0.00	0.00	0.00	0.14	0.27	0.25	0.10	12	0.27
2	0.32	0.00	0.00	0.00	0.19	0.40	0.00	0.00	0.00	0.00	0.00	0.00	0.00	0.08	6	0.40
3	0.00	0.00	0.00	0.17	0.05	0.21	0.56	0.00	0.00	0.00	0.00	0.00	0.00	0.00	7	0.56
4	0.00	0.00	0.00	0.17	0.28	0.25	0.23	0.00	0.00	0.06	0.00	0.00	0.00	0.00	5	0.28
5	0.00	0.00	0.00	0.00	0.14	0.28	0.09	0.00	0.00	0.15	0.27	0.07	0.00	0.00	11	0.27

注：区域 5 未选最大值，因轨道 6 已被区域 3 先选择，同一轨道不能开机两次。

表 2-3　CZI 北极多区域探测

区域	选择的轨道	起始时间（时:分:秒）	结束时间（时:分:秒）
1	12	18:49:35	18:53:20
2	6	08:37:58	08:40:04
3	7	10:20:04	10:22:20
4	5	07:04:28	07:07:03
5	11	17:00:00	17:03:33

注：轨道序号从每日 UTC 时间 00:00:00 开始计算。

该算法通过自主设计、独立编程，脱离了商用软件的约束，改变了以往无差别接收任务规划的工作状态，北极五个区域任务规划仿真和观测验证了该技术的可行性。

根据上述北极多目标区域规划算法，2020 年 5 月安排 HY-1C/CZI 在北极区域实际成像观测。经估算，相比顺序选取轨道的方式，使用任务规划算法后，各区域的覆盖率提高了 11%～38%，分别达到 53%、80%、90%、94%、74%。由于区域 1 的面积较大，受到载荷刈幅限制，单次最大覆盖率较其他区域略低。上述规划方法改变了以往无差别接收任务规划的不合理局面，可通过一台高分辨率遥感载荷每天探测北极地区多个关注区域，通过精细化、特异化的载荷探测任务规划，实现对北极重点关注区域的最优覆盖，有效发挥了 HY-1 系列卫星 CZI 境外观测的效能，HY-1C 和 HY-1D 两颗卫星组网观测后（刘建强等，2021），进一步提高了对北极地区的观测覆盖能力，体现了星地联合一体化设计的应用成效，为我国在北极地区的业务化遥感监测奠定了基础。

2.2　北极遥感卫星数据高可靠高速接收技术

为了完成北极地区探测的多颗遥感卫星数据的高可靠接收，通过国际合作联合建立的遥感卫星地面接收站采用高可靠系统架构、高码率低损耗解调译码技术实现数据接收。整个北极遥感卫星数据接收系统组成如图2-2所示。

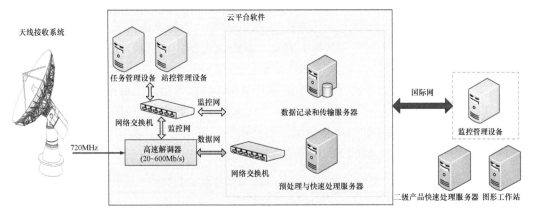

图 2-2　北极遥感卫星数据接收系统组成图

2.2.1　北极遥感卫星数据高可靠接收技术

北极遥感卫星数据接收系统需要自动化运行、无人值守，并且可以远程监管，所以对系统架构的可靠性要求更高，为此在处理算法、设备和系统三个层级采用以下策略来保证长时间自动运行的稳定性和可靠性。

处理算法层面：采用自适应误差校正、交叉极化干扰对消算法，实现高码率低损耗解调译码；采用动态加载算法组件，实现稳定的预处理数据处理。

设备层面：解调器采用双通道并行处理优化策略，降低系统复杂度，保证高码速率解调器的稳定运行；任务管理服务器和站控管理服务器采用双机热备方式，两台均配置任务管理软件和站控管理软件，运行时如果一台出现故障，另一台自动接管所有管理功能，提高无故障运行时间。

系统层面：搭建高可靠接收系统架构，采用本地自动运行+远程监管模式，自动运行时按照时间表安排每次接收任务和数据处理、传输任务，自动记录工作日志并发给国内远程终端，本地无人操作，远程值班人员每天查看工作日志，如无异常，无须人工干预。

通过以上技术途径，实现无人值守下的任务调度—接收—解调—解包—预处理—处理—传输的全流程运行。

2.2.2　高码率低损耗解调译码技术

高码率低损耗解调译码技术的基本原理是接收遥感卫星下行高码率信号，经解调、信道均衡、极化干扰对消和译码等一系列环节，最终得到解调译码后的数据流。该项技术既是星地高码率数据传输领域的关键技术之一，也是空间电子学的前沿研究方向，同时又是高码率数据解调、信道均衡、极化干扰对消和译码等技术的集成。

在遥感卫星对地观测系统星地传输链路中，为保证高码率数据传输系统的有效性及可靠性，有效降低数据传输过程中的性能损耗，采用信道译码技术，常用的信道译码方式包括卷积码、RS 码、卷积+RS 级联码等。为提高编码效率，目前某些卫星已开始采用可变编码调制（VCM）方式、低密度奇偶校验（LDPC）高效信道编码方式进行高码率数据传输（朱文杰和陈金树，2018）。

在具体的技术实现过程中，高码率低损耗解调译码技术集成了多种技术方法，主要包括低损耗高码率解调技术（Shi et al.，2011）、高码率全数字盲均衡技术、高码率全数字交叉极化干扰对消技术和高码率信道译码技术等（郭立浩等，2010），上述技术实现途径涉及的技术难点和达到的效果如表 2-4 所示。

表 2-4　高码率低损耗解调译码技术实现途径

技术实现途径	技术难点	达到效果
低损耗高码率解调技术	高分辨率对地观测系统星地数据传输速率达到 Gbit/s 量级其至更高，但是目前的器件最高处理速度为几百兆赫兹	解调码速率达到 600Mbps，解调损耗不大于 1.5dB
高码率全数字盲均衡技术	传输信道多径效应及有限带宽导致高码率传输信号存在码间干扰，导致系统性能下降	支持 BPSK、QPSK、SQPSK、8PSK、16QAM 等多种调制体制
高码率全数字交叉极化干扰对消技术	在星地双极化高码率数据传输链路中，恶劣天气等因素导致两路极化信号间存在交叉极化干扰，严重影响通信系统性能。同时，业务需求不同导致卫星下行传输的两路信号调制体制、传输速率等参数之间可能存在差异，使到达接收端的两路极化信号的体制、传输速率不完全相同	支持交叉极化干扰对消处理功能，调制体制支持 BPSK、QPSK、SQPSK、8PSK、16QAM 等
高码率信道译码技术	星地数据传输中，传输数据率越来越高，必须采用高码率高增益信道译码技术，以提高通信系统传输的可靠性	支持维特比（Viterbi）、RS、级联、LDPC 等多种码型

2.2.3　高效运维管理技术

针对北极多星多载荷的高效率运维管理问题，面向北极联合卫星遥感地面站业务化运行的需求，发展了基于云计算平台的运维管理技术，用户可以在任意位置使用各种终端实现卫星接收任务规划、管理地面站设备运行、接收卫星数据、获取应用成果等服务，也可以随时远程升级系统或上线扩展更多的遥感卫星应用服务，其充分考虑了卫星资源、地面站资源、遥感应用和用户规模不断增长的需求，保障了北极卫星遥感地面接收系统的高可靠运行，实现了"统一管理、远程监控、自动运行、无人值守"的自动化运营管理目标。

在地面站实现解调数据的处理、快视功能的同时，为实现北极遥感卫星数据接收系统的综合运营管理，运营管理过程中将监控网和数据网分开，通过监控网实现系统设备的综合管理和云平台的管理，通过数据网实现解调数据的传输和对外交互。在国内通过国际网分别连接到站内监控网交换机和数据网交换机，实现远程运营管理和国内数据事后处理。自动化运营管理平台构架如图 2-3 所示。

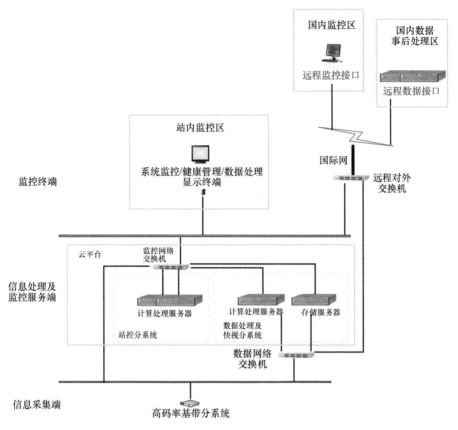

图 2-3　自动化运营管理平台架构

北极遥感卫星数据接收系统采用资源虚拟共享监控体系架构，同时支持分机监控。通过各分系统的监控单元实现分机监控，站控分系统和数据处理分系统通过云平台共用系统的计算存储资源，由云管平台软件实现虚拟机的管理和资源的合理调配。站控分系统采用 B/S 架构实现，支持站内或国内终端对各分系统进行综合监控。整个系统监控信息流程如图 2-4 所示。

在北极遥感卫星数据接收系统设计中，采用基于任务宏的自动化运行体系，体系架构如图 2-5 所示，在本地或远程一键启动自动化运行，将一次跟踪接收的人工操作以任务宏的形式进行预先配置，任务宏包括配置宏、参数宏和控制命令宏，接收到本地或远程自动化运行指令时通过流程调度功能，按顺序向全系统分发、加载。各设备接收后，更新参数并自主运行任务。这样就降低了人工操作易引入失误的风险，实现了"少/无人操作、统一管理、自动运行、远程监控"的高效运维管理目标。

对北极遥感卫星数据接收系统的运行管理采用"远控/本控/分控"三级监控架构，其中远控为在地面中心运管平台进行监控，本控为在遥感卫星地面站内的监控服务器上对本站内设备进行监控，分控为遥感卫星地面站内各分机上对本机进行监控，控制优先级由高到低为分控、本控、远控。三级监控架构如图 2-6 所示。

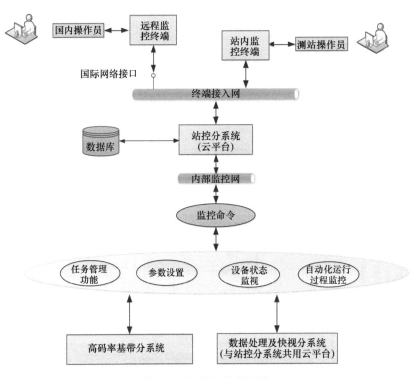

图 2-4　监控信息流程图

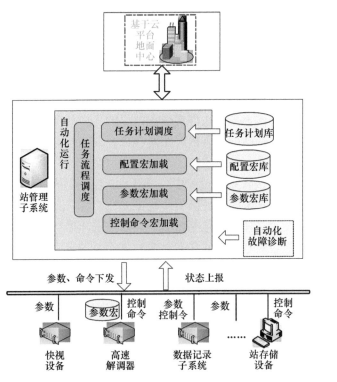

图 2-5　基于任务宏的自动化运行体系图

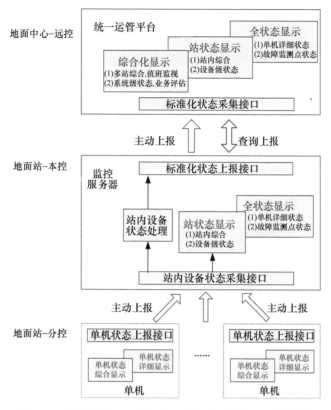

图 2-6 "三级监视+分层显控"模式状态巡检功能原理图

北极遥感卫星地面站设备发生故障时需要及时告警和定位，为远程操作人员在进行处置时提供决策支持，提升设备连续任务能力。故障诊断按照《故障模式、影响及危害性分析指南》（GJB/Z1391—2006）系列标准进行设计。地面站的自动化故障诊断系统基于故障树模型，结合遥感卫星地面站故障监测点和信号监测点，采用推理机进行故障推理和定位，功能组成如图 2-7 所示，包括六个子系统：规则推理子系统、知识录入子系统、数据采集子系统、交互与解释子系统、知识库、自适应子系统，各子系统之间依靠接口、脚本或配置文件、网络协议进行交互和数据传输。

自动化故障诊断在故障出现时，自动（或借助极少的人工操作）进行故障排查和定位，并给出解决建议，以便操作人员方便、高效地使用设备、解决问题，达到排故过程的程序化、标准化。故障诊断系统存储故障树模型，在本站运行过程中，实时采集本站所有可监控设备的故障监测点，推理机实时依据本站故障树知识进行推理。推理过程及结果提供给本机自动化运行功能共享，并上报诊断结果。对于发生并诊断出的故障，通过主备切换方式处置，如果自动无法处置，则将详细的诊断过程信息、诊断结果以及处置建议提供给远程运维功能。

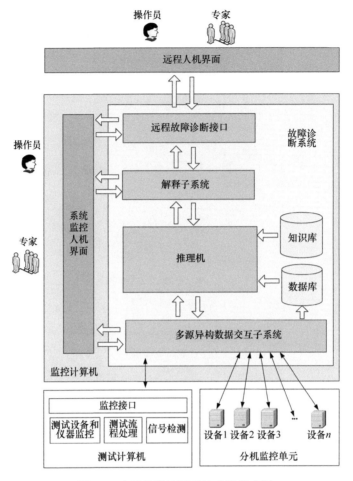

图 2-7 在线故障诊断系统功能组成图

2.3 北极遥感卫星数据实时快速处理技术

2.3.1 基于流式架构的实时处理平台

云计算模式允许用户通过无处不在的、便捷的、按需获得的网络接入到一个可动态配置的共享资源地（包括网络设备、服务器、存储、应用以及业务），并且以最小的管理代价或交互复杂度实现这些可配置计算资源的快速发放与发布。

云平台由 3 台国产高性能计算处理服务器和 1 台存储服务器组成。其中，计算处理服务器部署 VMware 虚拟化软件构建虚拟化资源池，提高资源的使用效率，同时把应用环境通过虚拟机部署的方式实现，通过虚拟化平台的热迁移和 HA 功能实现业务的高可用性。把云管平台通过虚拟机部署方式部署在 VMware 虚拟化平台上，实现云管平台对虚拟化资源池的纳管，实现虚拟化平台升级到云平台管理，通过云管平台可以实现标准化自助服务运营管理和智能化运维等功能。用 1 台数据存储服务器来存放数据，使云平台上部署的业务系统通过网络读取和存储数据存储服务器上的数据来进行交换和处理等数据操作。

1. 快速处理平台架构

多源北极卫星数据实时快速处理平台基于流式处理架构，构建多源卫星数据实时快速处理平台；将数据预处理、地理定位、辐射定标、海冰产品生成、海面风场产品生成软件插件化；支持定制化的处理流程，能够根据流程配置，处理平台提供数据和信息交互的中间件，并完成插件的调度和管理。快速处理平台的技术流程如图 2-8 所示。

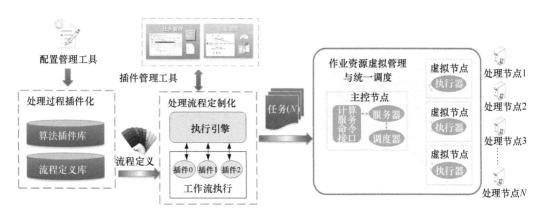

图 2-8   流程调度软件常规工作流程
N 表示并行任务数

快速处理平台的技术流程描述如下：根据数据预处理、精密定轨、数据处理和产品质检算法的处理调度组件 IPF（instrument processing facility，处理组件）的接口要求，进行 IPF 组件的注册，注册信息保存至业务信息库；根据业务需求，进行业务流程建模，并保存到业务信息库；制定实时和定时业务计划，将计划信息保存到业务信息库；根据收到的载荷数据，生成对应的业务计划实例，触发对应的业务流程；调度实施具体的业务计划，触发具体的业务流程，对业务计划的执行状态进行跟踪管理；根据业务流程生成对应的流程订单，提交给流程驱动引擎调度执行；流程驱动引擎上报流程执行状态，根据 IPF 接口规范，生成具体的作业订单，并将作业订单提交给资源调度；资源调度根据当前集群配置策略与资源负载情况，调度作业任务的具体执行，并上报作业执行状态；流程调度软件的配置信息和调度运行信息统一存储在业务信息库和业务运行库中，进行统一配置和监视管理。

2. 调度管理

基于流式处理架构的多源北极卫星数据实时快速处理平台需要解决多星业务流程建模与统一调度，支持流程定制化的统一调度管理；提供有效的人机交互界面，实现流程配置、数据处理任务管理与监控；完成北极区域数据海冰和海面风场 2 级产品处理。

3. 作业资源管理与统一调度

作业资源管理与统一调度使用流程定义语言对处理流程进行规范化的描述，提供可视化的算法插件用于注册和流程建模工作，保证系统能够灵活地对处理流程进行动态扩展和管理；在流程执行时，工作流引擎自动根据流程定义调用处理算法模块和处理参数，以流程驱动的方式实现各类传感器各类数据的传输、处理和存档分发。实现作业资源管理与统一调度的工作流驱动体系架构如图 2-9 所示。系统根据具体的流程定义创建流程实例，实现流程的启动、运行及任务的发起。

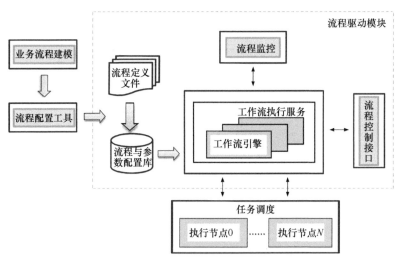

图 2-9　工作流驱动体系架构

工作流驱动体系由以下组件组成：

1）工作流引擎

工作流引擎是流程驱动模块的核心。工作流引擎实际上是流程处理过程的任务调度器，在某种程度上还是资源的分配器。处理流程在工作流引擎的管理、监控之下运行，因此工作流引擎的性能和可靠性直接决定了系统的运行性能和安全性。

2）工作流执行服务

工作流执行服务能够对工作流在整个组织内部的流动状况进行监视，并提供一系列的管理功能服务，实现对安全性、过程控制和授权操作等方面的管理。

3）流程控制接口

流程控制接口软件是流程驱动模块对外提供的流程操作功能接口，以 Web 服务的形式对外提供流程创建接口，流程暂停、继续、状态查询和取消接口。

4）流程监控

流程监控软件模块对系统中所有的流程信息、节点信息、节点任务信息、任务执行情况、资源占用情况和流程错误信息等进行监控，并将各类信息以直观的形式向用户展示。

5）流程与参数配置库

用户对业务系统流程进行建模后，通过流程配置工具，创建需要的流程定义，形成流程定义文件，并将定义的流程和各类参数信息保存到流程与参数配置库中。流程执行服务和流程引擎从流程与参数配置库中提取流程定义信息并实例化。

4. 人机交互

基于流式处理架构的多源北极卫星数据实时快速处理平台的人机交互有效性设计以自动化流程为主，辅以故障自动诊断与人工干预；提供灵活有效的流程和业务参数配置手段，降低操作难度；提供图形化业务流程跟踪和日志智能采集分析功能，满足直观、易用的使用要求；提供丰富的统计分析功能，方便管理员多维度了解业务，快速定位与诊断系统异常。数据实时快速处理平台提供业务流程执行过程的实时跟踪，并捕获算法发送的实时业务消息进行关联显示。同时，该平台自动采集分析 IPF 组件生成的离线日志，使得用户能够在集中界面上了解业务状态，快速定位故障原因，提升操作效率。

5. 数据处理插件

基于流式处理架构的多源北极卫星数据实时快速处理平台为了完成数据记录、传输、实时处理操作，需要数据记录、传输、预处理、地理定位、辐射定标、海冰产品生成、海面风场产品生成构建符合平台架构的独立插件，插件间通过平台提供的中间件进行实时数据流交互；插件在平台的统一调度下，根据内部数据流接口，进行分布式实时处理。

处理组件通用性包括三个方面：①拥有通用的组件集成平台，充分考虑到软件平台的通用性、跨平台性、可扩展性；②拥有通用的集成框架，统一解决组件集成与调度的共性问题；③符合 IPF 组件集成规范的各类处理组件均可以集成到基于流式处理架构的多源北极卫星数据实时快速处理平台当中。其中，IPF 组件集成规范本身具有很强的通用性，首先组件运行环境可以支持 Windows 和 Linux 两种操作系统，其次组件开发语言可以支持 Java、C#、C++、Python 等多种主流开发语言，插件调度采用通用的 XML 文件格式，可以通过松散耦合的方式进行组件的集成调用。

2.3.2　北极遥感卫星数据实时获取与传输

针对北极遥感卫星地面站实时接收的卫星数据，按照数据交互协议，需完成卫星数据的实时采集、传输，并完成光学载荷的快速处理。数据采集/快速处理/实时传输/转储业务流程用于实现卫星的原始数据实时采集、原始数据实时传输、原始数据实时快速处理及原始/处理数据的转储功能，具体流程如图 2-10 所示，该流程共包括四个步骤：

（1）基于以太网的数据采集任务启动后，从跟踪接收分系统解调器的网络输出口获取卫星的原始数据。

（2）将数据实时记录到数据记录服务器的内置 RAID 盘阵中。如果数据记录在内置 RAID 盘阵中，在成功完成实时数据记录任务后，自动创建数据转储任务，把数据转储至集中存储设备中，同时将数据实时发送给数据实时转发单元。

（3）数据输出功能将原始数据发给站网数据传输分系统，数据传输分系统再将数据实时发送给地面站本部。

（4）实时快速处理对指定通道的原始数据进行解扰、译码、CCSDS协议解析处理，完成光学载荷图像的提取、拼接、格式化等处理，将图像和辅助数据传输至客户端实时移动窗显示。

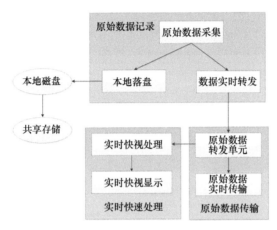

图2-10 数据实时采集、传输、快速处理流程设计

1. 数据实时采集

基于以太网的实时记录与传输软件采用多线程并行处理的工作模式设计，负责接收卫星下传的原始数据流，进行实时记录和实时转发，主要功能包括：

（1）能够按照网络数据传输接口协议的要求，正确完整地接收由解调器发送的星上原始数据。

（2）能够按照统一的原始数据记录与交换格式，完成卫星下行原始数据流实时记录，同时可兼顾记录目前在轨运行和即将发射的海洋遥感卫星。

（3）能够按照自定义的实时传输协议，将接收到的卫星原始数据实时转发给快速处理单元和数据传输单元。

2. 数据传输

数据输出功能会将记录生成的卫星数据实时或者非实时地传送到设定地址。数据输出子系统发送数据的方式有两种，即实时发送和非实时发送。实时发送是指记录分系统在记录卫星下传数据的同时，将所记录的当前数据通过数据输出子系统向目的地发送；非实时发送是指记录分系统向目的地进行事后传输，即数据输出子系统发出的数据是记录分系统已经记录落盘的数据文件。数据输出单元的工作流程主要包括：当管理调度单元有数据传输任务要执行时，它首先向负载均衡模块请求获得一个可以使用的数据输出工作节点；管理调度单元提交数据输出任务并将其发送到数据输出管理软件。数据输出管理软件在任务订单指定的节点启动实时数据传输软件或非实时数据传输软件；实时数据传输软件或非实时数据传输软件根据任务参数进行数据传输，完成传输后向管理调度单元发送完成报告，本次数据传输结束并退出该进程。

2.3.3　应急区域遥感卫星产品快速制作

针对航线保障准实时服务的需求，需要利用卫星实时快速处理软件，将北极遥感卫星地面站实时接收的卫星数据进行快速处理。卫星实时快速处理软件从数据接收采集模块中获得经帧格式化后的数据，经过图像提取、辐射校正、CCD 拼接、多光谱波段配准、多光谱真彩色校正、几何定位等处理，最后把处理后的数据缓存至本机存储系统中，并通过以太网实时发送至快速显示软件。图 2-11 为快速处理的流程图。

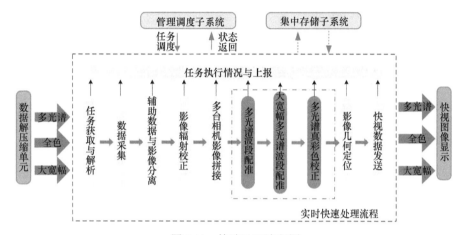

图 2-11　快速处理流程图

1. 数据预处理

针对北极遥感卫星地面站实时接收的 HY-1C 和 HY-2B 卫星数据，本书研究了水色水温扫描仪（COCTS）、海岸带成像仪（CZI）、微波散射计（SCAT）和微波辐射计（SMR）的数据预处理技术，制作了 0 级和 1 级产品，具体如下。

1）原始数据解包

对地面站接收的 HY-1C 和 HY-2B 卫星的原始数据进行解扰和 RS 译码，通过虚拟信道标识来提取不同载荷的数据，生成 COCTS、CZI、SCAT 和 SMR 载荷的 L0A 产品，然后进行落盘存储。对 COCTS 和 CZI 进行数据校验和数据分幅，生成 L0B 产品；对 SCAT 和 SMR 进行数据校验和分轨、分 PASS 处理，生成 L0B 产品。图 2-12 为 HY-1C 与 HY-2B 卫星原始解包流程图。

2）水色水温扫描仪（COCTS）数据预处理

对 COCTS 的 L0B 产品进行图像数据和辅助数据提取，对图像进行均一化辐射处理、10 波段配准处理和几何定位处理，生成 HDF 格式的 L1A 产品和 XML 格式的产品元数据文件，然后进行绝对辐射处理，生成 HDF 格式的 L1B 产品和 XML 格式的产品元数据文件，最后进行落盘存储。

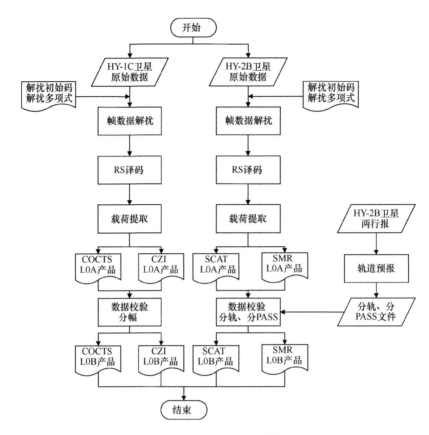

图 2-12　HY1C 与 HY-2B 卫星原始解包流程图

3）海岸带成像仪数据预处理

对 CZI 的 L0B 产品进行图像提取和辅助信息提取，对图像数据进行均一化辐射处理、4 波段配准、双相机拼接和几何定位处理，生成 HDF 格式的 L1A 产品和 XML 格式的产品元数据文件，然后进行绝对辐射定标，生成 HDF 格式的 L1B 产品和 XML 格式的产品元数据文件，最后进行落盘存储。

4）微波散射计数据预处理

对散射计 L0B 产品进行帧格式解析，得到时间信息、星历数据、姿态数据和观测数据等，对星历数据和姿态数据进行观测时间插值，对足印的中心点进行几何定位，生成 HDF 格式的散射计 L1A 产品和 XML 格式的元数据文件；然后计算切片的地理坐标和后向散射系数，生成 HDF 格式的散射计 L1B 产品和 XML 格式的元数据文件，最后进行落盘存储。

5）微波辐射计数据预处理

对微波辐射计的 L0B 产品进行地理定位、天线温度转换系数计算、天线温度定标系数计算、亮温转换系数计算，记录对地观测值、黑体观测值、观测角度、辅助信息和质量控制信息，生成 HDF 格式的 L1A 产品和 XML 格式的元数据文件；然后计算传感器的观测亮温，计算太阳和月亮的角度等辅助信息，生成 HDF 格式的 L1B 产品和 XML 格式的元数据文件。

2. 北极海冰产品快速处理

对 HY-1C 卫星数据预处理得到的 COCTS 和 CZI 的 L1B 产品进行投影变换与多波段合成，生成带地理坐标信息和投影信息的 GeoTiff 影像，用于北极地区海冰信息解译和反演。

北极地区由于阳光斜射，正午太阳高度角很小，夏季覆盖极地区域的 HY-1C 卫星数据成像的太阳高度角范围为 15.5°～48.5°，春季和秋季太阳高度角更低，且随纬度的变化，太阳高度角变化较大。地面接收太阳辐射少，相比中低纬度，图像较暗。针对北极区域低照度条件下的 HY-1C/D 卫星光学图像较暗、海冰识别效果差的问题，本节研究了高纬度低照度优化算法，改善了北极地区的预处理产品视觉效果。

对于 HY-1C 卫星 CZI 图像，研究时分别采用在轨影像统计法、太阳高度角订正法和奇异值分解照度均匀性校正法。

在轨影像统计法，是利用卫星在轨影像数据，基于直方图匹配获取相对辐射校正查找表来提高影像辐射校正的精度。

太阳高度角订正法，是将太阳光线倾斜照射时获取的影像校正为太阳光线垂直照射时获取的影像，尽可能地反映地物的真实光谱反射，这有助于提高遥感影像的定量分析与识别分类精度。

奇异值分解照度均匀性校正法，是基于 Retinex 理论（认为一幅图像可以分为入射分量和反射分量），使用初始光照图作为引导图像，对经奇异值分解后的光照图像进行连续三次引导滤波处理，获得优化后的光照图像。

三次处理过后，可以看出高纬度图像的对比度、色彩饱和度，以及图像的整体细节都有了明显的提升，视觉效果明显增强，结果分别见图 2-13～图 2-15。

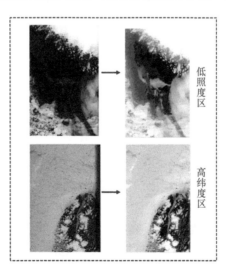

图 2-13　在轨影像统计法校正前（左）后（右）

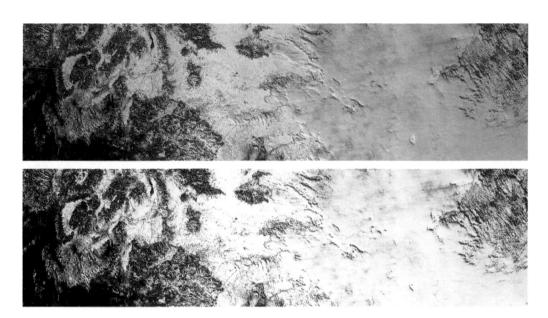

图2-14　太阳高度角（订正法）校正前（上）后（下）

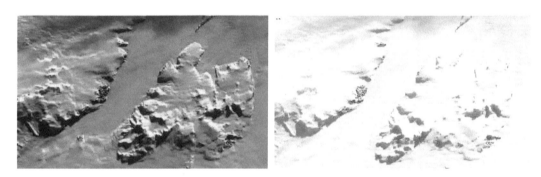

图2-15　奇异值分解照度均匀性校正法校正前（左）后（右）

3. 北极海面风场快速处理

对HY-2B卫星微波散射计的L1B产品进行面元匹配、海陆标识、海冰标识和降雨标识等处理，生成HDF格式的散射计L2A产品和XML格式的元数据文件；然后进行风矢量反演和模糊解去除等处理，生成HDF格式的散射计L2B产品和XML格式的元数据文件，最后进行落盘存储。图2-16为HY-2B卫星微波散射计海面风场示例图。

我国海洋动力环境卫星（HY-2A/HY-2B）的数据接收站主要分布在国内（牡丹江、北京、三亚和陵水），北极区域的数据在卫星探测后数个小时才能通过国内站下传，大大降低了其数据的应用效果。北极站的建成使得北极附近海域的海洋卫星数据可以被实时接收。通过本地快速处理获取的海面风场和海洋密集度等参数，可以为研究北极环境提供重要的数据源，也可以为北极附近的商船提供实时监测产品。海洋环境的实时动力参数对于提高海洋环境预报的精度具有重要意义。

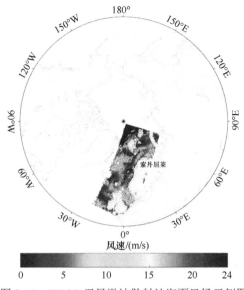

图 2-16　HY-2B 卫星微波散射计海面风场示例图

2.4　北极遥感卫星数据服务质量和评价

基于北极遥感卫星地面接收站，本研究利用天线、高速解调器、云平台的采集记录和处理设备、远程专用监控管理软件等软硬件搭建了面向北极区域的高可靠快速接收处理平台。

通过高码率低损耗解调译码技术的研究，中国航天科技集团有限公司第九研究院第七〇四研究所研制了 1 台 720M 中频高速解调器，完成了 2 路 600M 高码率数据的接收和转发，具有 BPSK、QPSK、SQPSK、8PSK 信号解调功能，具有通过网口（1000Mbps）进行监控控制功能，在北极地区部署和运行了三个夏季，系统测试后投入运行，成功解调接收 HY-1C/D、HY-2B/C/D 卫星数据 677 轨；北极站支持远程任务计划的读取、下达接收任务和任务加载、全自动接收处理等功能。

高可靠性的系统设计保证了系统自动运行期间未出现重大问题和故障，监控管理软件的服务端部署在北极，监控端部署在国内，可以实时获取解调器的任务锁定情况及相关参数、监视任务的执行情况。个别软件问题通过远程监控系统发现、诊断和修复。

在北极卫星遥感数据实时快速处理方面，数据实时采集记录软件通过网口接收高速解调器转发的卫星数据并落盘存储，数据落盘完毕后，自动启动数据处理调度平台，对服务器资源进行分析，优化调度策略，调用卫星数据处理插件进行数据处理。数据处理完成后，自动转入数据传输，将海洋卫星产品传输到国内的 FTP 服务器，研制的极地预处理产品快速制作与高纬度预处理软件改善了北极区域低照度条件下的 HY-1C/D 卫星光学图像的质量。

经过实际运行测试，HY-1C 卫星的水色水温扫描仪、海岸带成像仪和 HY-2B 卫星的微波散射计、微波辐射计均采取北极本地化处理的方式，在站内完成了指定北极区域数据的 0～2 级产品实时快速处理，相比原始数据传输到国内后处理，实时快速处理产品的时效性从 180 min 提高到 45 min 以内，具体处理时间见表 2-5。

表 2-5   产品处理时效

序号	卫星	载荷	处理时间
1	HY-1C	海岸带成像仪（CZI）	接收完成后 45 min 内
2		水色水温扫描仪（COCTS）	接收完成后 21 min 内
3	HY-2B	微波散射计（SCAT）	接收完成后 28 min 内
4		微波辐射计（SMR）	传回国内后 30 min 内

部分北极地区的遥感影像见图 2-17。

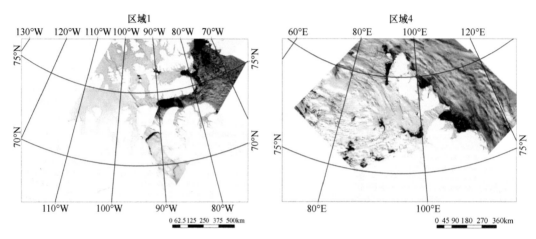

图 2-17   HY-1C 卫星 CZI 北极区域遥感投影图

2.5 小   结

本章研究针对联合建设的遥感卫星地面接收站，使用天线、双通道高速解调器、采集记录和处理设备、北极站专用监控管理软件等软硬件搭建了面向北极区域的高可靠快速接收处理系统，实现了远程任务计划的读取、接收任务下达和任务加载、全自动接收处理等功能。该系统利用多区域成像的卫星探测任务规划算法，结合海洋卫星轨道预测技术和海岸带成像仪的载荷特点，满足了北极海域重点区块遥感观测的需求，改变了以往无差别接收任务规划的不合理局面，有效提高了卫星资源的应用效能。该系统使用高码率低损耗解调译码技术、基于云计算平台的运维管理技术和基于流式处理架构的快速处理平台，实现了北极遥感卫星高可靠数据接收与实时快速处理。

基于系统的云计算平台运维管理技术，用户可以在任意位置使用各种终端实现卫星接收任务规划、管理地面站设备运行、接收卫星数据、获取应用成果等服务，也可以随时在远程升级系统或上线扩展更多的遥感卫星应用服务。这一运维管理技术可应用于卫星资源、地面站资源、遥感应用和用户规模不断增长的地面站网管理系统，保障地面接收系统的高可靠运行。另外，基于流式处理架构的快速处理平台，将数据处理和产品生成软件插件化，支持定制化的处理流程，能够根据流程配置，处理平台提供数据和信息交互的中间件，并完成插件的调度和管理，可应用于同类多源卫星数据实时快速处理。

参 考 文 献

陈塞崎, 王东伟. 2017. 国外遥感卫星接收站布局及建设管理研究(下). 中国航天, (6): 13-17.

陈书剑, 李智, 胡敏, 等. 2020. 应急任务响应时间最优的多星成像规划方法. 中国空间科学技术, 40(2): 17-28.

刁宁辉, 刘建强, 孙从容, 等. 2012. 基于 SGP4 模型的卫星轨道计算. 遥感信息, (4): 7.

郭立浩, 蒋培文, 郑雪峰, 等. 2010.TPC 编码在高码率数传中的应用. 飞行器测控学报, 29(5): 51-55.

郭伟, 李宝明, 方舟, 等. 2016. "一带一路" 遥感卫星地面接收站网构建研究. 卫星应用, (10): 22-25.

蒋兴伟, 林明森, 张有广. 2016. 中国海洋卫星及应用进展. 遥感学报, 20(5): 1185-1198.

刘建强, 蒋兴伟, 王丽丽, 等. 2021. 海洋一号 C、D 卫星组网观测与应用. 卫星应用, (9): 19-26.

宋彦杰, 王沛, 张忠山, 等. 2019. 面向多星任务规划问题的改进遗传算法. 控制理论与应用, 36(9): 1391-1397.

孙从容. 2003.中国海洋一号卫星遥感图像 GPS 地理定位算法研究与实现. 航天器工程, 12(3): 7.

孙从容, 刁宁辉, 韩静雨, 等. 2022. 海洋卫星北极多区域遥感成像任务规划及应用评估. 极地研究, 34(2): 189-197.

王嘉, 王万玉. 2019. 无人值守遥感卫星接收站的设计及实现. 空间电子技术, 16(1): 28-33.

武经. 2012. 风云三号气象卫星数据接收系统北极站交付. 卫星应用, (1): 69.

杨维廉. 1999. 一种高精度的卫星星历模型. 空间科学学报, 19(2): 148-153.

张曼利, 章文毅, 马广彬, 等. 2020. 应用改进多种群遗传算法的多星成像目标规划方法. 航天器工程, 29(4): 40-45.

张为良, 王小平, 谢春华, 等. 2014. 海洋远程监测和故障诊断系统的设计及实现. 海洋预报, 31(3): 8.

朱文杰, 陈金树. 2018.一种遥感卫星高码速 VCM 数传信道的均衡技术. 电讯技术, 58(11): 1252-1257.

Shi D, Yan C, Wu N, et al. 2011. An improved symbol timing error detector for QPSK signals. Beijing: Communications and Networking in China(CHINACOM), 6th International ICST Conference.

第3章 北极海洋环境高时空分辨率遥感信息提取技术

海面风场、有效波高、海表温度、叶绿素 a 浓度是重要的海洋环境参数，卫星遥感凭借大范围、长时间序列、快速重复观测的技术优势，已成为获取北冰洋海洋环境信息的重要技术手段，为相关的科学研究提供了不可或缺的重要观测数据。

本章概述了北极海洋环境高时空分辨率遥感信息提取技术的研究进展，共分为 7 节，3.1 节介绍北极海洋环境概况，3.2 节介绍北极海洋环境遥感技术发展动态，3.3～3.6 节分别从北极的海面风场、有效波高、海表温度、叶绿素 a 浓度四个方面介绍北极海洋环境卫星遥感产品制作技术，3.7 节对本章进行了总结。

3.1 北极海洋环境概况

北冰洋被亚欧大陆和北美大陆环抱，通过挪威海、格陵兰海和巴芬湾与大西洋相连，通过白令海峡与太平洋相通，是四大洋中最小、最浅、最冷、盐度最低的大洋。北冰洋大陆岸线曲折，有较宽的大陆架，在亚欧大陆沿岸的边缘海有巴伦支海、喀拉海、拉普捷夫海、东西伯利亚海和楚科奇海；北美洲沿岸的边缘海和海湾有波弗特海、巴芬湾和格陵兰海。

海面风场是海洋动力学的基本参数之一，与多种海洋和大气运动过程直接相关，直接影响海上航行、海洋渔业和海洋工程等海上活动。从空间分布上看，北极海面风速整体上呈现由低纬度向高纬度递减的趋势，其中格陵兰岛南部海域风速较高。从季节分布上看，每年的 2～7 月北极海面风速缓慢递减；从 8 月开始，海面风速开始增加，直到次年 2 月。

海浪是海洋中一种重要的波动现象，是海水运动的重要形式之一，对船舶航行、海洋工程等有重要影响。描述海浪特征的主要参数之一是有效波高（significant wave height，SWH），它是海洋学研究和海洋环境预报的重要参数之一。与海面风场相近，北极海域的有效波高整体上呈现由低纬度向高纬度递减的趋势，其中格陵兰岛南部海域有效波高较大。每年 2～7 月有效波高整体缓慢递减，7 月达到最小值；从 8 月开始，海浪有效波高开始增加，直到次年 2 月。

海表温度（sea surface temperature，SST）是全球气候变化的关键指示因子，其直接影响着大气和海洋间的热量、动量和水汽交换，是驱动全球水循环的重要因子，关系着全球能量收支平衡。北冰洋是 SST 最低的寒带大洋，其 SST 呈现由低纬度向高纬度递减的趋势，且白天 SST 比夜间高。1 月 SST 最低，最低值主要分布在北冰洋中央、巴芬湾以及巴伦支海；8 月 SST 达到最大值，冰岛以南海域、戴维斯海峡、挪威海沿岸以及白令海海表温度较高。

叶绿素 a 是海洋浮游植物的主要色素，其浓度可表征海洋浮游植物的现存量，是研究海洋生态系统演变、碳循环和评价水体富营养化的基本参数之一。北冰洋绝大多数海域是低叶绿素 a 浓度的清洁水体，其中波弗特海中部、楚科奇海中部、巴伦支海、格陵兰海以及巴芬湾等海域叶绿素 a 浓度较低，叶绿素 a 浓度高值区主要是东西伯利亚海、拉普捷夫海等近岸海域。每年 3 月起叶绿素 a 浓度开始升高，8 月达到最大值。

3.2 北极海洋环境遥感技术发展动态

3.2.1 北极海面风场遥感研究进展

海面风场遥感数据的主要获取手段有微波散射计、合成孔径雷达、微波辐射计和雷达高度计，它们都工作在微波波段，能实现全天时和全天候的观测，但因工作原理不同而各具特色。不同传感器获得的海面风场数据具有不同的时空分辨率、覆盖范围以及测量精度。通过数据融合可以发挥不同来源的风场数据的优势，生成高分辨率、高精度、全球覆盖的海面风场融合产品，其中最主要的有多平台交叉校准（cross-calibrated multi-platform，CCMP）和客观分析海气通量（objectively analyzed air-sea fluxes，OAFlux）风场融合数据产品。

CCMP 风场融合数据的空间范围是 78.375°S～78.375°N，180°W～180°E，空间分辨率为 0.25°×0.25°，时间分辨率为 6h。该融合数据的研制采用了二维变分同化方法，融合了主动微波遥感器（active microwave instrumentation，AMI）、美国国家航空航天局散射计（NSCAT）、海面风场遥感器（Seawinds）、先进散射计（advanced SCATterometer，ASCAT）等多种微波散射计，以及特殊传感器微波成像仪（special sensor microwave/image，SSM/I）特殊传感器微波成像探测仪（special sensor microwave imager sounder，SSMIS）、热带降水测量任务微波成像仪（TRMM microwave imager，TMI）、用于 EOS 的先进微波扫描辐射计（地球观测系统高级微波扫描辐射计）（advanced microwave scanning radiometer for EOS，AMSR-E）、先进微波扫描辐射计 2（advanced microwave scanning radiometer 2，AMSR2）、WindSat 等多种微波辐射计的海面风场数据，并以欧洲中期天气预报中心（European Centre for Medium-Range Weather Forecasts，ECMWF）再分析资料作为背景风场。

OAFlux 风场融合数据的时间跨度为 1987～2012 年，空间分辨率为 0.25°×0.25°，时间分辨率为 1 天。该融合数据的制作采用了最小方差线性统计方法，以及快速散射计（quick scaterometer）、ASCAT 微波散射计和 SSM/I、SSMIS、AMSR-E 微波辐射计风场数据。

3.2.2 北极海浪遥感研究进展

卫星高度计是获取海浪信息的主要遥感技术手段。由于高度计获取的是沿轨的星下点数据，且重复周期较长（10～35 天），所以单一卫星高度计获取的海浪信息时空覆盖严重不足。对多个卫星高度计的数据进行融合，可以有效解决上述问题，提高海浪遥感观测的时空覆盖率。

国外研究机构已利用卫星高度计数据生产了不同时空分辨率、长时间序列的全球海洋海浪数据集产品，主要有法国国家空间研究中心（Centre National d'Etudes Spatiales，CNES）的卫星海洋学的存档、验证和解释（archiving，validation and interpretation of satellite oceanographic，AVISO）产品、欧洲航天局（European Space Agency，ESA）的 GlobWave 数据、法国海洋开发研究院（French Research Institute for Exploitation of the Sea，IFREMER）的 WAVE 数据等。其中，AVISO 产品数据集的时间范围为 2009～2015 年，时间分辨率为 1 天，空间分辨率为 1°×1°；GlobWave 数据的时间范围为 1985～2014 年，时间分辨率为 1 天，空间分辨率为 1°×1°；WAVE 数据的时间范围为 1991～2013 年，时间分辨率为 1 天，空间分辨率为 2°×2°。

3.2.3 北极海表温度遥感研究进展

世界各国发射了能够观测 SST 的多颗极轨卫星，搭载的传感器主要包括以 WindSat、AMSR2、海洋二号 A 卫星（HY-2A）为代表的微波辐射计和以可见光红外成像辐射仪（visible infrared imaging radiometer suite，VIIRS）、中分辨率成像光谱仪（moderate-resolution imaging spectroradiometer，MODIS）为代表的红外辐射计。总体来讲，红外辐射计 SST 数据的空间分辨率较高，但是易受到云雾等的影响存在大量缺测点；微波辐射计不受云雾的影响，空间覆盖较好，但 SST 数据空间分辨率较低，且近岸海域受到陆地和海冰的干扰较为严重。

针对上述问题，基于重构算法填补北极红外和微波辐射计 SST 数据的缺失网格点，以获取高覆盖度的 SST 数据，是解决辐射计 SST 数据大面积缺测问题的重要技术手段。在此基础上，联合多源卫星数据，发展北极 SST 融合产品生成技术，制作多源卫星遥感高空间覆盖度、高时间分辨率的 SST 数据产品是重要的发展趋势。

3.2.4 北极叶绿素 a 浓度遥感研究进展

叶绿素 a 浓度是水色卫星的主要数据产品。受光照、云雾、海冰等多种因素的影响，北冰洋水色卫星叶绿素 a 浓度数据产品的时空覆盖率并不高，其中，7～8 月是数据产品空间覆盖最好的时段（覆盖率为 56%～62%），10 月至次年 3 月的覆盖率不足 20%，极夜期间的 11 月、12 月和 1 月则无观测数据（崔廷伟等，2021）。

通过多源卫星的数据融合，可在一定程度上提高北冰洋水色遥感产品的空间覆盖率（Xiao et al.，2018），研究表明，通过 MODIS、MERIS、SeaWiFS 多星融合，可将 3～10 月北冰洋水色遥感数据空间覆盖率提高 7%～15%。目前，ESA GlobColour 和 NASA MEaSUREs（Making Earth System Data Records for Use in Research Environments）等计划均提供包北冰洋在内的全球水色遥感融合产品。

3.3 北极海面风场高时空分辨率遥感产品制作技术

3.3.1 北极海面风场数据及处理技术

海面风场融合产品制作主要使用星载遥感数据和再分析数据，下面分别具体介绍这两种数据。

1. 星载遥感数据

海面风场卫星遥感数据主要有微波散射计数据和微波辐射计数据，微波散射计是一种主动式雷达传感器，可提供全天候、高精度和高分辨率的海面风矢量数据，目前在轨运行的微波散射计主要有 ESA 运行的 ASCAT-A/B 和国产卫星 HY-2（表 3-1）。微波辐射计是一种被动式微波传感器，可提供海面风速信息，目前在轨运行的微波辐射计主要有 AMSR2、SSM/I、GMI 和 WindSat，其中 WindSat 不仅可以反演海面风速，还可以获得海面风向信息。

表 3-1　目前在轨运行的主要微波散射计和微波辐射计列表

	数据源	卫星平台	运行时间范围	工作频率/GHz	空间分辨率
微波散射计	ASCAT-A/B	MetOp-A/B	A：2006 年 10 月至今 B：2012 年 9 月至今	5.3（C 波段）	25km
	HY-2	HY-2	2011 年 8 月至今	13.9（Ku 波段）	25km
微波辐射计	AMSR2	AMSR2	2012 年 5 月至今	6.9（V/H），7.3（V/H），10.7（V/H），18.7（V/H），23.8（V/H），36.5（V/H），89（V/H）	0.25°×0.25°
	GMI	GPM	2014 年 2 月至今	10.6（V/H），18.7（V/H），23.8（V），36.5（V/H），89（V/H），165.5（V/H），183.31+/-3（V），183.31+/-7（V）	0.25°×0.25°
	SSM/I	DMSP	1987 年 7 月至今	19.35（V/H），22.24（V），37.05（V/H），85.5（V/H）	0.25°×0.25°
	WindSat	Coriolis	2003 年 1 月至今	6.8（V/H），10.7 全极化，18.7 全极化，23.8（V/H），37 全极化	0.25°×0.25°

海面风场遥感数据的预处理包括格式转换、质量控制、数据合并、数据平均等步骤。格式转换是指将原始的 NetCDF 格式的散射计风场数据和二进制格式的辐射计风场数据转换为文本文件（包括经度、纬度、时间、风速、风向等）；质量控制是指利用质量标识位对数据进行质量控制，剔除异常值和缺省值；数据合并是指把风场数据按时间合并到一个文件中，通过风速、风向数据生成纬向风速和经向风速；数据平均是指对每个 0.1°×0.1° 网格内的风场数据做平均处理。

2. 再分析数据

"再分析"是利用同化技术把不同来源与类型的观测资料进行融合，重建高质量、长时间序列和高时空分辨率的格点化资料的过程，目的是弥补观测资料时空分布不均的缺陷（赵天保等，2010）。

制作北极海面风场高时空分辨率遥感产品使用的是美国国家环境预报中心（National Centers for Environmental Prediction，NCEP）的再分析数据，其提供了自 1948 年 1 月至今的 6 h、逐日、逐月的全球再分析数据以及每 8 日的预报产品，包括空间分辨率 2.5°的经向风速和纬向风速两个风场分量的产品。

NECP 再分析风场数据预处理包括数据读取、按天输出以及插值三个步骤。

数据读取：NECP 再分析风场数据是按年存储的，每年的数据包括纬向风速和经向风速两个文件，文件格式是 NetCDF，利用 Fortran 编程读取为文本文件。

按天输出：读取的文本文件中包括全年的风数据，需按时间先后给出每 6h 的网格化数据。

插值：利用双线性插值把分辨率为 2.5°×2.5°的 NECP 再分析风场数据插值到 0.1°×0.1°的网格。

3.3.2 北极多源遥感高时空分辨率海面风场产品生成技术

采用最优插值法进行海面风场数据产品生成。最优插值法（optimum interpolation method，OIM）是在假定背景值、观测值和分析值均为无偏估计的前提下，求解分析方差最小化的一种方法。该方法的公式具体如下：

$$A_g = B_g + \sum_{i=1}^{N}(O_i - B_i)W_i \qquad (3-1)$$

式中，A_g（B_g）为网格点 g 的分析值（背景值）；O_i（B_i）为观测点 i 的观测值（背景值）；N 为观测点的个数；W_i 为观测点 i 的权重。在无偏、无关情况下，最合适的权重定义为

$$\sum_{j=1}^{N}\sum_{i=1}^{N}(\mu_{ij}^B + \mu_{ij}^O \lambda_i \lambda_j)W_i = \mu_{ig}^B \qquad (3-2)$$

式中，μ^B（μ^O）为观测点 i 和 j 的观测值（背景值）的误差相关系数，对于相同（不同）观测点，μ^O 的值假定为 1（0）（Kuragano and Shibata，1997）。λ 为这两个误差标准偏差的比值，定义为

$$\lambda = \frac{\sigma^O}{\sigma^B} \qquad (3-3)$$

式中，σ^B（σ^O）为背景值（观测值）误差的标准偏差，假定为 1（Kako and Kubota，2006）。μ^B 的定义为

$$\mu_{ij}^B = e^{-r_m^2/L_m^2 - r_z^2/L_z^2} \qquad (3-4)$$

式中，r_z（r_m）为两个任意观测点 i 和 j 的东西向（南北向）距离；L_z（L_m）为东西向（南北向）上的特征尺度，分别取为 300km 和 150km。

基于最优插值方法,结合 ASCAT-A/B、HY-2 等散射计数据和 SSM/I、GMI、AMSR2、WindSat 等辐射计数据, 生产了北极时空分辨率为 6h/0.1°的风场数据产品, 如图 3-1 所示。

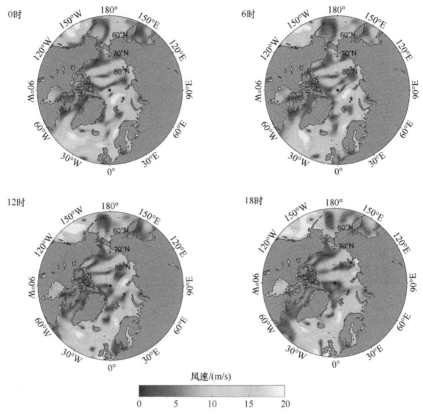

图 3-1　2016 年 1 月 1 日 0 时、6 时、12 时以及 18 时北极海面风场

3.3.3　北极多源遥感高时空分辨率海面风场产品精度检验

利用浮标数据对北极海面风场融合产品进行了精度检验。

1. 浮标数据概况

浮标数据来自美国国家数据浮标中心（National Data Buoy Center, NDBC）。NDBC 提供大约 90 个浮标和 60 个沿海台站每 10min 一次的观测数据, 主要观测参数有风速和风向、浪高和周期、海面温度、大气压、空气温度等, 2005 年后又增加了海浪方向数据。浮标数据基本情况如表 3-2 所示, 浮标信息如表 3-3 所示。

表 3-2　浮标数据基本情况

浮标	空间范围	时间范围	时间分辨率	个数
NDBC	北极附近海域	2016 年 1 月~2020 年 12 月	10min	18

表 3-3 北极 NDBC 浮标信息

浮标 ID 号	浮标经度（°W）	浮标纬度（°N）
44078	39.520	59.940
46001	147.949	56.232
46035	177.703	57.016
46060	146.819	60.587
46066	155.047	52.785
46070	175.270	55.080
46071	179.012	51.125
46072	172.088	51.672
46073	172.002	55.009
46075	160.817	53.983
46076	148.009	59.471
46078	152.582	55.556
46080	150.042	57.947
46082	143.372	59.681
46083	138.019	58.270
46084	136.102	56.622
46085	142.882	55.883
46264	151.695	57.479

2. 浮标数据预处理

浮标数据预处理主要包括风速转换和时间平均两个步骤。海面风场遥感融合产品的风速是海面以上 10m 处的风速，而浮标风速观测数据不是 10m 处的海面风速，利用式（3-5）的风速转换公式把 3～5m 处的浮标风速转换为 10 m 处的风速（Wentz, 1997）：

$$\frac{U_H}{U_{10}} = \frac{\ln\left(H/z_0\right)}{\ln\left(10/z_0\right)} \tag{3-5}$$

式中，H 为浮标测量高度；z_0 为海表粗糙长度，取 1.6×10^{-3}m。

海面风场遥感融合产品的时间分辨率是 6h，而收集的浮标数据时间分辨率是 10min，因此需要对浮标数据做时间平均，生成 6h 平均的浮标观测值，以便和 6h 平均的融合产品作比对。

3. 时空匹配

浮标数据与融合产品的时间匹配是指提取同一时间段的两种数据。浮标数据与融合产品的空间匹配是指提取浮标位置处的融合产品数据集，其中浮标位置处融合产品的风场通过周围四个网格点的风场双线性插值获得。经时空匹配后，有效时空匹配浮标数为 18 个，其分布见图 3-2。

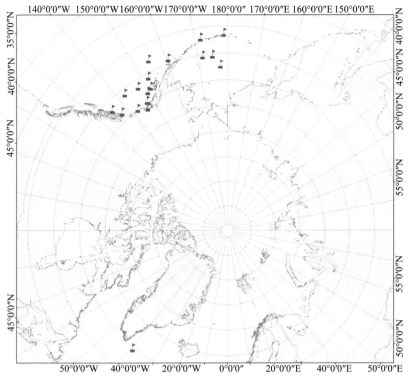

图 3-2　时空匹配数据分布图

4. 误差统计

对匹配后的数据集，筛选出位置距离陆地 50km 以上且风速处于合理范围内的数据，利用式（3-6）～式（3-11）计算如下统计指标，包括平均偏差、均方根偏差和相关系数。

$$E_{\text{Bias\_speed}} = \frac{1}{n}\sum_{i=1}^{n}\left(\omega_{\text{inv}}^{i} - \omega_{\text{ref}}^{i}\right) \tag{3-6}$$

$$\delta_{\text{speed}} = \sqrt{\frac{1}{n}\sum_{i=1}^{n}\left(\omega_{\text{inv}}^{i} - \omega_{\text{ref}}^{i}\right)^{2}} \tag{3-7}$$

$$r_{\text{speed}} = \frac{\sum_{i=1}^{n}\left(\omega_{\text{inv}}^{i} - \overline{\omega}_{\text{inv}}\right)\left(\omega_{\text{ref}}^{i} - \overline{\omega}_{\text{ref}}\right)}{\sum_{i=1}^{n}\left(\omega_{\text{inv}}^{i} - \overline{\omega}_{\text{inv}}\right)^{2}\left(\omega_{\text{ref}}^{i} - \overline{\omega}_{\text{ref}}\right)^{2}} \tag{3-8}$$

$$E_{\text{Bias\_dir}} = \frac{1}{n}\sum_{i=1}^{n}\left(\varphi_{\text{inv}}^{i} - \varphi_{\text{ref}}^{i}\right) \tag{3-9}$$

$$\delta_{\text{dir}} = \sqrt{\frac{1}{n}\sum_{i=1}^{n}\left(\varphi_{\text{inv}}^{i} - \varphi_{\text{ref}}^{i}\right)^{2}} \tag{3-10}$$

$$r_{\text{dir}} = \frac{\sum\limits_{i=1}^{n} \left(\varphi_{\text{inv}}^i - \overline{\varphi}_{\text{inv}} \right) \left(\varphi_{\text{ref}}^i - \overline{\varphi}_{\text{ref}} \right)}{\sum\limits_{i=1}^{n} \left(\varphi_{\text{inv}}^i - \overline{\varphi}_{\text{inv}} \right)^2 \left(\varphi_{\text{ref}}^i - \overline{\varphi}_{\text{ref}} \right)^2} \tag{3-11}$$

式中，$E_{\text{Bias\_speed}}$（$E_{\text{Bias\_dir}}$）、δ_{speed}（δ_{dir}）、r_{speed}（r_{dir}）分别表示风速（风向）的平均偏差、均方根误差和相关系数；ω_{inv}^i、ω_{ref}^i 分别表示海面风速遥感融合产品值和浮标实测值；φ_{inv}、φ_{ref} 分别表示相应的风向；$\overline{\omega}_{\text{inv}}$、$\overline{\omega}_{\text{ref}}$、$\overline{\varphi}_{\text{inv}}$、$\overline{\varphi}_{\text{ref}}$ 分别表示对应的平均值。

表 3-4、图 3-3 给出了风速融合产品的精度验证结果。

表 3-4　风速融合产品的精度验证结果

时间	风速		
	偏差/（m/s）	均方根误差/（m/s）	相关系数
2016～2020 年	0.64	1.81	0.92

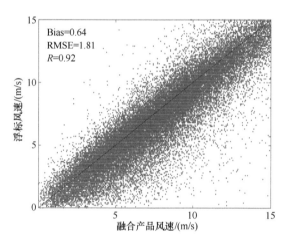

图 3-3　风速融合产品的精度检验散点图

风向融合产品的精度验证结果见表 3-5、图 3-4。

表 3-5　风向融合产品的精度验证结果

时间	风向		
	偏差/（°）	均方根误差/（°）	相关系数
2016～2020 年	1.997	19.977	0.974

可以看出：北极海面风场融合产品风速偏差为 0.64m/s，均方根误差为 1.81m/s，风向偏差为 1.997°，均方根误差为 19.977°。

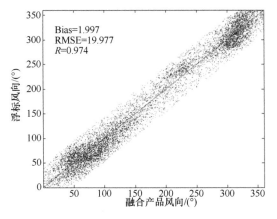

图 3-4 剔除 3 倍标准偏差后的风向产品的精度检验散点图

3.4 北极有效波高高时空分辨率遥感产品制作技术

3.4.1 北极有效波高星载高度计数据及处理技术

目前在轨运行的卫星高度计主要有 CryoSat-2、HY-2、SARAL、Jason-3、Sentinel-3 等，具体如表 3-6 所示。

表 3-6 目前在轨运行的卫星高度计

传感器/卫星	发射国家/组织	轨道高度/km	轨道倾角/(°)	重复周期/天	在轨运行时间范围
CryoSat-2	欧空局	717	92	369	2010 年 4 月至今
HY-2	中国	973	98	14	2011 年 8 月至今
SARAL	法国、印度	800	98.55	35	2013 年 2 月至今
Jason-3	美国、法国	1336	66	9.9156	2016 年 1 月至今
Sentinel-3	欧空局	814.5	98.65	27	2016 年 2 月至今

首先，利用卫星遥感数据产品的海陆、降雨、海冰等质量控制标志，剔除受上述因素影响的数据，然后进行初步的多源卫星数据质控。其次，进一步采用如下方法剔除可能存在的 SWH 异常值：一是设置 SWH 上限范围 Threshold1（25 m），若波高大于 Threshold1，则作为异常值予以剔除；二是由于有效波高的变化具有时空连续性，因此判断时间差在 2s 之内的当前波高与前一波高之差是否大于 Threshold2（10 m），若大于该阈值，则剔除当前波高值。

卫星高度计海浪数据处理流程如图 3-5 所示。

3.4.2 北极多源遥感高时空分辨率有效波高产品生成技术

1. 普通克里金插值法

针对多源卫星数据的时空不规则性，采用普通克里金插值法生成有效波高数据产

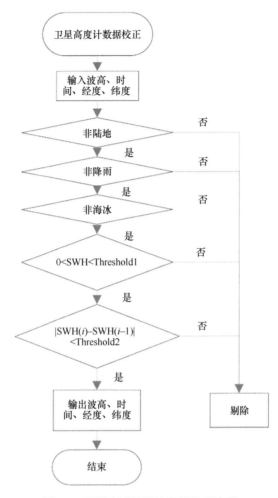

图 3-5　卫星高度计海浪数据处理流程

品。克里金插值法又称为空间自协方差最佳插值法，通过对周围测量值进行加权，得到未测量位置的预测值，其表达式为

$$\hat{Z_0} = \sum_{i=0}^{n} \lambda_i Z_i \qquad (3\text{-}12)$$

式中，$\hat{Z_0}$ 为某一网格点上的有效波高融合结果；Z_i 为有效波高卫星遥感数据；n 为满足时空窗口条件的卫星遥感观测数据个数；λ_i 为权重系数，它不是距离的倒数，而是满足插值估计值与真实值的差最小且同时满足无偏估计条件 $E\left(\hat{Z_0} - Z_0\right) = 0$ 的一组最佳系数，即克里金插值法的权重系数必须同时满足最优性和无偏性的条件。常用的克里金插值方法为普通克里金插值法与简单克里金插值法（李海涛和邵泽东，2019）。

　　基于多源卫星遥感数据与普通克里金插值法，生成了北极海域有效波高网格化产品，时空分辨率为 1d/0.25°，如图 3-6 所示。

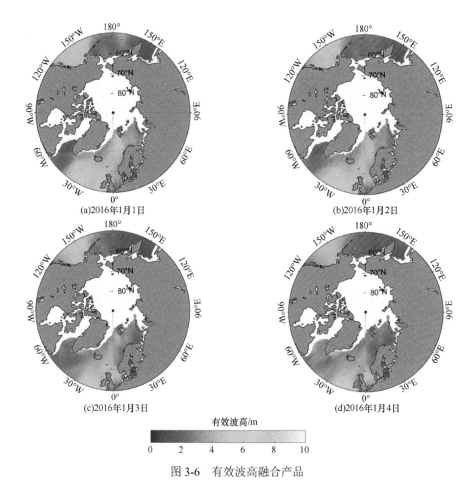

(a)2016年1月1日   (b)2016年1月2日

(c)2016年1月3日   (d)2016年1月4日

有效波高/m

0   2   4   6   8   10

图 3-6 有效波高融合产品

2. 海冰掩膜

使用 SSM/I 海冰密集度数据进行海冰掩膜,SSM/I 海冰密集度数据的空间分辨率为 0.25°,时间分辨率为 1 天。

通常海冰边缘线以密集度 15%为界,海冰密集度小于 15%可认为无冰,因此以 15% 为阈值,利用 SSM/I 海冰密集度数据制作了海冰掩膜,时间分辨率为 1d,空间分辨率 为 0.25°,海冰掩膜前后的融合产品如图 3-7、图 3-8 所示。

3.4.3 北极高时空分辨率有效波高融合产品精度验证

用于验证北极海域海浪遥感产品区域性精度检验的是 NDBC 浮标数据,数据的基本 情况和详细信息如表 3-2、表 3-3 所示。

由于海浪遥感产品的时间分辨率为 1 天,空间分辨率为 0.25°×0.25°,而浮标数据的 时间分辨率为 10min,因此,首先将浮标数据进行日平均,使之与遥感融合产品的时间 相匹配;其次对浮标所在位置周围四个网格点的有效波高融合产品进行双线性插值,实 现空间匹配。经时空匹配后,有效时空匹配浮标数 18 个,分布见图 3-2。

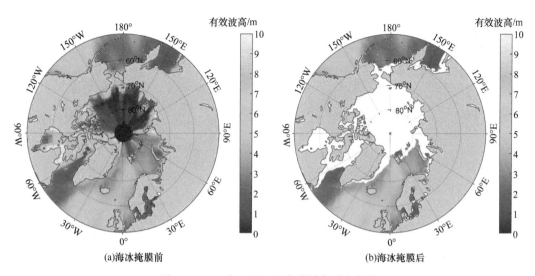

(a)海冰掩膜前   (b)海冰掩膜后

图 3-7   2016 年 1 月 1 日有效波高融合产品

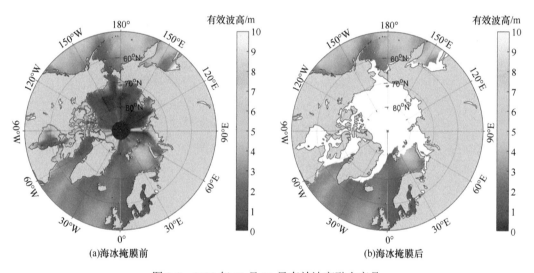

(a)海冰掩膜前   (b)海冰掩膜后

图 3-8   2020 年 12 月 31 日有效波高融合产品

对匹配后的数据集，筛选位置距陆地 50km 以上且有效波高处于合理范围内的数据进行误差统计，即基于式（3-13）～式（3-15）计算均方根误差（RMSE）、偏差（Bias）和相关系数（R）：

$$RMSE = \sqrt{\frac{1}{N}\sum_{i=1}^{N}(A_i - B_i)^2} \tag{3-13}$$

$$Bias = \frac{1}{N}\sum_{i=1}^{N}(A_i - B_i) \tag{3-14}$$

$$R = \frac{\sum_{i=1}^{N}[(A_i - \overline{A})(B_i - \overline{B})]}{\sqrt{\sum_{i=1}^{N}(A_i - \overline{A})^2 \sum_{i=1}^{N}(B_i - \overline{B})^2}} \tag{3-15}$$

式中，A_i 为融合产品有效波高值；B_i 为浮标实测的有效波高值；N 为匹配点个数。

基于浮标数据的有效波高遥感融合产品精度评价结果见表 3-7 和图 3-9，均方根误差为 0.469m，相关系数为 0.919。

表 3-7   有效波高遥感产品与浮标数据精度评价结果

偏差/m	均方根误差/m	相关系数
0.035	0.469	0.919

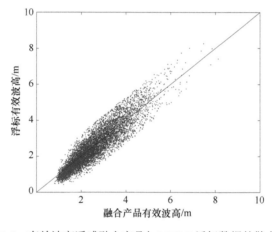

图 3-9   有效波高遥感融合产品与 NDBC 浮标数据的散点图

图 3-10 为北冰洋有效波高多年月平均空间分布图，可以看出，2～7 月北冰洋有效波高总体呈缓慢递减态势，7 月达到最小值；8 月起，有效波高开始增加，直到次年 2 月，达到最大值 6.25m。高值区出现在格陵兰岛南部海域，与海面风速的分布较为一致。

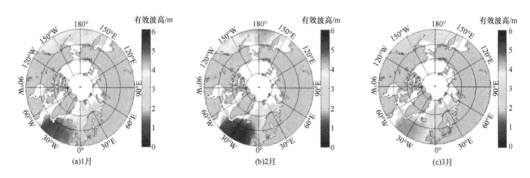

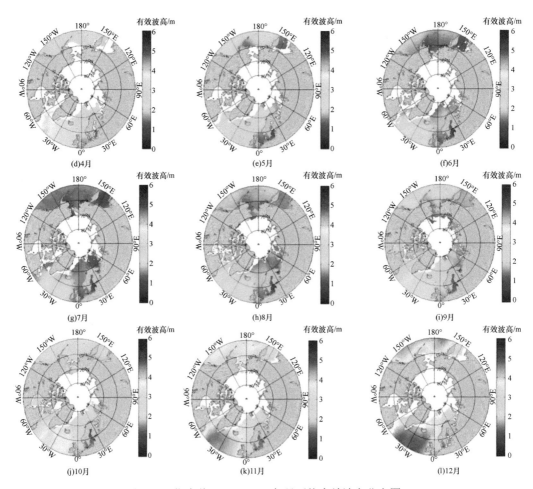

图 3-10 北冰洋 2016~2020 年月平均有效波高分布图

3.5 北极海表温度高时空分辨率遥感产品制作技术

3.5.1 北极星载辐射计 SST 数据及处理技术

基于星载红外辐射计数据和微波辐射计数据,采用 SST 数据重构与融合方法,制作北极高时空分辨率 SST 产品。

1. 数据介绍

1)红外辐射计数据

使用的 MODIS-Aqua、MODIS-Terra、VIIRS 和 AVHRR 红外辐射计 SST 数据见表 3-8。

MODIS 是搭载在 NASA 发射的 Terra(EOS AM)和 Aqua(EOS PM)卫星上的传感器。MODIS-Aqua 数据的时间范围为 2002 年至今,MODIS-Terra 数据的时间范围为 2000 年至今,前者过境时间为 13:30 左右,后者为 10:30 左右,其第 20、第 22、第 23、第 31、第 32 波段可以用来反演 SST。

表 3-8　北极高时空分辨率海表温度产品制作使用的红外辐射计数据

卫星传感器	轨道倾角/（°）	轨道	SST 时空分辨率/（h/km）
MODIS-Aqua	98.2	白天、夜间	12
MODIS-Terra	98.2	白天、夜间	12
VIIRS	98.7	白天、夜间	12
AVHRR	98.7	白天、夜间	12

VIIRS 是 NPP（the Suomi National Polar-orbiting Partnership）卫星上的传感器，共有 22 个波段，光谱范围是 0.3～14μm，星下点空间分辨率优于 400m，幅宽 3040km。VIIRS 数据的时间范围为 2012 年 1 月 2 日至今，其在红外大气窗口的 4 个波段（M12、M13、M15、M16）可以用来反演 SST。

AVHRR 是 NOAA 系列气象卫星上搭载的传感器，从 1979 年 TIROS-N 卫星发射至今持续进行对地观测，星下点分辨率为 1.1km，图像幅宽为 2800km，它在可见光、近红外和热红外设有波段，其中 3～5 波段可以用来反演 SST。

MODIS 和 VIIRS 数据获取自 NASA 数据网站（https://oceandata.sci.gsfc.nasa.gov/），AVHRR 数据获取自荷兰国家海洋学数据委员会（National Oceanographic Data Committee of the Netherlands，NODC）。

2）微波辐射计数据

使用的 AMSR2 和 WindSat 微波辐射计 SST 数据见表 3-9。

表 3-9　微波辐射计数据

卫星传感器	轨道倾角/（°）	轨道	SST 时空分辨率/（h/0.25°）
Coriolis WindSat	98.7	升轨、降轨	12
GCOM-W1 AMSR2	98	升轨、降轨	12

AMSR2 搭载于日本宇宙航空研究开发机构（Japan Aerospace Exploration Agency，JAXA）研制的 Global Change Observation Mission 1st-Water（GCOM-W1，又称"SHIZUKU"或水循环变动观测卫星）上（Chelton and Wentz，2005），该卫星发射于 2012 年 5 月。AMSR2 共有 6 个垂直和水平极化通道，SST 数据精度可达 0.5℃，观测刈幅为 1450km，两天内即可观测全球 99%的区域。

WindSat 搭载于 Coriolis 卫星平台上，设有 22 个通道，其中 6.8GHz 为垂直极化通道，23.8GHz 为水平极化通道，10.7GHz、18.7GHz 和 37.0GHz 为全极化通道，主要用以反演海表面风场、SST、云量、大气水汽含量和降水率等数据。

2. 数据处理技术

采用 DINEOF 方法（Beckers and Rixen，2003）进行缺失数据重构。该方法基于 EOF 方法重构时空场中缺失数据，拥有无须先验值、自适应、时空相关、适用于大范围缺测数据重构等传统重构方法不具备的优势（郭俊如，2014）。其基本思想是首先将原始数据中缺失数据的网格点赋为 0，然后基于 EOF 方法对数据进行反复迭代的分解和合成，计算交叉验证误差，以最小误差确定最优的保留模态数，从而获得最佳重构数据（陈奕君等，2019）。

采用最优插值方法进行多源 SST 数据融合。该算法是在假定背景值、观测值和分析场均为无偏估计的前提下，求解分析方差最小化的分析方法（Reynolds and Smith，1994）。其基本思想是首先根据 ECMWF 提供的 SST 背景场数据和红外、微波辐射计的 SST 观测值计算观测值增量（差值），然后基于最小二乘原理计算各权重因子，各格点的 SST 融合值为 $A_k = B_k + \sum_{i=1}^{N}(O_i - B_i)W_{ki}$。当某格点附近没有观测数据时，则权重为 0，直接填充背景场数据。

3.5.2　北极多源遥感高时空分辨率 SST 融合产品生成技术

利用最优插值方法和多源数据融合得到的北冰洋 SST 数据时间分辨率为 12h，空间分辨率为 9km，示例见图 3-11。

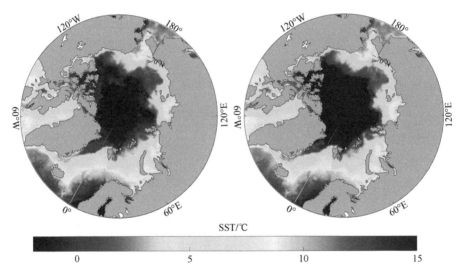

图 3-11　2019 年 9 月 1 日北极融合 SST 数据分布（左图为白天，右图为夜间）

3.5.3　北极多源遥感高时空分辨率 SST 融合产品精度验证

利用 Argo 浮标数据对白天和夜间的融合 SST 数据产品（2016～2019 年）分别进行精度验证，时空匹配数据的空间分布如图 3-12 所示。

精度验证结果如表 3-10、图 3-13 所示，SST 融合产品与 Argo 观测值之间的相关系数优于 0.98，表明二者具有较高的一致性；融合 SST 数据的均方根误差在 0.49～0.72℃，其中，白天融合数据误差略高于夜间。

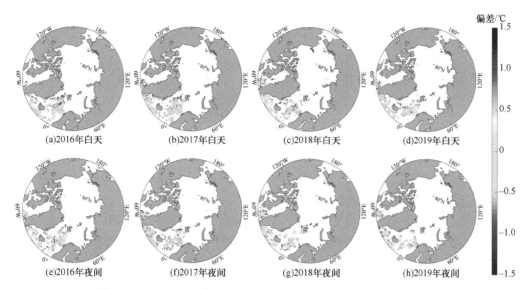

图 3-12 2016～2019 年融合 SST 与 Argo 时空匹配数据的空间分布

表 3-10 白天、夜间融合 SST 数据的误差统计

年份		匹配数	偏差/℃	标准差/℃	均方根误差/℃	相关系数
2016	白天	1288	0.0609	0.5391	0.5425	0.9894
	夜间	1401	−0.0043	0.4950	0.4950	0.9918
2017	白天	1398	0.1122	0.5325	0.5442	0.9896
	夜间	1481	−0.0407	0.5114	0.5130	0.9894
2018	白天	1591	0.2201	0.6806	0.7153	0.9812
	夜间	960	0.0258	0.5571	0.5577	0.9915
2019	白天	973	0.0856	0.5077	0.5149	0.9849
	夜间	817	−0.0395	0.4901	0.4916	0.9896

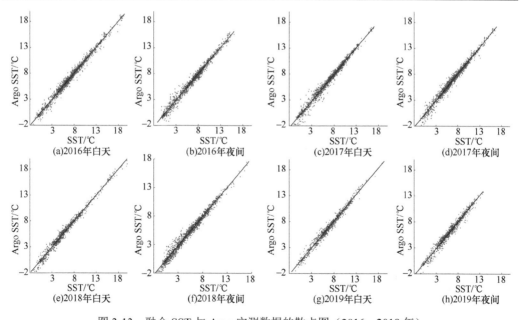

图 3-13 融合 SST 与 Argo 实测数据的散点图（2016～2019 年）

3.6 北极叶绿素 a 浓度遥感反演与融合产品制作技术

3.6.1 北极水色卫星数据处理技术

在北极叶绿素 a 浓度遥感反演与融合产品制作前，需对北极水色卫星遥感反射率数据进行质量控制。具体来讲，利用 Wei 等（2016）提出的方法，对北冰洋所示卫星遥感反射率光谱数据质量进行评价，图 3-14 给出了 1～3 月、4～6 月、7～9 月、10～12 月平均的评价结果，图中量值越高（颜色越暖，红色区域）表示评分越高、数据质量越好，反之则表示数据质量越差（如蓝、绿色区域）。

总体来看，4～6 月是"高质量数据"（评分>0.7）占比最大的时段，约 82%；其次是 1～3 月和 7～9 月，均约为 75%，虽然 1～3 月有效观测数据的空间覆盖较 7～9 月低，但其"高质量数据"的占比并没有等比例减少；10～12 月是"高质量数据"占比最小（57%）的时段，其有效观测产品的覆盖区域也最小。

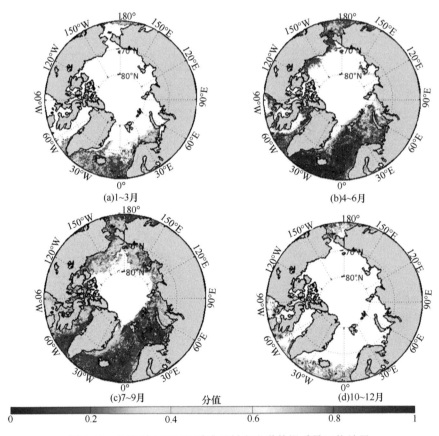

图 3-14 北冰洋 MODIS 遥感反射率光谱数据质量评价结果

3.6.2 北极叶绿素 a 浓度遥感反演技术

北冰洋各海域光学特征具有差异，难以使用一种算法来精确反演叶绿素 a 浓度，相关研究表明，基于水体光学分类的叶绿素 a 浓度遥感反演可显著提升反演精度。基于全球实测数据集的水体光学分类系统，将全球水体从清洁到浑浊分为 23 类（Wei et al.，2016），这为复杂水域的叶绿素 a 浓度反演提供了一个新的、统一的框架。

采用 Wei 等（2016）的方法进行水体光学分类，为不同光学类型的水体遴选最合适的叶绿素 a 浓度反演算法，对其算法参数进行优化调整，从而实现北冰洋全海域叶绿素 a 浓度高精度卫星遥感反演。

水体光学分类主要有以下 4 步。

（1）提取 412nm、443nm、488nm、510nm、531nm、547nm、555nm、667nm、678nm 共 9 个波段的 MODIS 遥感反射率（R_{rs}，remote sensing reflectance）数据。

（2）基于式（3-16）计算该 9 个波段的归一化遥感反射率：

$$nR_{rs}(\lambda_i) = \frac{R_{rs}(\lambda_i)}{\left[\sum_{i=1}^{N} R_{rs}(\lambda_i)^2\right]^{\frac{1}{2}}} \tag{3-16}$$

式中，N 表示波段数 9；λ_i 对应波长为 412 nm、443 nm、488 nm、510 nm、531 nm、547 nm、555 nm、667 nm 和 678 nm；nR_{rs} 为归一化遥感反射率，量值在 0～1。

（3）基于式（3-16）计算待分类光谱（nR_{rs}）与 23 种标准光谱（nR_{rs}^*，见图 3-15）的波谱角（α）的余弦值，即形状相似度。公式如下：

$$\cos\alpha = \frac{\sum_{i=1}^{N}\left[nR_{rs}^* \cdot nR_{rs}\right]}{\sqrt{\sum_{i=1}^{N}\left[nR_{rs}^*(\lambda_i)\right]^2 \sum_{i=1}^{N}\left[nR_{rs}(\lambda_i)\right]^2}} \tag{3-17}$$

（4）将待分类光谱归入与其波谱角余弦值最高（即波谱角最小）的一类水体中，分类过程结束。

对北冰洋进行光学水体分类后发现，较为清洁水体（1～9 类）的面积占比为 87.4%，而中高浑浊水体（10～23 类）仅占 12.6 %，说明北冰洋海域仍然以清洁水体为主。对每类水体确定其最优反演算法并进行参数调整，结果见表 3-11。

算法检验结果如图 3-16 所示，基于水体光学分类的算法不确定性（中值相对偏差 APD_m=42%）显著优于目前 MODIS 卫星标准算法的产品（APD_m=161%）。

采取基于水体光学分类算法得到北冰洋多年平均（2003～2018 年）叶绿素 a 浓度空间分布，如图 3-17 所示，从总体来看，近岸海域叶绿素 a 浓度较高，开阔海域叶绿素 a 浓度较低北冰洋大部分海域的叶绿素 a 浓度在 0.1～1mg/m³，以清洁水体为主。

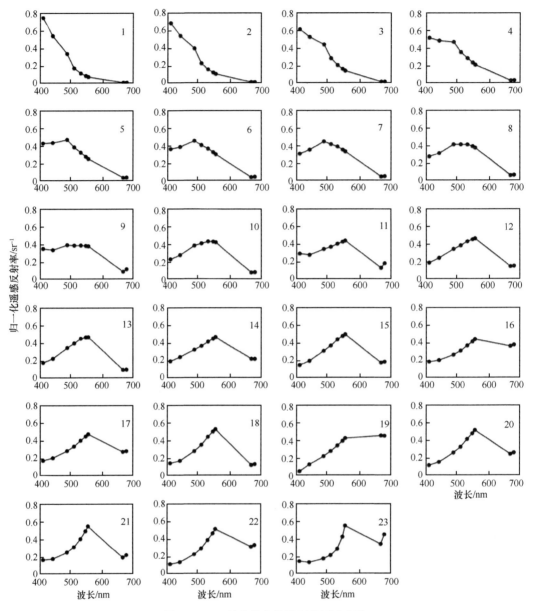

图 3-15　23 种水体光学类型的标准光谱

具体来说，波弗特海中部、楚科奇海中部、巴伦支海、格陵兰海以及巴芬湾等海域叶绿素 a 浓度主要在 0.1~1mg/m³；拉普捷夫海中部和喀拉海、波弗特海和东西伯利亚海的近岸海域等海域叶绿素 a 浓度主要在 1~10mg/m³；白令海峡、拉普捷夫海和喀拉海的近岸海域等海域存在叶绿素 a 浓度大于 10mg/m³ 的情况。

表 3-11 北冰洋各光学类型水体的最优叶绿素 a 浓度反演算法及参数

最优算法	算法形式	水体光学类型	参数				
			c_0	c_1	c_2	c_3	c_4
OC2v4	$Chla = 10^{(c_0+c_1 R+c_2 R^2+c_3 R^3)} + c_4$ $R = lg\left(\dfrac{R_{rs}490}{R_{rs}555}\right)$	3	−1.2858	8.4798	−15.4060	−0.0077	−0.092
OCT	$lg(Chla_{OCT}) = lg(Chla_{OC3mV6})(R_{rs}555 < 0.003)$ $lg(Chla_{OCT}) = a_0 + a_1 \cdot lg(MBR)(R_{rs}555 \geqslant 0.003)$ $MBR = \dfrac{max(R_{rs}443, R_{rs}490)}{R_{rs}555}$ $a_0 = c_0 + c_1 \cdot R_{rs}555$ $a_1 = c_2 + c_3 \cdot R_{rs}555$	4	−6.3441	688.5366	15.3839	−1749.2261	
OC3Mv6	$Chla = 10^{(c_0+c_1 R+c_2 R^2+c_3 R^3+c_4 R^4)}$ $R = lg(MBR)$ $MBR = \dfrac{max(R_{rs}443, R_{rs}490)}{R_{rs}555}$		−0.8018	−0.5717	2.6927	−0.3415	−0.8818
OC3L	$Chla = 10^{(c_0+c_1 R)}$ $MBR = \dfrac{max(R_{rs}443, R_{rs}490)}{R_{rs}555}$	5	−0.3616	−1.1014			
Bathurst-MODIS	$Chla = 10^{(c_0+c_1 X+c_2 X^2)}$ $X = lg\left(\dfrac{R_{rs}490}{R_{rs}532}\right)$	6	−0.2375	−15.9994	115.5041		
SC4	$Chla = c_0\left[\dfrac{max(R_{rs}443, R_{rs}490, R_{rs}510)}{R_{rs}555}\right]^{c_1}$	7	0.2218	1.3920			
Bathurst-SeaWiFS	$Chla = 10^{(c_0+c_1 X+c_2 X^2)}$ $X = lg\left(\dfrac{R_{rs}490}{R_{rs}555}\right)$	8	−0.6856	1.6951	9.5685		
C2S	$Chla = c_0\left(\dfrac{R_{rs}490}{R_{rs}555}\right)^{c_1}$	9*	1.1663	−3.4930			
Bathurst-SeaWiFS	$Chla = 10^{(c_0+c_1 X+c_2 X^2)}$ $X = lg\left(\dfrac{R_{rs}490}{R_{rs}555}\right)$	10*	−0.4015	−1.4832	−2.7762		

*指该类水体采用该算法的默认参数。

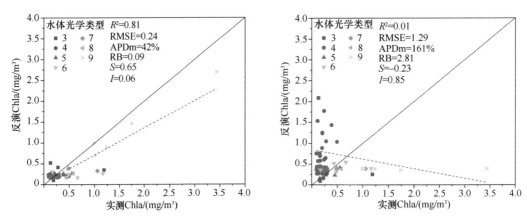

图 3-16　基于独立验证数据的叶绿素 a 浓度反演算法检验结果（左）和
采用 MODIS 卫星标准算法的结果（右）

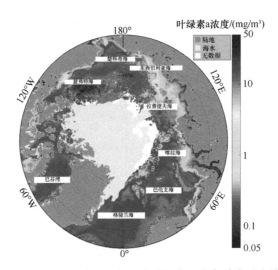

图 3-17　基于水体光学分类算法的北冰洋多年平均叶绿素 a 浓度遥感反演结果（2003～2018 年）

3.6.3　北极叶绿素 a 浓度多源遥感融合技术

利用 MODIS、VIIRS、OLCI、COCTS 四种遥感数据，进行北极 2016～2020 年 6～9 月 4km 空间分辨率、1 天时间分辨率叶绿素 a 浓度多源遥感融合。在进行多源遥感融合前，首先评估了多源卫星数据的一致性，结果见表 3-12，MODIS、VIIRS 各波段 R_{rs} 产品一致性较好：蓝光波段（412～490nm）的相对偏差小于 8%；绿光波段（555nm）的相对偏差小于 15%；近红外波段（670nm）的平均相对偏差小于 30%。融合产品制作流程如图 3-18 所示。分析该融合产品与国外同类产品的一致性，具体方式如下：在叶绿素 a 浓度融合产品中，每月随机选取 20 天的融合产品，与 ESA GlobColour 的叶绿素 a 浓度融合产品进行一致性分析，结果显示，二者的一致性较好，相关系数 R 为 0.92，平均相对偏差为 12.4%，中值相对偏差为 8.1%，散点图见图 3-19。

表 3-12　MODIS 与 VIIRS R_{rs} 数据一致性评价结果

波段	R	RMSE/sr⁻¹	Bias/sr⁻¹	APD*/%
412nm	0.9743	9.80×10^{-4}	-1.63×10^{-4}	7.24
443nm	0.9759	7.63×10^{-4}	-3.08×10^{-4}	7.12
490nm	0.9665	4.98×10^{-4}	-9.86×10^{-5}	5.33
555nm	0.9705	4.06×10^{-4}	-2.32×10^{-4}	14.56
670nm	0.9692	1.23×10^{-4}	-1.46×10^{-6}	27.27

*APD（absolute percentage difference），表示绝对百分比偏差。

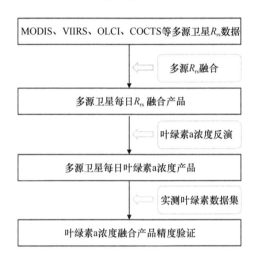

图 3-18　叶绿素 a 浓度融合产品制作流程

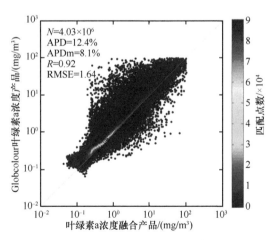

图 3-19　叶绿素 a 浓度融合产品与 ESA GlobColour 叶绿素 a 浓度产品的一致性评价

图 3-20 为北极叶绿素 a 浓度融合产品示例。

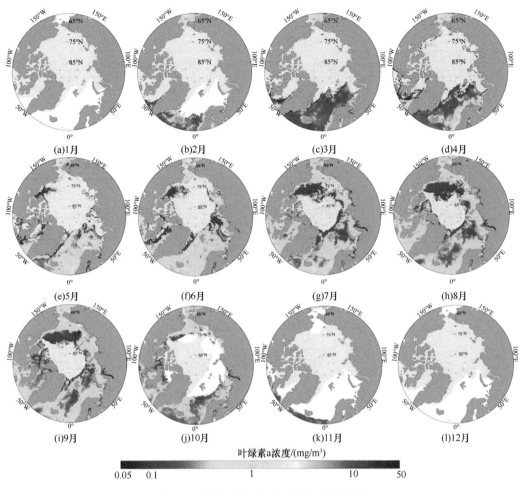

图 3-20　北极叶绿素 a 浓度融合产品示例

3.7　小　　结

本章利用北极卫星密集重访的技术优势，开展了北极海面风场、有效波高、海表温度、叶绿素 a 浓度等多源卫星遥感数据融合技术研究，研制了多源卫星高时空分辨率融合产品并进行了精度验证。

在北极海面风场多源卫星融合产品研制方面，在多源卫星辐射计和散射计数据、浮标数据、NCEP 数据获取与处理的基础上，利用最优插值融合方法制作了 2016～2020 年 0.1°空间分辨率、6h 时间分辨率的北冰洋海面风场融合产品。

在北极有效波高多源卫星融合产品研制方面，利用 Jason-3、CryoSat-2、HY-2、SARAL、Sentinel-3 等多源卫星雷达高度计有效波高数据，采用普通克里金插值方法研制了 2016～2020 年北冰洋 0.25°空间分辨率、1 天时间分辨率的有效波高融合产品。

在北极海面温度多源卫星融合产品研制方面，综合利用红外、微波辐射计多源卫星遥感数据（MODIS、VIIRS、AVHRR、AMSR2、WindSat），在数据重构的基础上利用最优插值方法研制了 2016～2019 年 9km 空间分辨率、12h 时间分辨率的 SST 融合产品。

在北极叶绿素 a 浓度多源卫星融合产品研制方面，建立了基于水体光学分类的北冰洋叶绿素 a 浓度遥感反演算法，利用 MODIS、VIIRS、OLCI、COCTS 等多源卫星数据研制了北极 2016～2020 年 6～9 月 4km 空间分辨率、1 天时间分辨率的叶绿素 a 浓度融合产品。

参 考 文 献

陈奕君, 张丰, 杜震洪, 等. 2019. 基于 DINEOF 的静止海洋水色卫星数据重构方法研究. 海洋学研究, 37: 14-23.

崔廷伟, 张杰, 马毅, 等. 2021. 北冰洋卫星水色遥感观测能力评价与展望. 中国海洋大学学报(自然科学版), 51: 125-137.

郭俊如. 2014. 东中国海遥感叶绿素数据重构方法及其多尺度变化机制研究. 青岛: 中国海洋大学.

李海涛, 邵泽东. 2019. 空间插值分析算法综述. 计算机系统应用, 28: 1-8.

赵天保, 符淙斌, 柯宗建, 等. 2010. 全球大气再分析资料的研究现状与进展. 地球科学进展, 25: 242-254.

Beckers J M, Rixen M. 2003. EOF calculations and data filling from incomplete oceanographic datasets. Journal of Atmospheric and Oceanic Technology, 20: 1839-1856.

Chelton D B, Wentz F J. 2005. Global microwave satellite observations of sea surface temperature for numerical weather prediction and climate research. Bulletin of the American Meteorological Society, 86: 1097-1115.

Kako S I, Kubota M. 2006. Relationship between an el niño event and the interannual variability of significant wave heights in the north Pacific. Atmosphere-Ocean, 44: 377-395.

Kuragano T, Shibata A. 1997. Sea surface dynamic height of the Pacific Ocean derived from TOPEX/POSEIDON altimeter data : Calculation method and accuracy. Journal of Oceanography, 53: 585-599.

Reynolds R W, Smith T M. 1994. Improved global sea surface temperature analyses using optimum interpolation. Journal of Climate, 7: 929-948.

Wei J, Lee Z, Shang S. 2016. A system to measure the data quality of spectral remote-sensing reflectance of aquatic environments. Journal of Geophysical Research: Oceans, 121: 8189-8207.

Wentz F J. 1997. A well-calibrated ocean algorithm for special sensor microwave / imager. Journal of Geophysical Research: Oceans, 102: 8703-8718.

Xiao Y, Zhang J, Cui T, et al. 2018. A new merged dataset of global ocean chlorophyll a concentration with higher spatial and temporal coverage. Acta Oceanologica Sinica, 37: 118-130.

第4章 北极海冰遥感信息提取技术

海冰作为气候系统中极为敏感的环境因子之一，是气候变化的"指示器"。发展北极海冰遥感信息提取技术，开展北极海冰的变化监测具有重要的科学意义。海冰密集度、厚度、漂移速度、融池等作为海冰的重要参数，描述了海冰的空间聚集、生长状态、热力学和动力学等属性特征，对其进行遥感提取具有重要的科学价值。此外，冰山作为海冰区域内的典型地物，对其开展监测对于极区安全航行等意义重大。

本章介绍了北极海冰卫星遥感监测的现状和主要技术，4.1 节介绍了北极海冰概况、监测意义和数据源。4.2～4.6 节分别综述了当前已有的关于海冰密集度、海水厚度、海水漂移速度、融池和冰山五种主要参数的遥感反演或识别方法，并且重点阐述了本章所发展的新方法和相应的精度评价情况。4.7 节总结了本章的主要内容。

4.1 北极海冰与遥感监测

4.1.1 北极海冰概况与监测意义

自卫星观测以来，被动微波辐射计数据表明，北极海冰面积在持续下降，夏季降低速度最快，每年减少达 11.1%。除了面积减少以外，海冰厚度越来越薄，冰龄也越来越小，随之而来的是漂移速度越来越快。海冰厚度的观测记录可以追溯到 1958 年，但是声呐技术获取的海冰厚度空间分布较为有限，难以获取大范围的观测数据。随着卫星高度计的应用和发展，可以监测近几十年以来的海冰厚度变化。基于历史声呐数据和卫星数据，冬季的海冰厚度在过去的 50 年内持续变薄，多年冰的覆盖范围也从 20 世纪 80 年代的 80%下降到 2018 年的不足 30%。除了上述变化外，海冰的漂移速度正在加快，每年从弗拉姆海峡输送出的海冰体量逐渐增大。海冰表面融池的覆盖范围也逐渐变大，出现频率也越来越高，未来北极夏季甚至可能出现无冰的状况。

北极海冰在过去的几十年间发生了较大的变化，其密集度、厚度、漂移速度、融池等均有不同程度的变化。鉴于海冰变化与气候之间的密切相关性，监测海冰的变化，主要包括不同海冰参数的卫星反演，其对于分析气候变化下的海冰演变、海冰与气候之间的耦合机制以及海冰变化的全球效应具有重要的意义。

4.1.2 北极海冰卫星遥感监测数据源

遥感技术的发展为深入了解北极海冰的变化提供了大量可靠的监测数据。目前，可用于海冰遥感监测的数据主要来自可见光红外传感器、微波辐射计、微波散射计、合成孔径雷达（synthetic aperture radar，SAR）、雷达高度计和激光高度计。

1. 可见光红外传感器

可见光红外传感器常用于海冰识别、海冰密集度和厚度等参数反演（Luo et al.，2004；Hua and Wang，2012；刘志强等，2014；张辛等，2014；Liu et al.，2016）。Landsat系列卫星搭载的传感器经历了专题制图仪（thematic mapper，TM）、增强型专题制图仪（enhanced thematic mapper plus，ETM+）和陆地成像仪（operational land imager，OLI）的发展（赵秋艳，2000；Markus et al.，2002）。国产海洋卫星（HY）搭载了卫星海洋水色水温扫描仪（Chinese ocean color and temperature scanner，COCTS），覆盖周期为1天（刘建强等，2020），可用于海冰冰情观测。

2. 微波辐射计

微波辐射计是目前全球尺度海冰遥感观测的常用数据源之一，广泛用于海冰密集度、海冰漂移速度等参数估算（Beitsch et al.，2014；Nihashi et al.，2017；Kwok，2008）。表4-1罗列了目前常见的微波辐射计。其中，多通道微波扫描辐射计（scanning multichannel microwave radiometer，SMMR）、SSM/I和SSMIS构建了第一个长期且时空一致的极地海冰监测数据集。AMSR-E和AMSR2（Marco and Jeyavinoth，2016；Maeda et al.，2016）的出现，使利用低频信号监测海冰成为可能。AMSR-E和AMSR2构成了2002年至今的海冰观测数据集，可供南北极海冰变化研究。我国风云和海洋系列卫星也搭载了微波辐射计，如微波成像仪（MWRI），有效地增加了海冰观测的可用数据。

表 4-1　常用被动微波辐射计传感器及参数

传感器	卫星平台	高度/km	波段频率/GHz
SMMR	Nimbus-7	955	6.6，10.7，18.0，21.0，37.0
SSM/I	DMSP F08	860	19.4，22.2，37.0，85.5
	DMSP F11	830	
	DMSP F13	850	
SSMIS	DMSP F17	850	19.4，22.2，37.0，91.7
	DMSP F18	850	
AMSR-E	Aqua	705	6.9，10.7，18.7，23.8，36.5，89.0
AMSR2	GCOM-W	700	6.9，7.3，10.7，18.7，23.8，36.5，89.0
MWRI	FY-3B/C/D	836	10.6，18.7，23.8，36.5，89.0
SMR	HY-2A/B	971	6.9，10.7，18.7，23.8，37.0

3. 微波散射计

微波散射计可应用于海冰分类、确定海冰范围等（Yueh et al.，1997；Remund and Long，1999；Hill and Long，2017；Zhang Z et al.，2019）。常用的微波散射计有AMI、

NSCAT、SeaWinds 和 ASCAT。其中，欧洲遥感卫星 ERS-1 和 ERS-2 携带了 AMI（C 波段散射计），即使在最恶劣的天气下也能测量海洋表面参数。日本先进地球观测卫星 I（ADEOS-I）上搭载了 NSCAT（Queffeulou and Chapron，1999）。MetOp 系列卫星配置了 ASCAT，能够提供关于大气、陆地和海面的信息（Wang Z et al.，2020）。

4. SAR

由于全天候、全天时以及相对较高空间分辨率的成像特点，SAR 被广泛运用于海冰分类、海冰漂移速度估算和冰山监测等（Smith et al.，1995；Zhang L et al.，2019；Curlander et al.，1985；Demchev et al.，2017；Frost et al.，2016）。20 世纪前发射的 SEASAT 卫星、ERS-1/2 卫星和 RADARSAT-1 卫星（Morena et al.，2004）观测以单极化方式为主。21 世纪以来，星载 SAR 向着多极化发展，提供了更多的雷达信息。例如，ENVISAT 搭载了先进的合成孔径雷达（ASAR）（Wehr and Attema，2001），ASAR 的工作模式有 image mode、wide swath、global monitoring、wave 和 alternating polarisation（Desnos et al.，2000）。日本 JAXA 发射的 ALOS-1 卫星（Rosenqvist et al.，2007）携带了相控阵型 L 波段合成孔径雷达（PALSAR），PALSAR 微波成像模式有 fine、scanSAR 和 polarimetric 模式。Sentinel 1 包括 Sentinel 1A 和 Sentinel 1B（Geudtner et al.，2014），均携带了 C 波段 SAR 传感器，工作模式有 stripmap、interferometric wide swath（IW）、extra wide swath（EW）和 wave 模式。

5. 高度计

卫星高度计常用于海冰厚度估算（Nakamura et al.，2009；Xie et al.，2011；Kwok and Cunningham，2015；Kwok et al.，2020）。星载雷达高度计以 ENVISAT（Roca et al.，2009）和 CryoSat-2 雷达高度计为代表，星载激光高度计以 ICESat（Schutz et al.，2005）和 ICESat-2（Magruder et al.，2021）为代表。其中，以 CryoSat-2 和 ICESat-2 应用最广泛。前者搭载了 Ku 波段合成孔径干涉雷达高度计（SAR/interferometric radar altimeter，SIRAL），后者搭载有先进地形激光高度计系统（advanced topographic laser altimeter system，ATLAS）。ATLAS 发射出 532 nm 的激光脉冲，脉冲足印约为 17 m，每个脉冲之间的间隔为 0.7 m。相比于雷达高度计，激光高度计拥有更小的足印，可以描绘更加精细的海冰高程细节。

4.2 海冰密集度

4.2.1 海冰密集度反演方法

海冰密集度作为海冰的主要参数之一，是指海洋表面单位面积内海冰覆盖所占的百分比。该参数是数值预报预测模式的输入参数、气候变化等科学研究的指示参数和影响船舶安全航行的重要因素。利用星载微波辐射计获取的 1978 年以来长时间序列南北极海冰密集度产品，是目前业务化监测南北极海冰的主要数据源之一。利用该数据进行海冰密集度反演的算法较多，大部分算法是对不同类型海冰和海水在不同观测波段的微波辐射特性进行统计分析，确定不同海冰类型海冰和海水的亮温系点（tie point），然后计算海冰密集度。这类算法主要存在两个问题：①不同地物的亮温系点具有明显的季节变化和区域变化，而且由于积雪、大气等因素的影响，同一类型的海冰亮温存在较大范围的动态变化，利用单一系点会带来海冰密集度反演较大的误差；②不同传感器之间存在系统偏差，同一传感器寿命周期内亮温稳定性也有一定的变化，这个问题经常通过传感器之间的交叉校准等手段解决。针对上述问题，本节将对 NASA Team 算法进行改进，引入动态系点来表征海冰辐射特性的季节变化，并利用到我国自主 FY-3C 卫星微波成像仪的亮温数据进行海冰密集度反演，通过多种辅助数据评估利用动态系点的有效性。

1. 数据简介

本节主要利用 FY-3C 卫星微波成像仪的亮温数据对海冰密集度反演方法进行研究，提供业务化极区海冰密集度产品。FY-3C 卫星微波成像仪每天从我国气象卫星地面系统获取数据，可以保证数据的时效性。另外，收集了现场观测数据和高分辨率 SAR 数据的冰水区分结果，分别对不同海冰密集度反演的结果进行评估。其中，现场观测数据包括 2016～2019 年南北极船舶现场观测的数据，主要来自 Pangaea 网站和第 7、第 8 次北极科考。现场观测中包括对海冰的人工观测，主要参考了南极海冰过程与气候（Antarctica sea ice processes and climate，ASPeCt）标准，每小时对海冰密集度、海冰类型、海冰厚度等信息进行人工观测，其中对海冰密集度的观测为利用 10% 为单位估计可视范围内的海冰覆盖占比，共收集了北极 1220 次观测数据（图 4-1）。

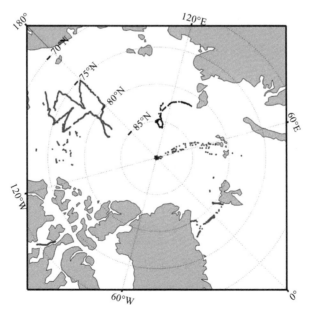

图 4-1　海冰密集度现场观测数据的空间分布

红色：2016 年；蓝色：2017 年；黑色：2019 年

SAR 数据为 Wang 和 Li（2020）的海冰数据集，该数据集是利用 U-Net 深度学习网络方法和哨兵 1 卫星的超宽刈幅模式的双极化数据得到的一个海冰覆盖范围产品，该产品包括 2019 年共 28000 景空间分辨率为 400m 的海冰覆盖范围数据。本书收集了每个月第一天的数据，共 322 景海冰覆盖范围数据，然后通过统计 25km×25km 栅格内的标识为海冰的像素数量计算海冰密集度，以用于评估生产的辐射计海冰密集度产品。图 4-2 为一景哨兵 1 SAR 图像及相应的海冰范围产品。

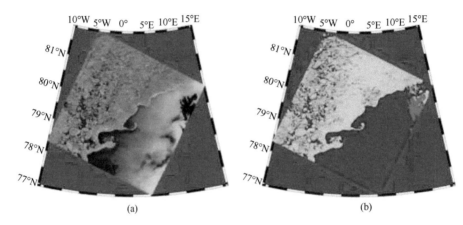

图 4-2　哨兵 1 SAR 图像（a）及相应的海冰范围产品（b）

收集了循环测试数据集（round-robin data package，RRDP），其分布如图 4-3 所示。该数据目前最新版本为 2.2.1，可以作为地面真值来评估海冰密集度产品的不确定性。RRDP 包含 2007～2016 年的高纬度开阔海水（open water，OW）（对应海冰密集度为 0）和密集海冰（closed ice，CI）（对应海冰密集度为 100%）。开阔海水数据包括北极区域夏天和冬天开阔海域的位置和月份信息，海冰数据是根据 SAR 数据得出的 100%覆盖的海冰区域的位置和时间。利用上述数据评估了 2016 年 FY-3C 的海冰密集度产品的不确定性。

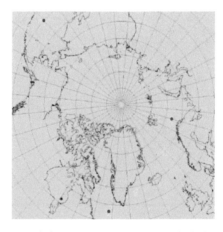

图 4-3　RRDP 中高纬度开阔海水（海冰密集度为 0）位置图
绿色为夏季点位置；蓝色为冬季点位置；青色为全年点位置

2. NASA Team 海冰密集度反演方法

海水与海冰的辐射性质存在较大差异，可以利用辐射计反演海冰密集度。使用 NASA Team（NT）算法，分别反演一年冰、多年冰以及整体海冰的密集度。将每日 FY-3C 卫星的微波辐射计所有轨道亮温数据投影到 25km 极地立体投影网格中，如格点有重复观测值，则取平均值。忽略大气辐射和外部空间辐射的影响，辐射计的亮温数据可以表示为

$$T_b = T_{b,OW}(1 - C_T) + T_{b,FY}C_{FY} + T_{b,MY}C_{MY} \tag{4-1}$$

式中，$T_{b,OW}$、$T_{b,FY}$、$T_{b,MY}$ 分别为海水、一年冰和多年冰的微波辐射亮温；C_{FY}、C_{MY} 分别为一年冰和多年冰的密集度；C_T 为总的海冰密集度；T_b 为微波辐射计观测的总亮温。

定义极化梯度比（polarization gradient ratio，PR）和光谱梯度比（spectral gradient ratio，GR）：

$$PR = (T_{b,19V} - T_{b,19H})/(T_{b,19V} + T_{b,19H}) \tag{4-2}$$

$$GR = (T_{b,37V} - T_{b,19V})/(T_{b,37V} + T_{b,19V}) \tag{4-3}$$

式中，$T_{b,19V}$、$T_{b,19H}$、$T_{b,37V}$ 为特定频率和极化下的观测亮温。根据这两个参数，一年冰密集度（C_{FY}）和多年冰密集度（C_{MY}）由式（4-4）～式（4-6）计算：

$$C_{FY} = (F_0 + F_1 PR + F_2 GR + F_3 PR \times GR)/D \tag{4-4}$$

$$C_{MY} = (M_0 + M_1 PR + M_2 GR + M_3 PR \times GR)/D \tag{4-5}$$

$$D = D_0 + D_1 PR + D_2 GR + D_3 PR \times GR \tag{4-6}$$

总海冰密集度（C_T）是一年冰和多年冰密集度的总和：

$$C_T = C_{FY} + C_{MY} \tag{4-7}$$

系数 F、M 和 D 可以通过 9 个亮温数值计算得到，这 9 个亮温数值被称为亮温系点，是对于 19.3V、19.3H 和 37V 在已知无冰海面、一年冰和多年冰的区域上观察到的亮温系点。在最初的 NASA Team 算法中，上述亮温系点是基于试验和统计分析得出的，后续可以在不同传感器之间的亮温交叉校准基础上，将该算法结合新的传感器数据进行南北极海冰密集度的反演。Cavalieri 等（2012）给出了南北半球不同海冰类型和开阔海水的系点值。但是这些表征多年冰、一年冰和开阔海水的系点值实际具有明显的区域特征和季节变化特征，同时受大气和表面温度影响，具有较大的变化范围，所以动态系点可以将季节变化等因素考虑在内，得到更加合理的海冰密集度结果。对于多年冰和一年冰，每天的系点值为根据式（4-4）、式（4-5）得到的密集度大于 95% 的多年冰和一年冰区域的亮温均值；开阔海水的系点值为海冰密集度为 0 的区域的亮温均值，同时开阔海水区域要去除受降水等大气影响的区域及陆地近岸的区域（利用 2 个像素扩张陆地掩膜）。最后，利用 15 天的滑动窗口对每天系点值进行滑动平均，然后用于海冰密集度的反演。

4.2.2 海冰密集度产品评估

为了更加客观地说明采用动态系点的有效性，利用现场观测数据、SAR 数据和 RRDP 数据来评估固定系点 NT 算法 FY-3C 海冰密集度产品（FY-3C）和动态系点 NT 算法 FY-3C 海冰密集度产品（FY-3C_DTP），同时也评估 NSIDC 发布的固定系点 NT 算法的海冰密集度产品（NSIDC）。

1. 现场观测数据评估结果

现场观测的海冰密集度数据是基于人工观测的，存在一定主观性，同时与星载微波辐射计获取的密集度数据在时间空间上都存在一定差异。为了减少人工观测的主观性，将现场观测数据进行时间和空间的平均：将现场观测数据降空间分辨率，使之与星载微波辐射计数据统一到空间上的 25km 分辨率；然后进行时间平均，将每天观测数据取平均。经过上述处理后，共得到 119 对匹配数据，其中北极有 95 对匹配数据。图 4-4 为不同产品匹配的海冰密集度散点图和统计分析结果。FY-3C 和 NSIDC 结果类似，与现场观测相比均低估了 9%，甚至 FY-3C 在均方根误差和相关系数方面略好于 NSIDC，这种低估主要是因为现场观测数据主要来自海冰融化季节，如北极的 5~10 月，这一结果与 Kern 等（2019）和 Alekseeva 等（2019）的研究结果都是一致的。在海冰融化季节，系点变化比其他季节变化更剧烈，所以误差更大，而利用动态系点后，这一偏差明显变小，即 FY-3C_DTP 的偏差降低为 4%（图 4-4）。

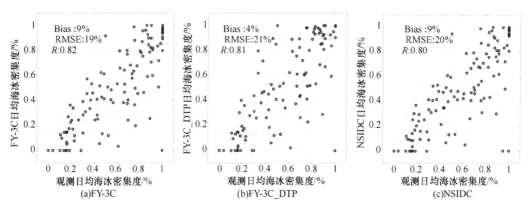

图 4-4　不同海冰密集度产品与现场观测的比较散点图
水平和垂直的误差条表示卫星和实测得到的平均海冰密集度的标准差

2. SAR 数据评估结果

基于空间分辨率为 400m 的 SAR 海冰范围产品，对应微波辐射计海冰密集度数据的网格，统计计算海冰像素所占的百分比，得到与微波辐射计海冰密集度产品同等空间分辨率的海冰密集度，然后与辐射计海冰密集度产品进行比对和统计分析。为了减少陆地效应对算法的影响，在比较时去除了近岸 25km 内的网格。图 4-5 为 2019 年 12 个月每月 1 日的不同产品与 SAR 结果比较的偏差和相关系数，其中冬季的偏差较小，如在 2

月 1 日，FY-3C、FY-3C_DTP 和 NSIDC 三种产品的偏差均小于 1%。在海冰融化季节偏差增加，如在 9 月 1 日，FY-3C、FY-3C_DTP 和 NSIDC 三种产品的偏差分别为–19.39%、–11.00%和–19.82%。

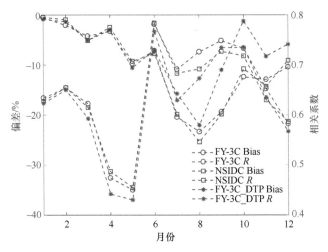

图 4-5　与 SAR 数据匹配的不同产品的日均偏差（蓝色）和相关系数（红色）

图 4-6 为 2019 年 1 月 1 日和 9 月 1 日 SAR、FY-3C、FY-3C_DTP 和 NSIDC 的海冰密集度结果，为了方便比较，辐射计得到的海冰密集度只展示有 SAR 数据覆盖的区域（图 4-6）。从图 4-6 中可以看出，1 月 1 日不同结果的差异主要在冰岛东西两侧的海冰边缘区域，FY-3C 和 NSIDC 两个结果与 SAR 相比明显低估。9 月 1 日的结果中在多年冰区域，由于气温上升、冰面积雪融化、融池出现等多种因素，FY-3C 和 NSIDC 两种产品与 SAR 结果的差异进一步加大，但是引入动态系点后，这一过低估计得到了部分解决，如平均偏差从 19%降到了 11%。

3. RRDP 数据评估结果

利用 RRDP 数据集中开阔海水和密集海冰的数据评估 2016 年 FY-3C 和 FY-3C_DTP 两种产品的不确定性。对于最终的海冰密集度产品，利用阈值 0%和 100%对海冰密集度超出的范围进行截断，即低于 0%的设置为 0%、高于 100%的设置为 100%。表 4-2 为密集海冰（即密集度为 100%）对应的偏差和标准差，表中列出了截断和非截断的结果。对于非截断结果，FY-3C 存在过低估计而 FY-3C_DTP 存在过高估计。利用动态系点后，偏差和标准差均存在不同程度的减少，偏差降低了 2%，标准差降低了 1%。

表 4-2　与 RRDP 数据集中密集海冰数据的比较结果　　　　　（单位：%）

产品	北极（25865）	
	非截断（偏差±标准差）	截断（偏差±标准差）
FY-3C	–3.36 ± 10.48	–5.73 ± 8.23
FY-3C_DTP	1.54 ± 9.61	–2.86 ± 5.87

注：25865 代表匹配的数据量，下同。

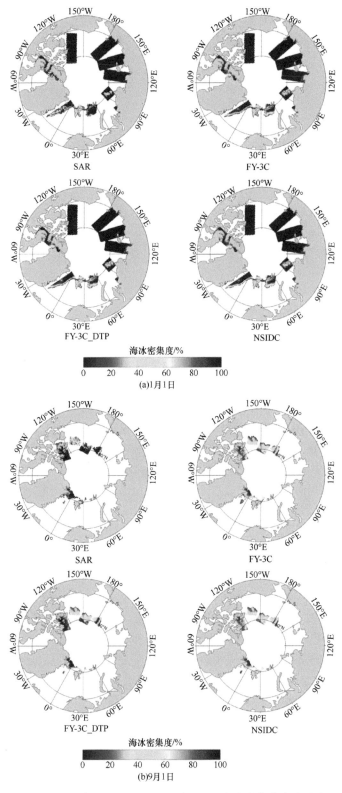

图4-6 2019 年 1 月 1 日和 9 月 1 日不同海冰密集度产品对比

对于开阔海水，动态系点的引入在北极冬天没有表现出精度的提高，但是在北极夏天得到了提高，北极夏天偏差降低了2%（表4-3）。

表4-3 与RRDP数据集中开阔海水数据的比较结果 （单位：%）

产品	北极	
	夏季（305）（偏差±标准差）	冬季（300）（偏差±标准差）
FY-3C	2.53 ± 5.56	−0.99 ± 4.96
FY-3C_DTP	0.13 ± 6.79	−1.60 ± 5.62

本节在NASA Team海冰密集度反演算法的基础上，引入动态系点来表征海冰辐射特性的季节变化，并利用我国FY-3C卫星微波成像仪的亮温数据进行南北极海冰密集度反演。经过现场实测数据、SAR数据、RRDP数据等多种辅助数据评估，结果表明，引入动态系点可以减少海冰密集度反演误差，特别是有效地降低了海冰表面融化、融池出现等季节现象引起的夏季海冰密集度误差较高的现象。

4.3 海冰厚度

海冰厚度是描述海冰物质平衡、控制区域热量交换的重要环境参数之一，对全球气候变化、资源开发和极区航运都有着极其重要的影响（Meier et al.，2014）。从热力学角度看，海冰厚度的变化是海冰对能量平衡的反应（杨清华等，2011），有助于确定大气–海冰–海洋之间的热量交换。从动力学角度看，海冰表/底面形态反映冰面/冰底的粗糙程度，与风、流、浪等对海冰的拖曳力密切相关，并通过风/流拖曳力影响冰–气/冰–水界面的动量交换。从资源开发、极区航运和南北极科学考察来看，海冰厚度是决定极区海洋工程建筑结构最大荷载的关键因素（Lu et al.，2011）。同时，海冰厚度是破冰船设计必须考虑的关键因素之一，对南北极科学考察有重要影响。根据遥感数据集的历史记录，北极海冰厚度在最近几十年中呈下降趋势（Rothrock et al.，1999；Kwok and Rothrock，2009），海冰厚度以不可恢复的态势减少，最终会导致海冰体积的减少，这会引起恶劣天气的频繁发生，会对生态环境以及人类的生活造成巨大的影响。因此，准确估算海冰厚度，对于总海冰量监测、海冰的空间变化监测、气候变化研究、极区航行保障等具有重要意义。

为了充分了解北极海冰覆盖变化对全球气候的影响，需要对整个冰层进行长期和准确的观测。走航观测、仰视声呐测量以及航空测高等方式获取的海冰厚度数据具有较高的精度，但测量数据通常是离散的点，无法做到大范围观测，并且时间上是不连续的（Kurtz et al.，2013；Haas et al.，2010；Belter et al.，2020；Xu et al.，2020）。自20世纪90年代以来，卫星雷达高度计被广泛用于海冰厚度测量工作中，可快速、近实时地获取大面积海冰信息，已被认为是长时间获得全球范围海冰厚度信息的重要手段。到目前为止，ERS-1/2、ENVISAT、HY-2、AltiKa、CryoSat-2和Sentinel-3A/B等雷达高度计相继发射，为全球海冰厚度估算提供了多源的卫星观测数据。

4.3.1 海冰厚度反演方法

1. 雷达高度计海冰厚度反演原理

基于卫星高度计可以实现海冰厚度的测量，也是获取半球尺度海冰厚度的有效方法。基于卫星高度计的海冰厚度探测，主要采用浮体法进行海冰厚度的估算。在进行海冰厚度估算之前，首先明确以下几个概念。

（1）海冰干舷高度：指海冰表面高于当前位置的海表面的高度，一般指经过在雪层中波速变慢的校正过程后的海冰干舷高度。

（2）雪层干舷高度：指雪–气表面高于当前位置的海表面的高度。

（3）雷达干舷高度：由于地面点的主要散射点并不始终在海冰表面，常常处于雪层中，故利用该术语代指该干舷高度，一般指未经过雪层波速校正的海冰干舷高度。

利用雷达高度计探测海冰厚度，其基本原理是卫星高度计向海冰发射脉冲信号，通过波形信号的差异识别海冰和冰间水道，获取信号的延迟时间，计算出地面点的高程，通过计算海冰高程与所在点位海水高程之差来获取海冰干舷高度（图4-7）。再根据海冰干舷高度和冰雪相关参数，结合静力平衡方程得到海冰厚度。

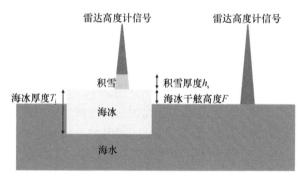

图 4-7　雷达高度计海冰厚度反演原理示意图

一般来说，卫星雷达高度计根据测量原理主要分为三种，第一种是脉冲有限型雷达高度计，该类型的高度计对地观测足印范围较宽，一般在 2～10km，最大观测范围可到82°N附近，可以得到全球大范围内的观测结果。代表卫星主要包括 ERS-1/2 和 ENVISAT，其中，ERS-1/2 卫星于 1991～2011 年联合运行，建立了北极海冰厚度记录的基础。第二种卫星雷达高度计在脉冲有限型高度计的基础上做了升级性改造，代表卫星包括 CryoSat-2（CS2）和 Sentinel-3A（S3）。该类高度计采用 Ku 波段合成孔径雷达的工作方式，与传统的脉冲有限型高度计相比，可获取更精细的空间分辨率 0.3 km（沿轨）×1.65 km（跨轨）和更大的观测范围（最大观测范围可达 88°N），并且冰厚估计值与现场测量值具有较好的一致性（Armitage and Ridout，2015；Belter et al.，2020）。第三种是激光雷达高度计，代表卫星有 ICESat 和 ICESat-2。ICESat 卫星于 2003～2009 年运行，激光脉冲在地球表面可产生直径约 70m 的足迹，沿轨采样间隔约 150m。2019 年发射的

ICESat-2 则采用了多波束对结构对地观测的模式，相比于 ICESat 在沿轨分辨率（直径约 14 m）和采样率（70 cm）方面都有了极大的提高。

目前，国际上公开发布的海冰厚度产品以 CS2 的合成孔径干涉雷达卫星高度计（SAR interferometric radar altimeter, SIRAL）冰厚产品居多。极地观测与建模中心（Centre for Polar Observation and Modeling, CPOM）最先公开发布了基于 CS2 的海冰厚度产品。首先通过欧空局（ESA）提供的 CS2 L1b 级数据，使用栈标准差和脉冲峰值区分了冰间水道和浮冰的雷达波形（Tilling et al., 2018）。将雷达波形前缘最大功率的 70%定义为海冰表面高度重跟踪阈值，冰间水道表面高度则采用 Giles 等（2007）提出的高斯拟合波形重跟踪方法测量。海冰上积雪的深度和密度基于 Warren 等（1999）的积雪气候学方法测量并按海冰类型分别进行应用，即在多年冰（MYI）上应用月平均值，一年冰（FYI）将该值减半，称为改进 Warren 气候学（MWC）方法，最终可提供 2010 年至今的 10 月至次年 4 月的整个北极区域（40°N 以北）25km 网格月平均冰厚数据。将其与冰桥计划（operation icebridge, OIB）、冰卫星校正试验（CryoSat validation experiments, CryoVEx）（Haas et al., 2009）和波弗特环流考察项目（Beaufort Gyre exploration project, BGEP）观测值进行对比验证，平均误差为 2 mm，标准差在 34～66 cm（Tilling et al., 2018）。Alfred Wegener 研究所（Alfred Wegener Institute, AWI）使用 ESA CS2 L1b 雷达波形识别冰间水道和浮冰，应用雷达波形前缘最大功率的 50%固定阈值分别对冰间水道和浮冰表面高度进行重跟踪。海冰上积雪的深度和密度则采用了与 CPOM 相同的改进 Warren 气候学方法。AWI 提供了 2010 年至今 10 月至次年 4 月全北极（60°N 以北）25km 网格月平均产品，同时也提供了海冰厚度和干舷不确定度。Sallila 等（2019）利用 2011～2017 年冰厚估计值与 OIB 厚度数据进行对比发现，AWI 估计值平均较 OIB 低估 11 cm 左右，相关性约为 0.69。此外，NASA JPL 则提供了 2011～2015 年 25 km 月平均冰厚产品，覆盖范围仅限于北冰洋区域。海冰上积雪的深度和密度采用了与 CPOM 和 AWI 相同的 MWC 方法，即 MYI 上应用月平均值，FYI 将该值减半。在与 OBI 对比分析中显示，JPL 厚度估计值平均略高于 OIB 10 cm，相关性高达 0.76（Sallila et al., 2019）。

上述产品均为月平均产品，无法满足如气候预报、极区航行等短周期的观测需求。Ricker 等（2017）利用辐射测量原理和高度测量原理的根本差异而产生的互补性，将 CS2 与土壤水分和海洋盐度卫星（SMOS）进行融合处理，生成海冰厚度周平均产品（CS2SMOS）。由于 SMOS 提供了边缘冰探测结果，CS2SMOS 产品对一年冰探测能力有所增强，但同时低估了多年冰厚度。这种不同的工作方式卫星观测数据的融合可以提高对北极区域的探测时间分辨率，但也对冰厚整体观测产生了偏差。CS2 和 S3 具有相似的工作方式，两颗卫星同时观测北极时实现了更高的空间分辨率的覆盖，并且高度计多星融合在海浪、涡旋探测等领域已证明了其有效性。基于此，本节尝试将 CS2 和 S3 卫星进行结合，在提高空间分辨率的同时，保证观测精度。如果能实现 CS2 与 S3 的结合，将极大地提高北极区域海冰厚度监测频率。

2. 海冰厚度反演流程

利用卫星高度计反演海冰厚度，首先需要区分开阔水域、冰间水道和海冰的回波信号。其次对回波波形进行重跟踪校正，校正卫星高度计测量得到的地面点高程。然后通过海冰表面高程与当地海水表面高程之差获得海冰干舷高度。最后通过静力平衡方程，结合其他输入参数计算得到海冰厚度。

海冰厚度是根据卫星高度计提供的冰干舷高度 F_b，假定积雪和海冰在海水中处于平衡状态，结合静力平衡方程反演得到：

$$z = \frac{\rho_w}{\rho_w - \rho_i} \times F_b + \frac{\rho_s}{\rho_w - \rho_i} \times h_s \qquad (4\text{-}8)$$

式中，z 为海冰厚度；ρ_w、ρ_s 和 ρ_i 分别为海水密度、积雪密度和海冰密度；F_b 为海冰干舷高度；h_s 为积雪厚度。将 clim_w99amsr2 作为 h_s 的输入参数，该数据在 MYI 上采用 Warren 等（1999）基于实测数据构建的积雪深度和密度气候学模型（W99）。此外，利用海洋与海冰卫星应用设施（Ocean and Sea Ice Satellite Application Facility，OSI SAF）海冰类型产品，对海冰区域进行 FYI 和 MYI 的区分。FYI 和 MYI 的冰密度分别为 916.7 kg/m³ 和 882.0 kg/m³，海水密度为 1024 kg/m³。

基于式（4-8）可知，获取的海冰干舷高度是反演海冰厚度的关键参数，而区分雷达高度计的回波波形，识别海冰、冰间水道和开阔水域等不同地物类型是干舷反演的首要问题。因为探测冰间水道对于确定相对于海冰位置平均海表面高度（MSS）的瞬时海表面高度异常值（SSA）至关重要。由此得到的 MSS 与 SSA 依次参与计算，可得到海冰雷达干舷高度 F_R，具体计算过程如式（4-9）所示。此外，冰间水道和海冰之间的精确区分可以提高海冰干舷估算结果的准确性。

$$F_R = H - \text{MSS} - \text{SSA} \qquad (4\text{-}9)$$

式中，H 为地物表面到大地椭球面的高程，将 DTU15 作为 MSS 的输入数据。由于电磁波在穿过积雪层时的速度与真空中不同，因此需要对海冰雷达干舷高度 F_R 进行距离校正（$0.22h_s$），才能获得真正的海冰干舷高度 F_b。

一般来说，冰间水道表面较为光滑，多发生镜面散射，雷达波形呈现"尖峰"形状，峰值功率较大。而海冰表面较为粗糙，多发生漫散射，波形变得离散，峰值功率较小。就 CS2 和 S3 而言，足印范围（0.3 km×1.65 km）相比于传统雷达高度计要小得多，因此出现表面类型混合情况更少，对返回信号更加容易区分。为了保持两个传感器反演参数的一致性，选择了雷达后向散射系数（radar backscatter coefficient，Sigma0）、波形前缘宽度（leading edge width，LEW）和脉冲峰值（pulse peakiness，PP）三种回波波形特征进行类型识别（Paul et al.，2018）。

波形前缘宽度（LEW）定义为在对波形 10 倍过采样情况下，当功率上升达到第一个局部最大值的范围内的宽度时，第一个最大峰值功率在 5%～95%点位。脉冲峰值（PP）是雷达波形最大峰值功率与同一采样波形里的所有波形总功率的比率，采用 Ricker 等（2014）定义的公式进行计算。其中，N_{WF} 为一个波形内的距离门数量，WF_i 为雷达波形在第 i 个距离门处的回波功率，max（WF）为给定波形中的最大回波功率。

$$\text{PP} = \sum_{i=1}^{N_{WF}} \frac{\max(\text{WF})}{\text{WF}_i} \times N_{WF} \qquad (4\text{-}10)$$

此外，利用 OSI SAF 海冰密集度产品识别海冰区域和开放水域，将海冰密集度高于 70%的区域认为是冰间水道和海冰区域。

对于海冰和冰间水道波形，CS2 和 S3 均使用了最大阈值重跟踪算法（threshold first maximum retracker algorithm，TFMRA）进行波形距离重跟踪（Helm et al.，2014）。具体来说，波形距离重跟踪就是找到雷达信号在星下地物点的主散射面位置（重跟踪点），计算与预设跟踪点（位于波形中心距离门位置）之间的偏移距离，以获取雷达高度计质心到星下地物点之间的真实距离（Wingham et al.，2006）。重跟踪点一般在检测到的第一个最大功率的指定百分比阈值下获得，因此，重跟踪阈值的选择是距离估计的关键。对于 CS2 采用 AWI 方法进行处理（Ricker et al.，2014），对冰间水道和海冰类型波形都使用了第一个最大功率的 50%作为重跟踪阈值。对于 S3，则采用了与 OIB 数据对比的方法选取了最优重跟踪阈值。首先构建了 8 组阈值组合，涵盖了北极区域冰间水道和海冰的一般情况。然后，分别计算不同阈值组合下的海冰干舷高度，并与同期的 OIB 数据进行比较筛选出最优阈值组合，具体结果如表 4-4 所示。采用了 2017 年和 2018 年的数据进行计算，最终使用了与 CS2 相同的阈值组合，即冰间水道和海冰类型的重跟踪阈值均为 50%。

表 4-4　Sentinel-3A 卫星数据不同阈值组合计算的海冰干舷高度与 OIB 海冰干舷高度对比

阈值组合	（40%，40%）	（50%，40%）	（50%，50%）	（60%，40%）
相关系数/%	57.13	57.69	55.54	57.51
均方根误差	12.93	17.00	09.82	21.32
绝对值差值/cm	10.50	14.87	7.50	19.44
阈值组合	（60%，50%）	（70%，40%）	（70%，50%）	（70%，60%）
相关系数/%	55.57	57.06	54.90	50.08
均方根误差	12.37	25.71	15.93	10.47
绝对值差值/cm	10.10	24.03	13.95	7.79

注：阈值组合中第一个为冰间水道的重跟踪阈值，第二个为海冰。

图 4-8 显示的是 CS2 和 S3 在 25 km×25 km 网格中空间平均的半月海冰厚度分布，并将其投影到极坐标上。S3 空间覆盖范围最大到 82°N，CS2 可达到 88°N。

3. 卫星测高精度一致性检验

将卫星测高精度一致性检验分为卫星沿轨数据一致性检验和网格数据一致性检验，这关系到选择其中某一种数据形式作为融合产品的输入数据源。在一致性评价时以 CS2 数据为基准，S3 测高数据与其进行比较，即两颗卫星的差异值由 S3 减 CS2 计算得到。

对卫星沿轨数据进行一致性检验时采用了卫星沿轨交叉点评估方法。在选择轨道交叉点时，以时间窗口为 1 天、空间窗口为 1 km 的匹配准则进行沿轨交叉点筛选。当 1 km 范围内有多个点对匹配时，将多个观测点的平均值作为沿轨交叉点。

图 4-9 显示了 2018 年 10 月～2019 年 4 月 CS2 与 S3 卫星沿轨交叉点海冰厚度差异的散点图。从图 4-9 中可以看出，两颗卫星沿轨数据多集中在 1∶1 等值线上。但随着厚度的增加，两颗卫星测量值逐渐发散，并且 S3 的测量值一般高于 CS2。通过数据统

计分析发现,CS2与S3卫星相对平均误差约为0.81m,平均绝对误差(mean absolute error,MAE)和卫星差异值的标准差（SD）均在 1 m 左右。这一差异产生的主要原因可能是两颗卫星在测量时间和空间上的差异，如海冰漂移运动，以及热力学海冰生消等变化的影响。

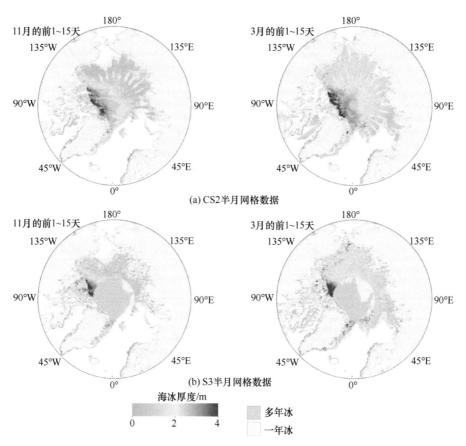

图 4-8　2018 年 11 月和 2019 年 3 月输入的卫星海冰厚度半月网格数据示例

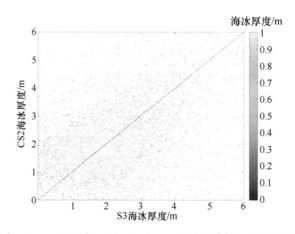

图 4-9　2018 年 10 月～2019 年 4 月 CS2 与 S3 卫星轨道交叉点海冰厚度差异散点图

图 4-10 显示了 2018 年 11 月和 2019 年 4 月上半月 CS2 与 S3 海冰厚度 25 km 网格数据的测量差异。图 4-10（a）中给出了两颗卫星在空间分布上的测量差异，观察发现，这些差异主要集中在–1～1 m，较大的正异常值一般分布在海冰边缘区域。图 4-10（b）是海冰厚度差异的统计结果，相比于卫星沿轨交叉点的测量差异（图 4-10），网格数据（MAE = 0.48～0.53 m，SD = 0.73～0.84 m）明显优于卫星沿轨测量结果（MAE = 0.97 m，SD = 1.32 m）。这是因为卫星测量的数据点在 25 km 网格上进行空间平均后，大大降低了观测数据的不确定性，并将平均绝对误差（MAE）降低到厘米级。因此，在融合方案中，将利用 CS2 与 S3 海冰厚度 25 km 网格数据作为输入，以保证输入数据源的最小不确定性。

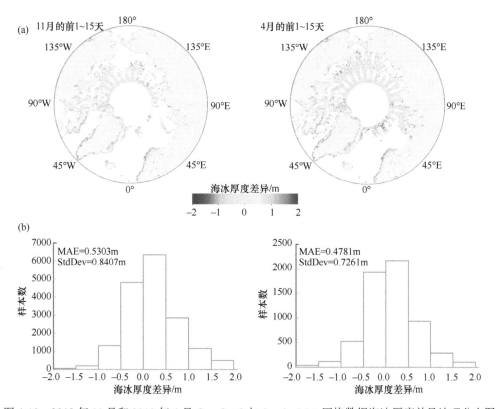

图 4-10　2018 年 11 月和 2019 年 4 月 CryoSat-2 与 Sentinel-3A 网格数据海冰厚度差异地理分布图（a）及对应时间的海冰厚度差异分布统计（b）

海冰厚度差异由 Sentinel-3A 减去 CryoSat-2 计算得到

4. 海冰厚度的多源融合方法

为了实现北极区域海冰厚度数据完整的空间覆盖，采用反距离加权方法（IDW）将不同来源的高度计数据进行融合，并输出为标准的网格产品。将不同卫星的海冰厚度值和各自的不确定性作为输入数据，以便为每个网格单元的观测数据提供理想权重。

IDW 用于获得观测到的或未观测到的位置值的客观估计。其基本公式为

$$Z_{ab} = \sum_{k=1}^{n} \frac{Z_k}{(d_k)^q} \left[\sum_{k=1}^{n} \frac{1}{(d_k)^q} \right]^{-1} \tag{4-11}$$

$$d_k = \sqrt{(x_0 - x_k)^2 - (y_0 - y_k)^2} \tag{4-12}$$

式中，Z_{ab} 为插值点（a，b）处的插值结果；n 为网格内样本点的个数；Z_k 为网格点内第 k 个样本点的数值；$1/(d_k)^q$ 为权重，权重是一种反距离函数；$(d_k)^q$ 为第 k 个观测点到插值点距离的 q 次方；q 是一个正实数，显著影响插值结果，设置的 q 值越高，输出的插值结果越平滑，设置 q 值为 2，既不会忽略远离插值点的采样点对插值结果的影响，也不会使距离插值点较近的采样点贡献过大。使用网格化的半月平均的 CS2 和 S3 厚度估计值作为观测数据。使用网格化数据作为观测值可以降低其观测不确定性，并提供平均分布的观测值，从而提高 IDW 计算数值的可靠性。并且，原始沿轨数据的网格化减少了用于 IDW 计算的数据量，从而提高了计算效率。

利用上述方法可获取北极区域海冰厚度和不确定性的网格估计值。然而，考虑到生成的数据产品可靠性，将在最终生成的 25 km×25 km 网格产品中，对每个网格单元包含的海冰厚度和不确定性估计值进行加权平均计算，对生成的平均厚度 $\overline{z}_{\mathrm{CS2\_S3}}$ 提供理想的权重。

$$\overline{z}_{\mathrm{CS2\_S3}} = \frac{Z_{\mathrm{CS2}} / \sigma^2_{\mathrm{CS2}} + Z_{\mathrm{S3}} / \sigma^2_{\mathrm{S3}}}{1 / \sigma^2_{\mathrm{CS2}} + 1 / \sigma^2_{\mathrm{S3}}} \tag{4-13}$$

式中，σ 代表各个产品的观测不确定性。夏季冰雪融化影响了 CS2 和 S3 的海冰厚度估计的探测。

分别将 2017 年 4 月 1～7 日（一周）、1～14 日（两周）、1～21 日（三周）的 CS2 与 S3 雷达高度计数据反演的海冰干舷高度数据进行融合，然后将纬度范围为 79.9°～80.2°N 的数据筛选出来，并将其平均网格化到 25 km×25 km 的空间网格中，统计在这范围内有多少个网格，以及这些网格中一共包含有多少个海冰干舷高度数据点，最后对同期的单种雷达高度计 CS2 与 S3 数据同样执行此操作，统计结果见表 4-5。

表 4-5 7 天、14 天、21 天的融合数据 CS2_S3、单颗卫星（CryoSat-2、Sentinel-3A）数据在 79.9°～80.2°N 的网格数量及点数量统计表

		7 天	15 天	21 天
CS2_S3	网格数量	347	347	347
	点数量	39998	57350	111124
CryoSat-2	网格数量	188	268	335
	点数量	12055	25214	37661
Sentinel-3A	网格数量	239	307	339
	点数量	10814	24894	37241

对于融合后的数据，7 天、14 天、21 天数据生成的网格数量一样，而单种雷达高度

计 CS2 和 S3 数据，随着时间的积累，在北极的覆盖范围增加，因此网格数量也逐渐增加。对于 7 天的所有网格内的点数量，融合后的点数量明显多于单种雷达高度计 CS2 和 S3 的点数量，对于 14 天和 21 天的数据也是如此。由此说明，相比于相同时间段内的单种雷达高度计数据不能覆盖整个空间的情况，将 7 天或 14 天、21 天的 CS2 和 S3 两种雷达高度计数据插值融合使用，就可以得到全北极的海冰厚度数据。因此，在兼顾考虑数据量丰富程度和计算复杂度的同时，选择将 14 天的 CS2 和 S3 数据进行融合（CS2_S3）。

4.3.2 多源海冰厚度融合产品评估

1. 与输入产品的对比

图 4-11 给出了 CS2_S3 与 2018 年 11 月和 2019 年 3 月 CS2、S3 单星产品间的差异。该差异值是由 CS2（S3）月平均产品减去 CS2_S3 半月产品计算得到的。从结果中可以看到，产品间的较大差异（±1 m）主要集中在海冰边缘区域。并且，通过观察可以发现，

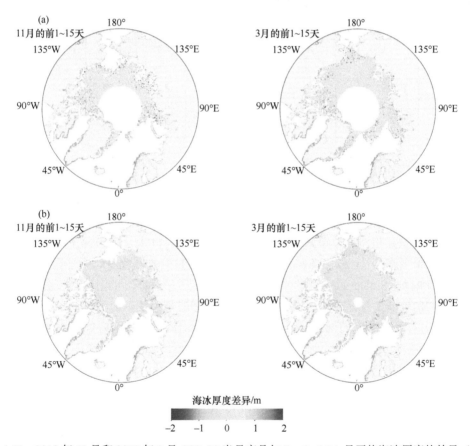

图 4-11　2018 年 11 月和 2019 年 3 月 CS2_S3 半月产品与 Sentinel-3A 月平均海冰厚度的差异（a）

及 CS2_S3 半月产品与 CryoSat-2 月平均海冰厚度的差异（b）

差异值由 Sentinel-3A 或 CryoSat-2 月平均产品减去 CS2_S3 半月产品计算得到

S3 边缘区域主要表现出正差异，即海冰厚度探测值高于 CS2_S3，而 CS2 则表现出负差异，这一现象在波弗特海和楚科奇海尤为明显。在北极内部区域则表现出了较小的差异，这些差异绝对值通常小于 1 m。这些差异产生的原因可能是在不同时间尺度下，海冰厚度的空间分布会受到冰的漂移以及热力学冰生长的影响。此外，两个卫星观测值在不同季节中，差异的空间分布总体模式保持不变。

表 4-6 给出了 2018 年 10 月～2019 年 4 月的相应统计数据，包括不同产品各月或半月的平均值（mean）和标准差（SD）。在整个时间尺度上，CS2_S3 平均海冰厚度与 CS2 平均海冰厚度均保持增长的趋势。并且，两种产品在各月平均厚度有较好的一致性，偏差在 0.01 m（4 月）至 0.22 m（10 月）。而对于 S3 而言，由于卫星探测区域涵盖多年冰相对较少，因此，平均海冰厚度与 CS2_S3 和 CS2 相比偏小约 0.1 m。从产品的标准差来看，三种产品的标准差变化趋势一致，均在 1～3 月达到了最小值；那么，可以认为在该时间范围内平均海冰厚度较为稳定，变化不显著。

表 4-6　2018～2019 年冬季融合产品（CS2_S3）、单个卫星产品 CryoSat-2（CS2）、Sentinel-3A（S3）反演的全北极平均海冰厚度和标准差

		10 月	11 月	12 月	1 月	2 月	3 月	4 月
平均海冰厚度/m	CS2_S3	1.22	1.50	1.54	1.58	1.67	1.85	1.97
	CS2	1.40	1.38	1.40	1.46	1.68	1.87	1.96
	S3	1.56	1.41	1.34	1.39	1.55	1.76	1.86
标准差/m	CS2_S3	0.82	0.91	0.81	0.78	0.78	0.79	0.84
	CS2	0.75	0.92	0.83	0.76	0.74	0.77	0.83
	S3	1.04	1.05	0.94	0.88	0.87	0.85	0.94

2. 与 ICESat-2 的比较

利用 25 km×25 km ICESat-2（IS-2）海冰厚度月平均网格数据比较了 CS2_S3 海冰厚度融合数据以及输入的海冰厚度数据（CS2 和 S3）。图 4-12 显示了 2018 年 11 月和 2019 年 3 月典型月份海冰厚度对比结果。表 4-7 总结了 11 月至次年 4 月海冰融合产品（CS2_S3）、单星产品（CS2 和 S3）与 ICESat-2 之间的相关系数（R）、平均偏差（mean bias）和标准偏差（StdDev）的完整对比统计数据。尽管所有产品的海冰厚度分布在 2018 年 11 月和 2019 年 3 月都显示出了与 ICESat-2 良好的相关性。但 ICESat-2 与其他产品相比，表现出对海冰厚度的低估，并且所有月份的平均偏差具有很好的一致性（ICESat-2 海冰厚度始终偏薄），偏差范围在 0.18 m（CS2_S3）至 0.85 m（CS2）（表 4-7）。11 月的相关性通常很强（R 为 0.49～0.72），这说明在整个北极区域 ICESat-2 海冰厚度与其他产品冰厚分布较为一致，并且标准偏差通常在整个冬季都较低（StdDev 为 0.67～1.02 m）。12 月的相关性趋于一致（R 为 0.51～0.67）。然而，1～4 月，单星产品（CS2 和 S3）与 ICESat-2 之间的相关性有所减弱（R 为 0.03～0.55），并且平均偏差（0.29～0.85 m）和标准偏差（0.80～1.06 m）都有所增加。融合产品（CS2_S3）与 ICESat-2 的相关性较为一致（R 为 0.53～0.59），并且平均偏差（0.18～0.47 m）和标准偏差（0.79～1.00 m）与同月的单星产品相比偏小。值得注意的是，S3 产品在所有产品中与 ICESat-2

平均偏差最小，同时具有较低的相关性，这可能与 S3 探测范围小、数据量少有关，尤其是在较厚的 MYI 区域。

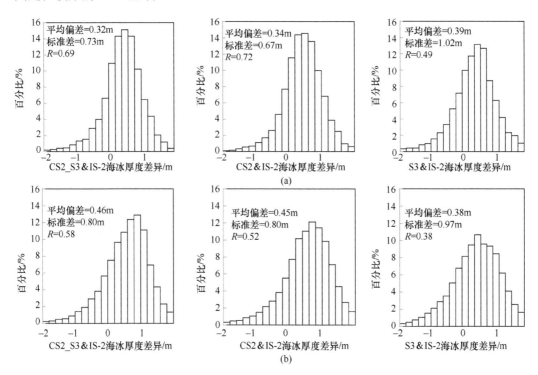

图 4-12　2018 年 11 月和 2019 年 3 月典型月份融合厚度网格产品（CS2_S3）、单个卫星厚度产品 CryoSat-2（CS2）、Sentinel-3A（S3）与 ICESat-2（IS-2）海冰厚度网格数据的比较

（a）和（b）分别是 2018 年 11 月和 2019 年 3 月三种卫星产品与 ICESat-2 之间的海冰厚度差异统计直方图。统计间隔为 20cm。该差异值是由融合产品（CS2_S3）或单个卫星产品（CS2、S3）减去 ICESat-2 海冰厚度计算得到的

表 4-7　2018～2019 年冬季（11 月至次年 4 月）融合产品（CS2_S3）、单星产品 CryoSat-2（CS2）、Sentinel-3A（S3）与 ICESat-2（IS-2）网格产品的对比统计

产品	11 月	12 月	1 月	2 月	3 月	4 月
	平均偏差/m					
CS2_S3	0.32	0.18	0.18	0.31	0.46	0.47
CS2	0.34	0.22	0.34	0.55	0.45	0.85
S3	0.39	0.31	0.29	0.34	0.38	0.59
	标准偏差/m					
CS2_S3	0.73	0.99	1.00	0.79	0.80	0.81
CS2	0.67	0.67	0.84	0.89	0.80	0.94
S3	1.02	0.86	0.99	1.06	0.97	0.95
	相关系数（与 IS-2）					
CS2_S3	0.69	0.56	0.53	0.59	0.58	0.59
CS2	0.72	0.67	0.55	0.42	0.52	0.38
S3	0.49	0.51	0.10	0.03	0.38	0.38

注：统计指标包括相关系数（R）、平均偏差和标准偏差。其中，平均偏差是由海冰厚度产品减去 ICESat-2 海冰厚度计算得到的。

3. 北极海冰厚度产品之间的比较

CPOM 北极海冰厚度产品是国际上第一个公开可用的 CS2 北极海冰厚度数据集，并已被广泛应用于研究中，因此本节将以 CPOM 北极海冰厚度产品为参考基准与其他三种北极海冰厚度产品作差异对比分析。图 4-13 中分别展示了 AWI、CS2SMOS、CS2-S3 与 CPOM 海冰厚度数据之间的北极海冰厚度差异分布图，由于差异情况在不同月份表现出一定的相似性，因此仅展示了 2019 年 1～4 月的海冰厚度之间的差异分布情况。表 4-8 是对应图 4-13 的每月平均北极海冰厚度差值统计表。计算海冰厚度产品之间差值的公式如下：

$$\Delta T_i = T_O - T_C \quad\quad\quad (4\text{-}14)$$

式中，T_C 为 CPOM 北极海冰厚度数据；T_O 为其他三种北极海冰厚度产品数据；ΔT_i 为产品之间的海冰厚度差值。

三种北极海冰厚度产品与 CPOM 海冰厚度产品在船舶运输量相当大的边缘海域处的海冰厚度存在显著差异（图 4-13）。其中，对于 AWI 海冰厚度产品，其主要是在喀拉海、东格陵兰海、加拿大群岛北部以及格陵兰岛北部海区与 CPOM 海冰厚度产品存在较大的差异。对于 CS2SMOS 海冰厚度产品，可以明显看出，在北极海区边缘的薄冰区，CS2SMOS 海冰厚度明显低于 CPOM，这是因为 CS2SMOS 反演薄冰更占优势，而 CS2 雷达高度计更适合反演厚冰，因此 CPOM 在薄冰区的海冰厚度高于 CS2SMOS，另外在加拿大群岛北部与格陵兰岛北部海区，CS2SMOS 海冰厚度比 CPOM 厚。对于融合的海冰厚度产品，在加拿大群岛北部海区，厚度低于 CPOM 产品，在波弗特海、楚科奇海、东西伯利亚海以及东格陵兰海区存在厚度高于 CPOM 产品的情况。分析三种海冰厚度产品与 CPOM 产品存在差异的原因，可能是波形重跟踪方法与辅助数据的不同，会生成不同的北极海冰厚度反演结果，使得产品之间的海冰厚度变化与分布情况具有一定的差异。

另外，分析表 4-8 可知，AWI 和 CS2SMOS 的每月平均海冰厚度皆低于 CPOM 产品，对于 AWI 月平均海冰厚度，在 2019 年 1 月，其与 CPOM 的海冰厚度达到差值最大值 –15.47 cm，在 2018 年 10 月，其与 CPOM 的海冰厚度达到差值最小值–6.69 cm；对于 CS2SMOS 月平均海冰厚度，在 2019 年 3 月，与 CPOM 的海冰厚度达到差值最大值 –41.84 cm，在 2018 年 10 月，与 CPOM 的海冰厚度达到差值最小值–8.18 cm。除了 2019 年 3 月、4 月的 CS2_S3 的每月平均海冰厚度略低于 CPOM 产品，分别为–3.82 cm、–1.03 cm，其余月份的 CS2_S3 的每月平均海冰厚度均略高于 CPOM 产品，并在 2018 年 10 月达到最大值 13.37 cm。观察表 4-8 中基于所有数据的平均绝对值差值，可以看到 CS2SMOS 与 CPOM 的差值最大，明显大于其他两种海冰厚度产品与 CPOM 的厚度差，为 32.87 cm，AWI 与 CPOM 的平均绝对值差值为 12.40 cm，而相比于前两种产品，CS2_S3 与 CPOM 的海冰厚度平均绝对值差值最小，为 5.75 cm，由此说明这两种产品的北极月平均海冰厚度值更为接近。

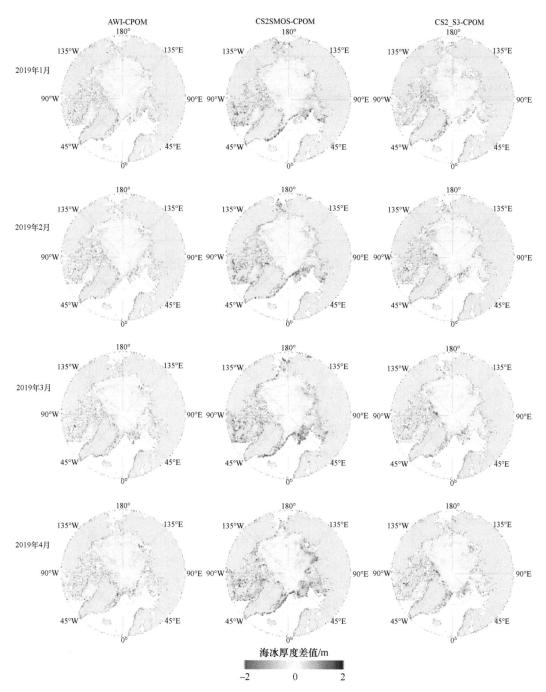

图4-13　AWI、CS2SMOS、CS2_S3与CPOM海冰厚度数据之间的北极海冰厚度差异分布图

4. 与实测数据的对比验证

1）OIB典型区域验证

本书使用2018年4月和2019年4月获取的OIB机载测量数据验证CS2_S3反演

表 4-8 AWI、CS2SMOS、CS2_S3 与 CPOM 海冰厚度数据之间的每月平均北极海冰厚度差值统计表　　　　　　　　　　　　　　（单位：cm）

	AWI-CPOM	CS2SMOS-CPOM	CS2_S3-CPOM
2018 年 10 月	−6.69	−8.18	13.37
2018 年 11 月	−9.28	−27.37	10.64
2018 年 12 月	−13.47	−28.85	8.31
2019 年 1 月	−15.47	−32.44	8.42
2019 年 2 月	−12.86	−34.51	3.08
2019 年 3 月	−13.76	−41.84	−3.82
2019 年 4 月	−9.94	−41.27	−1.03
所有数据平均绝对值差值	12.40	32.87	5.75

精度。图 4-14 显示了在 2018 年 4 月上半月一年冰和多年冰混合区域[图 4-14（a）]以及 2019 年 4 月上半月多年冰区域[图 4-14（b）]两个验证区域的 OIB 冰厚测量值与四种卫星产品的比较。这四种卫星产品分别用 CS2_S3、CS2、S3 和 IS-2 表示。在对比分析之前，已对 OIB 数据进行了 25 km×25 km 的空间平均。卫星产品与 OIB 测量值差异用散点图表示。图 4-14 所产生的统计数据如表 4-9 所示。

2018 年 4 月上半月共进行了 6 次 OIB 飞行测量[图 4-14（a）]。测量区域覆盖了波弗特海区域，该区域平均海冰厚度变化很大（0.2～4 m 及以上），是典型的一年冰和多年冰混合区域。从整个数据集对比情况来看，与 CS2 和 S3 相比，CS2_S3 与 OIB 测量数据的 MAE（0.44 m）和 RMSE（0.60 m）最小，并与 OIB 测量数据的一致性较高（R=0.62）。散点图显示，OIB 数据与卫星数据对于一年冰的探测结果具有很好的一致性。受到波弗特环流的影响，较厚的冰层向东南部漂移，导致冰层变形，卫星观测受到时间和空间分辨率的限制，低估了相对较厚的冰层厚度，无法捕捉形变较大的冰层。但是，与单星产品（CS2 和 S3）相比，CS2_S3 整体改善了冰层厚度的表现。

2019 年 4 月上半月进行了 3 次 OIB 飞行测量[图 4-14（b）]。测量区域仅限于多年冰区域，海冰厚度变化范围较小（2.5～4.1 m）。与 OIB 数据相比，卫星数据整体低估了海冰厚度约 0.06 m（CS2_S3）至 0.78 m（IS-2）。对于 CS2_S3，与 OIB 数据的 MAE 为 0.20 m，RMSE 为 0.57 m，这表明融合后的卫星产品与单星相比提高了海冰厚度的观测精度。散点图显示，CS2_S3 和 CS2 与 OIB 数据具有良好的一致性。而 IS-2 低估海冰厚度最为明显，并且与 OIB 测量数据的 RMSE 较大（1.06 m）。这可能是因为 ATM10 传感器对海表面特征未能很好地识别或者是海表面分类错误，即薄冰被误分类为冰间水道所导致的干舷低估（Petty et al.，2020）。

2）与 BGEP 仰视声呐（ULS）观测结果的比较

为了避免产生不必要的误差，将声呐吃水深度与卫星海冰厚度直接进行比对，观察两组数据分布的相似程度。海冰吃水深度与厚度分布的直方图如图 4-15 所示。观察 ULS 数据集与卫星数据集直方图分布，2018 年 4 月系泊点的海冰吃水深度主要集中在 1.4～1.6 m，卫星融合产品（CS2_S3）和 S3 海冰厚度集中在 1.6～1.8 m，海冰吃水深度与厚度的比约为 0.9，CS2_S3 和 S3 与 ULS 数据集最为接近。CS2 卫星产品在直方图分布上与 ULS 数据集具有一定的相似性，但显示出比系泊点周围观测到更厚的浮冰（1.8～2 m）。但是，三个卫星产品都没有观测到薄冰（<0.8 m）或较厚的浮冰（>3 m），这可

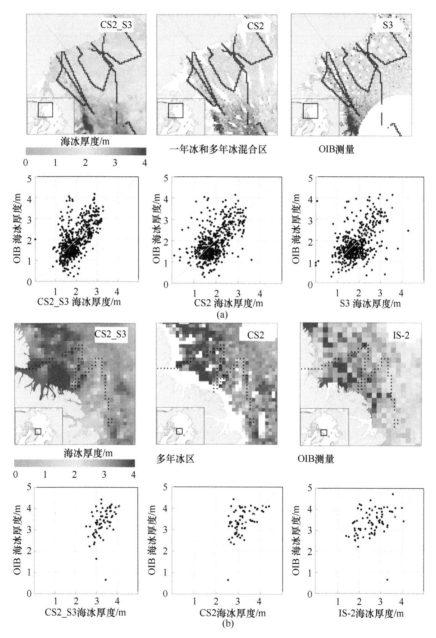

图 4-14　2018 年 4 月上半月波弗特海域一年冰和多年冰混合情况下卫星反演海冰厚度与 OIB 测量值的对比（a）及 2019 年 4 月上半月北冰洋中部多年冰区域的卫星反演海冰厚度与 OIB 测量值的对比（b）

OIB 测量值在 25km×25 km 网格进行空间平均，与融合产品（CS2_S3）、单个卫星产品 CryoSat-2（CS2）、Sentinel-3A（S3）、ICESat-2（IS-2）反演的海冰厚度半月数据进行了比较。由于受到卫星发射时间和覆盖区域限制，2018 年对比中不包含 ICESat-2 卫星数据，2019 年的对比分析中不包含 Sentinel-3A 数据

表 4-9　卫星反演海冰厚度与 OIB 测量数值的对比统计

		平均偏差/m	MAE/m	RMSE/m	*R*
2018 年 4 月	CS2_S3	0.00（−0.002）	0.44	0.60	0.62
	CS2	−0.02	0.50	0.69	0.52
	S3	0.01	0.59	0.84	0.39
2019 年 4 月	CS2_S3	−0.06	0.20	0.57	0.52
	CS2	−0.06	0.50	0.69	0.36
	IS-2	−0.78	0.88	1.06	0.34

注：平均偏差是指从卫星反演数值中减去 OIB 测量值；MAE 代表平均绝对误差；RMSE 表示均方根误差；*R* 表示卫星反演数据和 OIB 测量值的相关系数。

能是由于 25 km×25 km 空间平均而无法获取更多的空间变化细节所造成的。表 4-10 提供了 ULS 冰层吃水深度和卫星观测的平均海冰厚度的统计数据。结果表明，在系泊点 *A*、*D* 100 km 范围内观测到的海冰平均吃水深度与卫星观测到的海冰平均厚度具有很好的一致性。然而，在系泊点 *B* 处观测的海冰吃水深度与卫星观测结果显然不相符。产生这一现象的原因是卫星受分辨率的限制而无法捕捉到形变冰的厚度变化。

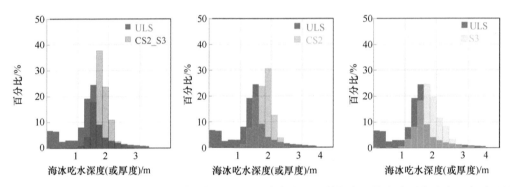

图 4-15　2018 年 4 月上半月 BGEP 系泊位置 100 km 半径内卫星数据产品的海冰厚度分布（半透明颜色填充）与 3 个位置仰视声呐（ULS）系泊点观测的海冰吃水深度分布（实体深蓝色填充）
直方图统计宽度为 20 cm

表 4-10　2018 年 4 月上半月 3 个 ULS 系泊点处海冰平均吃水深度与融合产品（CS2_S3）、单个卫星产品 CryoSat-2（CS2）、Sentinel-3A（S3）平均海冰厚度统计（BGEP 系泊点 100km 范围内的观测值）　（单位：m）

	ULS	CS2_S3	CS2	S3
系泊点 *A*	1.50	1.61	1.57	1.56
系泊点 *B*	1.80	1.67	1.76	1.74
系泊点 *D*	1.51	1.69	1.71	1.67

5. 海冰厚度分布

2018 年 10 月～2019 年 4 月北极每半月海冰厚度估计如图 4-16 所示。正如预期的那样，北极海冰厚度在冬季是以增长为主。同时，每半月产品也更细致地展现了北极海冰厚度在时空分布的变化规律。

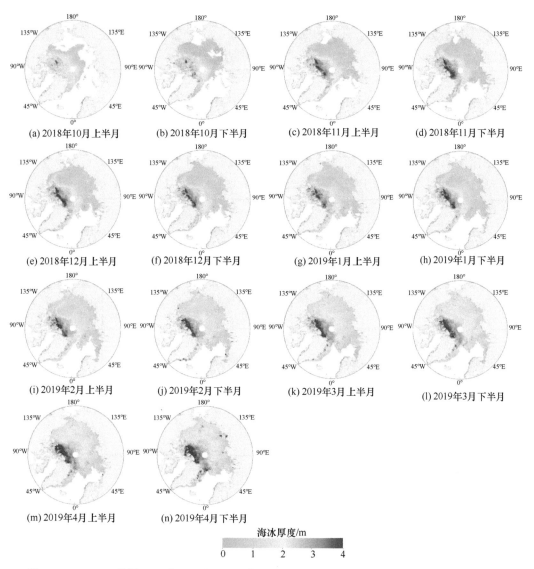

图 4-16　CS2_S3 北极 2018 年 10 月～2019 年 4 月 25 km×25 km 网格每半月海冰厚度分布情况

可以看到，10 月下半月，波弗特海、东西伯利亚海以及拉普捷夫海开始有海冰覆盖，这表明相对较新的海冰正在形成，平均厚度小于 1 m。11 月，北极东南部周边海域的海冰覆盖面积持续增加，包括东西伯利亚海以及拉普捷夫海等海域。另外，喀拉海在 11 月上半月也形成了海冰，至 11 月结束时海冰几乎覆盖了整个海域。与此同时，北冰洋中部的海冰厚度明显增加，并且 2～3 m 厚度的海冰范围逐渐扩大。12 月，海冰覆盖了楚科奇海，也延伸到了白令海峡。值得注意的是，波弗特海有一个更厚的冰厚向东南部延伸的尾部，这一延伸的尾部初步形成于 11 月下半月。这一现象产生的可能原因是受到波弗特环流的反气旋影响，推动更厚、更旧的冰从北极中部漂移至波弗特海（Kwok et al., 2013；Petty et al., 2016）。1 月，这一延伸的尾部进一步向南扩展。2 月下半月时，较厚的海冰覆盖范围已延伸至楚科奇海，这意味着波弗特海和楚科奇海海冰厚度持续增加。直至北极冬季结束时，由于受波弗特环流影响，波弗特海和楚科奇海的海冰厚度始终高于周边边缘海域。另外，还可以看到，北极周边海域较薄的 FYI 海冰厚度在冬季生长速度较快，减少了 FYI 与 MYI 在整个冬季的厚度差异。

图 4-17 显示了 2019 年 1～4 月由不同海冰类型（FYI 和 MYI）划分的半月海冰厚度分布情况。图 4-17（a）给出了北极区域所有数据的厚度分布（1 月上半月为 1.58 m，4 月下半月为 2.09 m）。图 4-17（b）和图 4-17（c）分别显示出不同海冰类型之间厚度分布的明显差异，与 MYI 相比，FYI 海冰厚度分布变化更为剧烈，平均厚度变化显示出更大的变化范围。MYI 平均厚度在 1 月上半月为 2.22 m，至 4 月下半月持续增加到 2.72 m。FYI 平均厚度在 1 月上半月为 1.16 m，至 4 月下半月持续增加到 1.74 m。

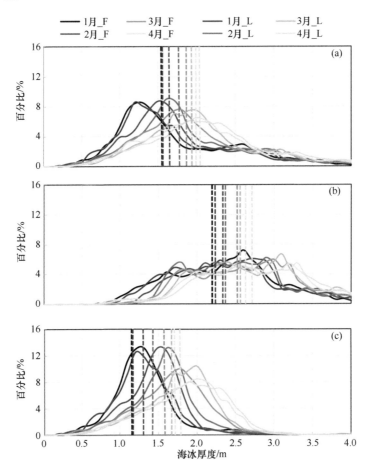

图 4-17　根据海冰类型[（a）全部海冰类型，（b）多年冰，（c）一年冰]划分的海冰厚度每半月（2019 年 1～4 月）统计直方图

直方图统计间隔为 10cm。虚线表示每个海冰类型统计时间范围内的平均厚度值。图例中所示的 "_F" 和 "_L" 分别表示上半月和下半月

CS2 和 S3 具有相似的工作原理，且轨道不同，在空间覆盖上具有一定的互补性，这使得两颗卫星的融合成为可能。为了保证融合产品的准确性，将单颗卫星的网格数据和不确定性估计值作为输入，并采用反距离加权方法，获得海冰厚度融合产品(CS2_S3)。与 CS2 海冰厚度产品相比，CS2_S3 提供了每半个月观测一次的频率，可以更细致地观测到 FYI 和 MYI 在不同海域的变化情况，这对海冰生消过程的长期观测非常重要。特别是融合产品的使用将改善对海冰厚度的观测精度，已经在北极范围和典型区域研究中证明了这一点。与 2018 年 11 月~2019 年 4 月 IS-2 激光雷达高度计产品在北极范围内的比较显示，IS-2 探测结果与 CS2 和 CS2_S3 的探测结果一致性明显高于 S3。并且，CS2_S3 融合产品和单星（CS2 和 S3）测量结果均显示比 IS-2 探测到更厚的冰层，即 IS-2 相比 CS2_S3 整体低估了冰层 0.18~0.47 m。与 2018 年 4 月机载 OIB 在波弗特海 FYI 和 MYI 混合区域测量结果对比显示，与单星（CS2 和 S3）测量结果相比，CS2_S3 的均方根误差减少了约 0.24 m，平均绝对误差减少了 0.15 m。此外，卫星对于一年冰的探测结果与 OIB 具有很好的一致性，但在捕捉形变导致变厚的冰层方面还存在局限性。与 2019 年 4 月机载 OIB 在北冰洋中部 MYI 观测结果对比显示，与 CS2 测量结果相比，CS2_S3 的均方根误差减少了约 0.12 m，平均绝对误差减少了 0.3 m。同时，IS-2 明显低估了冰层平均厚度 0.78 m，而 CS2_S3 和 CS2 与实际冰层厚度保持了较好的一致性（低估了 0.06 m）。另外，卫星测量结果与 ULS 观测的海冰吃水深度对比显示，三种卫星都能较为准确地观测波弗特海海冰厚度的分布情况。其中，CS2_S3 和 S3 观测的结果最为可靠，更符合海冰吃水深度与厚度 0.9 的比例关系。总之，本节所发展的海冰厚度半月融合产品 CS2_S3，在提高观测分辨率的同时，观测精度比单星产品（CS2 和 S3）有所提高，这将为极地海冰监测、海冰预报以及气候变化分析等研究领域提供理想的数据源。

4.4　海冰漂移速度

4.4.1　海冰漂移速度反演方法

北极海冰漂移速度呈现增加的趋势（Spreen et al.，2011；左正道等，2016；Tandon et al.，2018），并且海冰越薄其流动性越强（Rampal et al.，2011）。1988~2018 年，北冰洋核心区海冰漂移以 0.05 cm/（s·a）的速度增加（图 4-18）。海冰漂移主要由风和洋流驱动，直接影响海冰分布（Allison，1989；Korosov and Rampal，2017），造成海冰之间的相互碰撞、破碎，间接影响大气–海洋–海冰相互作用。海冰漂移速度增大会导致从北冰洋流出的海冰损失增多（Min et al.，2019），影响淡水和能量的分布。另外，海冰漂移也会影响船舶航行安全（Mäkynen et al.，2020）。

早期海冰漂移速度主要利用浮标、测冰站和船只观测，借助搭载的多普勒海流计、声学多普勒流速剖面仪（ADCP）、海洋 X 波段雷达等仪器估算海冰漂移速度（Heil et al.，2001；Thorndike and Colony，1982；Hakkinen et al.，2008；Belliveau et al.，2009；Widell et al.，2003；Lund et al.，2018）。由于多普勒效应，远离仪器的粒子反射回来的声波在

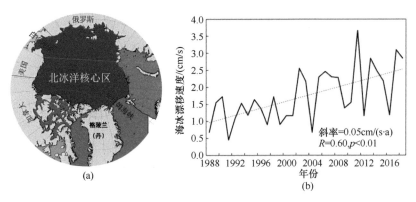

图 4-18　北冰洋核心区分布（a）和 1988～2018 年北冰洋核心区海冰漂移速度变化（b）

返回时的频率稍低；向仪器移动的粒子反射回更高频率的波。剖面仪发出的波和接收到的波之间的频率差称为多普勒频移。利用这个位移来获取海冰移动的速度。早期的测量方法虽然能够获得较高精度的海冰观测结果，但耗费大量人力物力，观测范围非常有限。随着遥感技术的发展，基于遥感影像估算海冰漂移速度成为目前广泛使用的手段（Meier and Dai，2006；Komarov and Barber，2014），能够获取长时间序列大范围的海冰参数。

海冰漂移速度计算方法最早可追溯到 1902 年，Nansen（1902）发现了风与北极海冰漂移速度存在一定的关系，从而构建了经验方法。一个常用的经验方法为海冰漂移速度大小约为表面风速的 2%，方向位于表面风的右侧 45°（Thorndike and Colony，1982）。Nakayama 等（2012）研究表明，在较短的时间尺度上，地转风可以解释所有季节北冰洋中部 70%以上的冰速变化。最大互相关法（maximum cross-correlation，MCC）是目前常用的估算海冰漂移速度的方法之一（Agnew et al.，1997；Lavergne et al.，2010）。该方法采用了一种定位二维互相关最大值的技术，以提取影像之间发生的局部冰运动的位移矢量。基于高级甚高分辨率辐射计（advanced very high resolution radiometer，AVHRR）数据，Ninnis 等（1986）首次将 MCC 方法引入海冰漂移速度估算，证明了该方法在反演海冰漂移场的可行性。为了将 MCC 应用于 SSM/I 85.5 GHz 影像，Agnew 等（1997）使用了 7×7 搜索窗口来计算互相关值，大约每隔 6 个像素（75 km）对相邻时间影像的海冰位移进行估计。Kwok 等（1998）首次证实了 37 GHz SSM/I 数据可用于反演海冰漂移速度。Lehtiranta 等（2015）首次用 MCC 方法比较了 L 波段和 C 波段 SAR 影像得出的海冰漂移速度。基于 MCC 方法，王利亚等（2017）使用高斯拉普拉斯滤波方法，利用来自 HY-2 卫星的 37 GHz 亮度温度数据计算海冰漂移速度，获得了较为密集的速度场。

除了 MCC 法，海冰漂移速度计算方法还有小波变换法（Liu and Cavalieri，1998）、主成分分析法（principal component analysis，PCA）（Oliver et al.，2000）、光流（optical flow，OF）法（Horn and Schunck，1981）和特征跟踪法（Muckenhuber et al.，2016）。二维小波变换是一种高效的带通滤波器。利用该方法可以分离各种尺度过程，包括相对相位/位置信息（Liu and Peng，1993）。Liu 和 Cavalieri（1998）对 SSM/I 85 GHz 辐

射数据进行小波变换，将经过小波变换的结果与模板匹配，获取了南北极海冰的每日运动信息。Liu 等（1999）进一步利用 NSCAT 后向散射数据和 SSM/I 辐射计数据，通过小波分析成功估算了北极日平均海冰漂移量。用于流速计算的主成分分析法主要指鲁棒主成分分析法（robust PCA，RPCA），将矩阵分解为低秩矩阵（代表背景）和稀疏矩阵（代表前景运动目标）进行分析（Wright et al.，2009）。目前鲁棒主成分分析方法（蔡念等，2016）主要有基于误差抑制的 RPCA（Zhou et al.，2010）、基于贝叶斯的 RPCA（Ding et al.，2011）、基于时间和空间信息的 RPCA（Cao et al.，2016）以及基于多特征的 RPCA（甘超等，2013）。Borcea 等（2012）对 SAR 图像采用了 RPCA，解决了复杂场景中与运动目标检测相关的问题，得出了运动物体的移动估计值。Gutiérrez 和 Long（2003）首次将 OF 方法引入南极海冰运动估算，并证明该方法的可行性。该方法基于亮度恒定假设（Fleet and Weiss，2006），计算每个像素的相对位移，可以得到稠密的速度场。基于中分辨率成像光谱辐射计（moderate resolution imaging spectroradiometer，MODIS），Petrou 和 Tian（2017）使用 OF 方法生成高分辨率海冰漂移场。

近年来，特征跟踪算法发展迅速。Berg 和 Eriksson（2014）将模式匹配与特征跟踪相结合获得海冰漂移结果。Petrou 等（2018）使用 OF 方法结合超分辨率方法来获得更精确的运动矢量，证明该方法适用于微波辐射计、光学影像和 SAR。

与 MCC 法相比，OF 方法具有获得稠密速度场和发现更多速度细节的优点。Horn 和 Schunck（1981）提出了 HS OF 方法，现广泛应用于视频目标跟踪。HS OF 方法基于两个假设，一个是亮度恒定性假设，即像素在短时间内移动时亮度保持不变（Petrou and Tian，2017）。另一个是假设给定邻域中的速度向量场变化缓慢。根据这两个假设，得出计算海冰漂移速度的迭代方程：

$$u^{(k+1)} = u\text{Avg}^{(k)} - I_x \left(I_x u\text{Avg}^{(k)} + I_y v\text{Avg}^{(k)} + I_t \right) / \left(\lambda^2 + I_x^2 + I_y^2 \right) \tag{4-15}$$

$$v^{(k+1)} = v\text{Avg}^{(k)} - I_y \left(I_x u\text{Avg}^{(k)} + I_y v\text{Avg}^{(k)} + I_t \right) / \left(\lambda^2 + I_x^2 + I_y^2 \right) \tag{4-16}$$

式中，$k=1$，2，3，$\cdots$，$k \leqslant n$，n 表示迭代次数，由于迭代 64 次后，结果很少会出现变化，因此可以将 n 设定为 100（Horn and Schunck，1981）；I_x 和 I_y 分别表示图像在 x 轴和 y 轴上的偏导数；I_t 表示图像在时间上的偏导数；λ 表示图像平滑的可信度，默认值为 1；$u\text{Avg}$ 和 $v\text{Avg}$ 分别代表 u 邻域和 v 邻域的平均值，通过 u/v 与平均值模板（1/12 1/6 1/12；1/6 0 1/6；1/12 1/6 1/12）卷积得到。

HS OF 方法是基于小运动的限制条件，因此会低估高速运动的海冰。为了解决这个问题，Li 等（2021）提出了金字塔 HS OF（PHS OF）方法。

第一步，对亮温数据进行预处理。利用海冰密集度数据提取海冰部分，采用 15%的阈值区分开阔水域和海冰。对海冰覆盖区域的亮温数据进行小波去噪处理后进行归一化处理。

第二步，采用下采样和高斯滤波的方法重构多层金字塔图像。底层是原始亮温图像，顶层是重构的压缩图像。压缩后的图像缩小了海冰之间的距离，构造了小运动条件。

第三步，采用 HS OF 方法计算速度场。选择两层 PHS OF 方法（2LPHS OF），将原始图像构造成两层图像（即第 0 层：原始图像；第 1 层：压缩图像）并采用自上而下的计算方法。首先，计算第 1 层的速度，初始速度为 0，通过式（4-15）和式（4-16）计算得到输出速度 u_0 和 v_0。然后，将 u_0 和 v_0 输入式（4-17）和式（4-18）以获得底层初始速度。最后，通过式（4-15）和式（4-16）计算原始图像的速度。

$$U_{ini}=2（u_0+u_{ini}）\tag{4-17}$$

$$V_{ini}=2（v_0+v_{ini}）\tag{4-18}$$

式中，U_{ini} 和 V_{ini} 分别表示底层在 x 方向和 y 方向的初始速度；u_0 和 v_0 分别表示第一层在 x 方向和 y 方向的输出速度；u_{ini} 和 v_{ini} 分别表示第一层在 x 方向和 y 方向的初始输入速度。

最后，对得到的海冰漂移速度进行滤波处理，获得最终的海冰漂移速度估计值。

4.4.2　海冰漂移速度产品评估

目前常用的业务化海冰漂移产品有三种（表 4-11）。第一个产品是目前使用最广泛的海冰漂移速度数据集，由 NSIDC 提供[即 polar pathfinder daily 25 km EASE-Grid sea ice motion vectors，version 4（Tschudi et al.，2020）]。该产品采用了 MCC 方法，且融合了 AMSR-E、AVHRR、SMMR、SSM/I、SSMIS 和国际北极浮标计划（international Arctic buoy program，IABP）浮标数据，空间分辨率为 25 km×25 km，时间序列为 1978 年 10 月 25 日～2021 年 12 月 31 日。第二个产品来自海洋与海冰卫星应用设施（ocean and sea ice satellite application facility，OSI SAF）（即 global low resolution sea ice drift），采用 CMCC 方法计算海冰漂移。该产品融合了 AMSR2、SSMIS 和 ASCAT 估算的漂移量，获得的是 48 h 的海冰漂移结果，空间分辨率为 62.5 km×62.5 km，时间序列为 2009 年 12 月 6 日～2022 年 12 月 31 日。第三个产品来自欧洲哥白尼海洋环境监测服务（Copernicus marine environment monitoring service，CMEMS）（即 Arctic_ Reanalysis_ Phy_002_003），运用了 CMCC 和模型的方法。它是通过将 CERSAT 和 OSI SAF 提供的卫星反演的海冰漂移速度同化到 TOPAZ4 系统中来获得最终的海冰漂移速度）。该产品融合了 AMSR-E、AMSR2、SSM/I、SSMIS、QuickSCAT 和 ASCAT 传感器获得的海冰漂移结果，空间分辨率为 12.5 km×12.5 km，时间序列为 1991 年 1 月 1 日～2019 年 12 月 31 日。

表 4-11　三种海冰漂移产品的信息统计

数据提供方	NSIDC	OSI SAF	CMEMS
传感器	AMSR-E，AVHRR，DRIFTING BUOYS，SMMR，SSM/I，SSMIS	AMSR-2 SSMIS ASCAT	AMSR-E/2 SSM/I SSMIS QuickSCAT ASCAT
空间分辨率/km	25	62.5	12.5
方法	MCC	CMCC	CMCC+TOPAZ4
时间序列（年份）	1978～2021	2009～2022	1991～2019

利用位于北冰洋核心区及其附近海域的 7 个 IABP 浮标数据对 3 种海冰漂移速度产品以及利用 2LPHS OF 方法获得的海冰漂移速度估计值进行评估。浮标编号分别为 n1（74°N，160°E）、n2（74°N，180°）、n3（74°N，140°W）、n4（78°N，140°E）、n5（78°N，120°W）、n6（82°N，160°W）和 n7（82°N，80°E）（图 4-19）。浮标 n1 位于东西伯利亚海，n2 位于楚科奇海，n3 位于波弗特海，n4 位于拉普捷夫海，n5 位于加拿大群岛海域附近，n6 位于北冰洋中央海域，n7 位于喀拉海附近，所选位置浮标具有代表性。

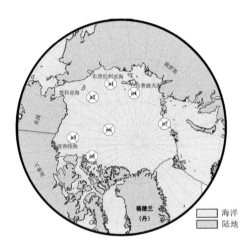

图 4-19　北冰洋浮标数据的空间分布（浮标编号为 nx，x 为 1～7）（修改自 Li et al.，2021）

为了评估海冰漂移速度的性能，使用了四个统计参数。P 值表示相关系数，由 Kwok 等（1998）定义的公式计算：

$$P = \frac{\sum u_{\text{pro}} \cdot u_{\text{buoy}}}{\sum |u_{\text{pro}}||u_{\text{buoy}}|} \tag{4-19}$$

式中，u_{pro} 表示卫星反演的海冰漂移速度；u_{buoy} 表示浮标测量的海冰漂移速度。除了 P 值，也计算了均方根误差（RMSE）、平均误差（ME）和平均绝对误差（MAE）来评估精度。

由于 NSIDC 产品融合了 IABP 浮标数据，因此基于浮标数据只比较了 3 种海冰漂移速度数据集的精度（表 4-12）。三种数据集中，无论是 u 速度分量还是 v 速度分量，2LPHS OF 海冰漂移速度的 RMSE 和 MAE 均最小，CMEMS 速度的相关性最高。针对 u 分量，2LPHS OF 海冰漂移速度的 RMSE 相比于 OSI SAF 下降了 24%，相比于 CMEMS 下降了 25%。针对 v 分量，2LPHS OF 海冰漂移速度的 RMSE 相比于 OSI SAF 下降了 33%，相比于 CMEMS 下降了 16%。CMEMS 相关性相比于 OSI SAF 提高了 36%（u 分量）和 82%（v 分量）。但以上精度是根据有限的实测数据获得的，未来需要更多的实测数据对精度进行评估。

图 4-20 和图 4-21 分别展示了 n1 和 n3 位置的海冰漂移速度大小和方向。对于 n1 位置，2LPHS OF 速度较小，其方向与浮标方向一致[图 4-20（a）和图 4-20（b）]。OSI SAF 负方向海冰漂移速度明显较大，即向着负方向运动的海冰的速度被高估，2014 年 11～

12 月的速度方向与浮标测量的海冰漂移速度方向相反[图 4-20（c）]。总体而言，2LPHS OF 方法低估了 n1 位置的海冰漂移速度，OSI SAF 高估了 n1 位置的海冰漂移速度。对于 n3 位置，2014 年 4 月的 2LPHS OF 海冰漂移速度被高估。除 2015 年冬季外，2LPHS OF 速度方向与浮标的速度方向基本一致[图 4-21（a）和图 4-21（b）]。OSI SAF 速度远高于浮标速度，其方向与 2014 年和 2015 年的浮标速度方向不一致[图 4-21（c）]。

表 4-12　基于 2014～2016 年冬季浮标速度，通过 RMSE（cm/s）、ME（cm/s）、MAE（cm/s）和 P 值对 OSI SAF、CMEMS 和 2LPHS OF 海冰漂移速度 u 分量和 v 分量进行精度评估

	u			v		
	2LPHS OF	OSI SAF	CMEMS	2LPHS OF	OSI SAF	CMEMS
RMSE	4.76	6.28	6.36	4.70	6.98	5.60
ME	0.22	0.57	0.15	0.54	1.22	0.35
MAE	3.61	4.50	4.93	3.48	4.73	4.16
P	0.70	0.64	0.87	0.60	0.43	0.78

资料来源：Li et al.，2021。

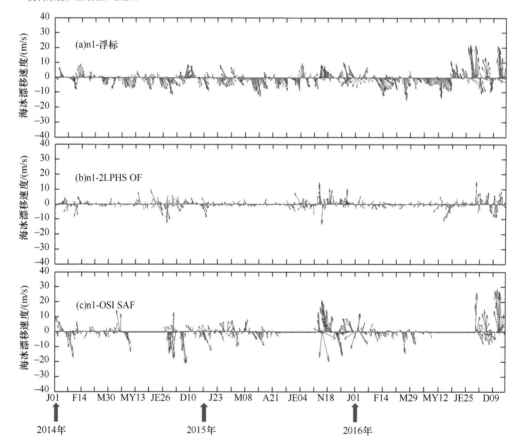

图 4-20　2014～2016 年 n1 位置海冰漂移速度变化

（a）浮标测量速度；（b）2LPHS OF 海冰漂移速度；（c）OSI SAF 海冰漂移速度。蓝色箭头的长度表示速度大小，y 轴与 180°子午线重合。日期显示为 mdd，其中 m 表示月份（J 表示 1 月，F 表示 2 月，M 表示 3 月，A 表示 4 月，MY 表示 5 月，JE 表示 6 月，N 表示 11 月，D 表示 12 月），dd 表示日期

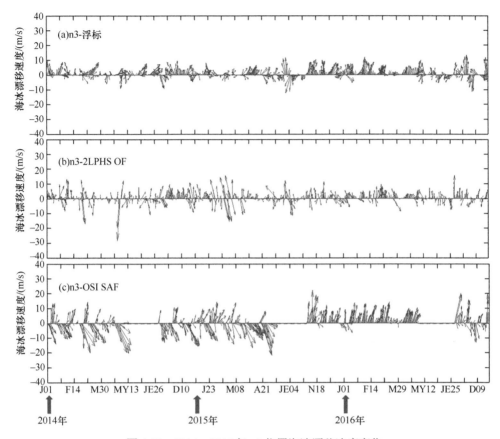

图 4-21　2014～2016 年 n3 位置海冰漂移速度变化

（a）浮标测量速度；（b）2LPHS OF 海冰漂移速度；（c）OSI SAF 海冰漂移速度。蓝色箭头的长度表示速度大小，y 轴与 180°子午线重合。日期显示为 mdd，其中 m 表示月份（J 表示 1 月，F 表示 2 月，M 表示 3 月，A 表示 4 月，MY 表示 5 月，JE 表示 6 月，N 表示 11 月，D 表示 12 月），dd 表示日期

对比浮标和 2LPHS OF、OSI SAF 和 CMEMS 海冰漂移速度 u 分量的分布，发现浮标速度 u 分量介于–20～20 cm/s（图 4-22）。2LPHS OF 海冰漂移速度 u 分量的数值范围小于浮标速度 u 分量，较大一部分速度估计值分布在 0～4 cm/s[图 4-22（a）]，低估了真实的海冰漂移速度。OSI SAF 和 CMEMS 海冰漂移速度 u 分量大于浮标速度 u 分量[图 4-22（c）和图 4-22（e）]。尤其是 CMEMS，速度 u 分量介于–30～40 cm/s[图 4-22（e）]，高估了真实的海冰漂移速度。三个海冰漂移速度 u 分量与浮标测量的海冰漂移速度 u 分量的偏差均匀地分布在 0 值两侧，2LPHS OF 误差介于–20～30 cm/s [图 4-22（b）]，OSI SAF 误差介于–40～30 cm/s[图 4-22（d）]，CMEMS 误差介于–25～35 cm/s [图 4-22（f）]。2LPHS OF 海冰漂移速度 u 分量相比于其他两个产品，与浮标速度的偏差分布更为集中[图 4-22（b）、图 4-22（d）和图 4-22（f）]。

对比浮标和 2LPHS OF、OSI SAF 和 CMEMS 海冰漂移速度 v 分量的分布，发现浮标速度 v 分量介于–15～20 cm/s（图 4-23），整体比浮标速度 u 分量小。较大一部分 2LPHS OF 海冰漂移速度 v 分量的估算值分布在 0～4 cm/s[图 4-23（a）]，表明存在低估真实的海冰漂移速度的现象。OSI SAF 和 CMEMS 海冰漂移速度 v 分量估算值范围大于浮标速

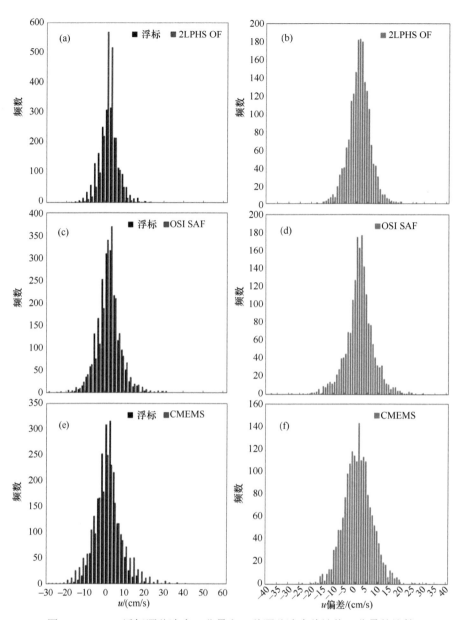

图 4-22 IABP 浮标漂移速度 u 分量和三种漂移速度估计值 u 分量的比较

（a）IABP 浮标测得的海冰漂移速度 u 分量分布（黑色）与 2LPHS OF 海冰漂移速度 u 分量分布（红色）；（b）2LPHS OF 海冰漂移速度 u 分量与浮标海冰漂移速度 u 分量的偏差（蓝色）；（c）IABP 浮标测得的海冰漂移速度 u 分量分布（黑色）与 OSI SAF 海冰漂移速度 u 分量分布（红色）；（d）OSI SAF 海冰漂移速度 u 分量与浮标海冰漂移速度 u 分量的偏差（蓝色）；（e）IABP 浮标测得的海冰漂移速度 u 分量分布（黑色）与 CMEMS 海冰漂移速度 u 分量分布（红色）；（f）CMEMS 海冰漂移速度 u 分量与浮标海冰漂移速度 u 分量的偏差（蓝色）

度 v 分量[图 4-23（c）和图 4-23（e）]。尤其是 CMEMS，速度 v 分量介于–30～40 cm/s[图 4-23（e）]，高估了真实的海冰漂移速度。2LPHS OF 误差介于–20～30 cm/s[图 4-23（b）]，OSI SAF 误差介于–40～30 cm/s[图 4-23（d）]，CMEMS 误差介于–25～35 cm/s[图 4-23（f）]。2LPHS OF 海冰漂移速度 v 分量相比于其他两个产品，与浮标速度的偏差分布更为集中[图 4-23（b）、图 4-23（d）和图 4-23（f）]。

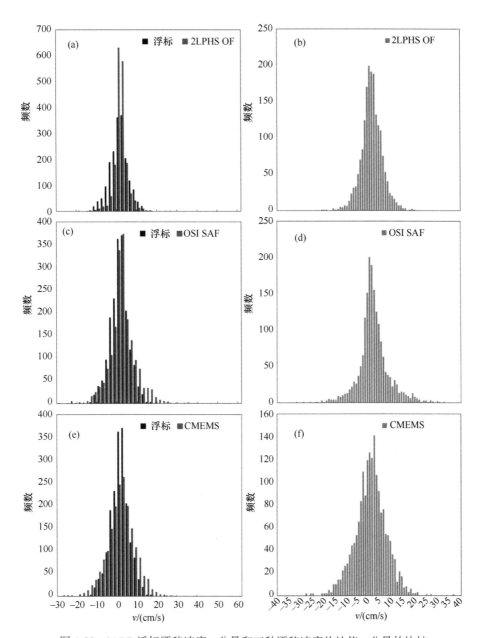

图 4-23　IABP 浮标漂移速度 v 分量和三种漂移速度估计值 v 分量的比较

（a）IABP 浮标测得的海冰漂移速度 v 分量分布（黑色）与 2LPHS OF 海冰漂移速度 v 分量分布（红色）；（b）2LPHS OF 海冰漂移速度 v 分量与浮标海冰漂移速度 v 分量的偏差（蓝色）；（c）IABP 浮标测得的海冰漂移速度 v 分量分布（黑色）与 OSI SAF 海冰漂移速度 v 分量分布（红色）；（d）OSI SAF 海冰漂移速度 v 分量与浮标海冰漂移速度 v 分量的偏差（蓝色）；（e）IABP 浮标测得的海冰漂移速度 v 分量分布（黑色）与 CMEMS 海冰漂移速度 v 分量分布（红色）；（f）CMEMS 海冰漂移速度 v 分量与浮标海冰漂移速度 v 分量的偏差（蓝色）

　　利用 OSI SAF、CMEMS 和 2LPHS OF 海冰漂移速度求取北极平均海冰漂移速度，计算三种平均海冰漂移速度估计值与 NSIDC 海冰漂移速度估计值的偏差。无论是 u 分量还是 v 分量，三种数据集与 NSIDC 的偏差均小于 2 cm/s（表 4-13）。u 分量偏差最小且相关性最高的是 CMEMS 产品；v 分量偏差最小的是 CMEMS 产品，相关性最高的是

2LPHS OF 数据集。

表 4-13　2014～2016 年 OSI SAF、CMEMS 和 2LPHS OF 冬季北极海冰漂移速度与
NSIDC 平均海冰漂移速度的偏差与 P 值

	u			v		
	OSI SAF	CMEMS	2LPHS OF	OSI SAF	CMEMS	2LPHS OF
偏差	1.67	0.46	0.89	1.77	0.79	1.10
P	0.17	0.79	0.66	0.36	0.41	0.85

图 4-24 显示了 2016 年 1 月 1 日喀拉海及其邻近地区海冰漂移速度的空间分布。OSI SAF 产品的空间覆盖率低于其他三个数据集。喀拉海近岸区的四种产品的海冰漂移速度相似，但 NSIDC 产品在新地岛东北部的海冰漂移速度估计值低于其余三个数据集的海冰漂移速度估计值。四个数据集得出的海冰总体运动方向相同，由北冰洋核心区向喀拉海方向运动。2LPHS OF、NSIDC 和 OSI SAF 产品得出的喀拉海外部海冰运动方向较为一致；2LPHS OF 得出的喀拉海海冰运动方向更接近 CMEMS 估计的方向，即海冰从喀拉海西部向喀拉海东部移动。

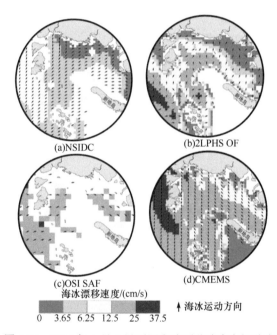

图 4-24　2016 年 1 月 1 日不同海冰漂移速度空间分布

利用 2LPHS OF 数据集，发现 2016 年 3 月 15 日弗拉姆海峡海冰主要由北冰洋核心区向格陵兰海方向运动。3 月 15 日发现一个小的波弗特涡流；同时，北极附近发现海冰呈现气旋式运动（图 4-25）。另外，还存在海冰的穿极漂流，海冰从东西伯利亚海和拉普捷夫海向格陵兰海和弗拉姆海峡运动。海冰漂移速度的变化影响海冰的分布，对海冰输出量变化有重要贡献。在风和压强的驱动下，海冰主要呈现穿极流和波弗特涡流运动。

除此以外，海冰也存在气旋式运动。北极海冰漂移速度呈现增加的趋势，若海冰漂移速度不断增加，对北极航运的影响也会增加。

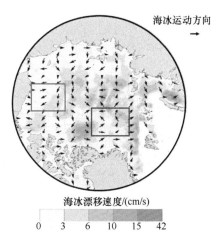

图 4-25　2016 年 3 月 15 日海冰漂移速度空间分布
紫色框表示出现气旋式运动；蓝色框表示出现反气旋式运动（包括波弗特涡流）

目前，存在较多海冰漂移速度估算方法，但是业务化的海冰漂移速度产品较少。不同产品之间存在一定的差异，在验证数据有限的条件下，无法得到全北极范围的海冰漂移速度估计值的精度评估。针对业务化使用的目的，仍需要不断提高海冰漂移速度精度。不同的估算方法各有优势，MCC 方法无法获得小尺度海冰漂移速度，速度细节刻画能力较弱；光流法虽然能够刻画更多海冰漂移速度细节，得到稠密的海冰运动场，但是对于快速运动的海冰估算误差较大，会低估其运动速度。因此，海冰漂移速度估算方法仍有较大改进空间。

4.5　融　　池

海冰表面积雪的融化会形成融池，降低海冰的表面反射率，从而使得海水吸收更多的热量。因此，融池的出现会对海冰、海水和大气三者之间的能量平衡产生显著影响。融池可以覆盖约 50%的海冰表面，准确地监测融池的分布和测量其形状、深度等参数，对于海冰动态变化、海洋生态环境和气候变化等方面的研究都具有重要的意义。近期研究表明，融池在海冰破裂和消融过程中也起到了关键作用，进一步强调了对其进行监测的重要性。

4.5.1　融池识别方法

早期对融池的探测是基于航空相片进行的，如今则更多地使用卫星遥感影像进行监测。Miao 等（2015）在北极科学考察期间，利用在北极海域拍摄的 163 张航拍相片，运用目标分类算法进行了融池边界的提取。该算法主要分为三个步骤：首先，进行图像分割，利用光谱和纹理信息的相似性将相邻像素划分为目标；然后，利用随机森林分类器，分为融池、海冰和积雪等目标；最后，通过多边形邻域分析，分析融池和海冰的空间关系并将它们分离。利用 178 个参考点位进行验证，该算法的总体分类精度可达95.5%。但是，相较于卫星影像，航空相片的观测范围较小，难以获得大尺度的对地观测信息。以 MODIS 为代表的卫星传感器可以获取大尺度、中空间分辨率和高时间分辨率的表面反射率，利用这些数据可以进一步对融池的分布情况进行监测。Tschudi 等（2008）根据融池和海冰的光谱反射率，采用混合像元分解的方法得到了 2004 年夏季波弗特海/楚科奇海海域的融池密集度。类似地，Rösel 等（2012）采用主成分分析法，利用中心波长为 480 nm 和 770 nm 的光谱波段，区分了融池和其他表面类型，并发现基于 MODIS 数据的反演结果比其他两种基于 Landsat 数据反演的融池密集度更高。Yackel 等（2018）基于 MODIS 影像，采用多端元光谱混合分析的方法进行融池识别，该方法获得了与高空间分辨率 QuickBird 图像一致的融池观测结果。然而，在低融池比例区域,（10%或以上）该方法的估计结果过高，可能是所使用的端元中海冰建模过于简化以及验证过程中的样本数目不足导致的。

此外，机器学习技术也被应用到了融池的遥感识别中。Lee 等（2020）使用 MODIS数据，采用两种机器学习算法进行融池密集度的反演，包括多层神经网络和多项逻辑回归。该研究采用了归一化的波段反射率差值，以减小海冰和融池反射率各向异性的影响。研究结果显示，反演的融池密集度的总体精度为 85.5%，平均偏差为 0.09。同时使用卫星和船载观测数据对反演的融池密集度进行了验证，平均差异、均方根误差和相关系数分别为 0.05、0.12 和 0.41。

尽管 MODIS 数据在融池遥感中的应用广泛，但是由于其空间分辨率相对较粗，难以获得更细致的融池观测。为此，Wang M 等（2020）基于 Sentinel-2 影像提出了一种融池反演算法，将图像的反射特征进行极坐标转换，利用极坐标中的角度信息来确定融池密集度。通过与 IceBridge 光学图像比较，发现以往算法采用的固定融池反射率会严重低估融池密度，而该算法对融池反射率阈值的敏感性较低。此外，Li 等（2020）利用高空间分辨率遥感影像 WorldView-2，采用完全约束最小二乘算法，根据开阔水域、融池和海冰的光谱特性反演融池密集度，结果显示该算法的均方根误差约为 0.06。

相较于光学影像，合成孔径雷达影像（SAR）不易受到天气等因素的影响，可以提供全天候的对地观测结果。Kim 等（2013）采用空间分辨率 0.3 m 的机载高分辨率 SAR图像，获取了覆盖楚科奇海北部的融池形状和面积信息。Scharien 等（2014）利用双极化和交叉极化下的 C 波段 SAR 数据对北极一年冰表面的融池进行了识别但效果欠佳，可能是因为该区域存在湿雪和雪泥以及冻结事件，导致融池上形成薄冰，从而造成了识别困难。Fors 等（2017）发现基于 X 波段 SAR 数据计算的极化特征与融池密集度存在较好的相关关系，在一年冰表面融池具有较好的反演能力。Li 等（2017）尝试了从混合紧缩极化 SAR 影像中识别融池。Ramjan 等（2018）利用融池密集度和极化 SAR 影像参数之间的相关性以及相关纹理特征，建立多元回归模型来估算融池密集度。Howell 等（2020）使用 RADARSAT-2 图像进行了融池密集度的反演，并评估其在 2009～2018 年夏季对加拿大群岛海域海冰面积预测方面的作用，结果表明，反演的融池密集度与实地观测的结果相符。

激光雷达高度计和微波辐射计也被应用到融池的识别中。Tilling 等（2020）利用 ICESat-2 遥感数据评估了北极海冰融池的反射特性，并使用 WorldView-2 和 Sentinel-2 进行对比验证。结果表明，表面光滑的融池具有高反射性，可以使 ICESat-2 光子探测系统达到饱和，而粗糙的融池则反射更多的后向散射信号。可以利用这些信息进一步反演融池的密集度、宽度和深度。此外，Tanaka 等（2016）提出了一种利用微波辐射计估算融池密集度的方法，可通过 6.9 GHz 水平和 89.0 GHz 垂直极化下的亮温差来计算融池比例，并且可以用作构建时间序列的融池密集度数据。

多种遥感数据均可用于融池的识别，但是光学数据仍然是最为常用的。这里以 Sentinel-2 数据为例，简述一种基于深度学习的融池识别方法。选择波弗特海作为研究区，该地区 6～7 月海冰表面会出现大量融池。使用 2020 年 6 月 30 日、7 月 8 日和 7 月 22 日的 Sentinel-2 L1C 级影像采集融池样本，生成训练集和验证集用于深度学习模型的构建，使用 2020 年 8 月 7 日的 Sentinel-2 影像进行模型验证。首先采用 Sentinel-2 的大气校正插件 Sen2Cor 对 L1C 级别的遥感影像进行处理，以获取所需的 L2A 级别的数据。通过人工目视解译进行融池、海冰和开阔水域的地物样本点选取并构建样本集。融池的不同发展阶段会呈现出不同的颜色，这取决于融池的深度和海冰厚度。在构建样本集时对不同类型的融池进行区分，将蓝色和蓝绿色的融池归为亮融池，将灰色的融池归为暗融池（图 4-26）。在 6 月 30 日、7 月 8 日和 7 月 22 日的影像中分别选取样本点，每幅影像中开阔水域、海冰、亮融池和暗融池的样本点按照 1∶1∶1∶1 的比例进行选取，总共选取约 2 万个样本点。这些样本点的选择具有一定的时空代表性，可以保证模型的鲁棒性。

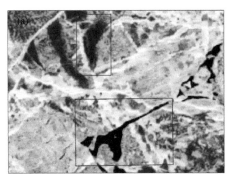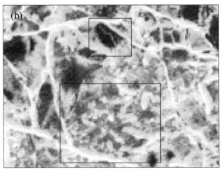

图 4-26　基于 Sentinel-2 影像的融池、冰间水道样本示例

（a）红色框表示暗融池和冰间水道；（b）红色框表示暗融池和亮融池

Warren（1982）的研究表明，海冰的反射率受到传感器、太阳高度角和方位角等因素的影响，并且海冰和融池的各向异性反射特性会降低融池识别的精度。为了降低该影响，选择 Sentinel-2 卫星的四个波段（波段 2、3、4、8）进行融池识别，这些波段具有反射率差异明显的特点，并且通过差值归一化处理降低了太阳高度角等外部因素的影响，同时增加了暗融池和开阔水域之间的区分度。

采用多层神经网络进行融池的识别。多层神经网络是一种深度学习模型，其结构由多个计算节点组成，通常采用前馈方式相互连接。数据信号从输入层传递到输出层，每个节点都受到关联权重的影响而被修改。本书构建了多层神经网络，其中输入层包含 9 个节点，分别用于输入蓝波段、绿波段、红波段的反射率和相应的波段反射率差值归一化值。网络包含三个隐藏层，分别由 15 个、20 个、15 个神经元组成。经过多次测试发现，增加更多的隐藏层数和神经元数量会降低数据处理速度，但对训练精度略有提高，多层神经网络的验证精度均在 98%左右。前馈激活函数采用 ReLU 和 Sigmoid，优化器选择 Adam，损失函数采用 SparseCategoricalCrossentropy，迭代次数为 100。数据集的 70%用于训练，30%用于验证。多层神经网络输出层由开阔水域、海冰、亮融池和暗融池组成，多层网络框架如图 4-27 所示。

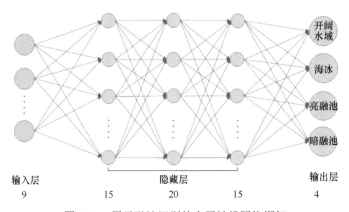

图 4-27　用于融池识别的多层神经网络框架

输入层包含 9 个节点，网络包含 3 个隐藏层，分别由 15 个、20 个、15 个神经元组成，输出层包括 4 类地物（开阔水域、海冰、亮融池和暗融池）

在 6 月 30 日的影像中，亮融池和暗融池的覆盖率相差不大，分别占一半左右。随着时间的推移，由于融池下层的冰越来越薄，融池的颜色变得越来越深。因此，7 月 8 日分类结果中暗融池的比例高于亮融池。融化的冰雪产生的径流会导入开阔水域，导致海冰表面的融池消失。当融池的深度越来越大时，它会融透下层的冰，并与海水相连，不再保持融池的特性。此外，7 月和 8 月的北极气温开始下降，夜间温度也较低，导致融池表面逐渐出现冰层，不具备融池的明显特性。在 7 月 22 日和 8 月 7 日，与前两日的影像结果相比，融池的覆盖率大幅下降，主要为暗融池。这些结果表明，多层神经网络可以有效地分析和预测北极融池的变化趋势，为研究北极冰雪退化和全球气候变化提供有力的工具。

4.5.2　融池识别结果评估

研究使用了多层神经网络对 2020 年 8 月 7 日 Sentinel-2 影像进行地物分类（图 4-28），并通过混淆矩阵评估分类结果（包括开阔水域、海冰、亮融池和暗融池）。为了验证多层神经网络分类结果的准确性，在验证影像中随机生成了 1000 个点位进行人工目视解译，从而识别相应地物。同时，利用多层神经网络进行自动化识别，并将人工目视解译结果与多层神经网络的分类结果进行对比，从而进行精度验证。

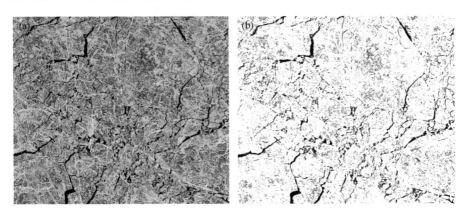

图 4-28　2020 年 8 月 7 日示例区域内 Sentinel-2 真彩色影像与相应的分类结果图

红色为暗融池，绿色为亮融池；黑色为开阔水域；白色为海冰

　　研究结果表明，总体识别精度为 88%，除暗融池的生产者精度为 55.2% 和开阔水域的用户精度为 63.6% 外，其余地物的精度均在 77% 以上（表 4-14）。在 8 月初，极地地区开始出现早期的冰冻现象，这一过程会导致融池和开阔水域表层出现薄冰。在薄冰厚度较小时，其对于下方的融池或开阔水域的影响可以忽略不计。然而，一旦薄冰厚度达到一定值，就需要考虑薄冰层对融池和开阔水域反射率的影响。此时，仅依赖于 Sentinel-2 影像无法准确消除薄冰层对分类结果的影响，可能会影响最终的融池识别精度。在 Sentinel-2 影像中暗融池和开阔水域的区分度较低，特别是在可见光波段中更难以区分。然而，通过对波段反射率差值进行归一化，暗融池与开阔水域之间的差异明显增大，暗融池的用户精度从 59% 提升至 96.1%。此外，多层神经网络在 Sentinel-2 影像中也能够更准确地识别出更多的暗融池。这一研究结果可为未来暗融池的准确识别提供了新的思路。

表 4-14　基于人工目视解译的融池识别方法的混淆矩阵

类型		人工识别					
		开阔水域	海冰	亮融池	暗融池	总和	用户精度
方法识别	开阔水域	98	24	14	18	154	63.6%
	海冰	3	600	16	10	629	95.3%
	亮融池	0	0	108	32	140	77.1%
	暗融池	2	0	1	74	77	96.1%
	总和	103	624	139	134	1000	
	生产者精度	95.1%	96.1%	77.6%	55.2%		

注：验证区域为 2020 年 8 月 7 日示例区域内的 Sentinel-2 影像。

资料来源：王智豪和柯长青，2022。

　　总体而言，该方法考虑到了太阳高度角等因素对反射率的影响，以及海冰和融池反射特性的各向异性，对波段反射率采用差值归一化的处理方法以降低相关影响。验证结果表明，该方法结果可靠，并且利用该方法可以观察到融池的短期变化。随着时间的推移，融池的覆盖率逐渐增加，融池的颜色逐渐变暗，亮融池数量逐渐减少，而暗融池数量逐渐增加。在 7～8 月，融池数量大幅度减少，高纬度地区甚至没有融池。对这些变化的观察有助于更深入地理解海冰和融池的演化过程。未来可考虑采用更高分辨率的卫星影像进行样本集的构建，以提高融池识别精度。同时，选择更广泛的地区和更多的其他时间的数据，进一步提高样本的代表性，从而提高多层神经网络分类的准确性。此外，基于样本点的多层神经网络分类方法可以转向基于图像的卷积神经网络分类方法，以实现对面域的分类。未来还可以将其他传感器（如辐射计和激光雷达数据）的数据与光学影像结合，实现融池的多源遥感识别。

4.6 冰 山

冰山的识别与监测是北极航道开通和北极开发过程中的重要内容之一，对于海洋环境监测、海上船只的安全运行、防止潜在的海上事故等方面都具有重要的意义。在北极海域，由于气候变化等因素的影响，冰山数量和分布格局的变化较大，因此对冰山的常态化监测是保障航行安全的必要手段，同时也可以为气候变化等研究提供基础数据。

4.6.1 冰山识别方法

Porras（1969）首次提出可以利用卫星影像进行冰山观测。随后，Sissala（1969）利用 Nimbus 2 卫星影像追踪了一座长达 20 海里的冰山，并对其大小和漂移速度的变化进行了估算，证明了利用卫星影像识别冰山的可行性。但是，光学传感器易受天气影响，导致在观测过程中出现很多数据缺失的情况。例如，上述研究在 43 次观察中有 33 次目标都被云层遮挡，影响了冰山的准确识别。SAR 数据由于不受天气和云层的限制、具有较高空间分辨率和可以夜间观测等优点，成为冰山监测的另一种重要数据源。Rawson 等（1979）的研究证明了 SAR 影像可以全天时、全天候地对各种海况中的冰山进行识别，可以实现对冰山轮廓的精细刻画。Churchill 等（2002）提出了一种融合多种传感器数据进行冰山识别的方法。该方法使用了星载 SAR 影像、远程高频雷达数据、机载雷达数据、船舶和平台的常规和增强型海洋雷达数据以及实地观测数据，并优化了数据融合过程中的参数。该方法充分利用了各种传感器的优点，提高了冰山识别的准确性和鲁棒性。Lane 等（2002）利用冰山实测数据探索了 RADASAT-1 影像的冰山探测能力，并发现星载传感器具有在不同模式下对大小与其空间分辨率相近冰山的识别能力。另外，Lane 等（2004）进一步评估了 SAR 影像在海冰条件下识别冰山的能力，发现大多数冰型的大型冰山的识别率低于中型冰山，这与中小型冰山容易被发现的常识相违背，这可能是由于中型冰山所占比例过高而影响了实验结果。

近 10 年来，随着遥感数据的增多，出现了更多有关冰山的遥感识别方法。Wesche 和 Dierking（2012）提出了一种基于像元的冰山自动识别方法，该方法通过对不同季节、不同海冰条件下的 ENVISAT ASAR HH 极化影像和 ERS-2 SAR VV 极化影像进行实验，验证了冰山的识别效果取决于海冰和海洋等条件，同时数据预处理的方式也会对结果产生影响。Denbina 等（2015）利用位于拉布拉多海附近的 RADASAT-2 数据，比较了线性双极化数据和紧凑型极化数据的冰山识别性能。该研究使用了 25 个冰山实测数据进行方法验证，发现在大多数入射角和成像模式下，紧凑型极化数据漏检的冰山目标更少，检测到的目标像素数更多。因此，紧凑型极化数据是识别冰山较好的数据之一。Marino 等（2015）提出了一种基于双偏振非相干的冰山检测方法，该方法考虑到在相同区域内冰山相比于海冰有着更小的面积和更大的体积，利用 RADARSAT-2 数据进行实验并且证明该方法的有效性。Frost 等（2016）提出了一种基于 TerraSAR 影像的冰山识别算法，该算法充分考虑了开放水域的波浪和强风的影响，具有较高的识别精度。Mazur 等（2017）提出了一种基于对象的自动化冰山识别方法，该方法通过建立不同大小尺度的影像金字塔，能够识别不同大小的冰山，并且能够适应低温和强风条件。该方法使用了阿蒙森海 4 个不同区域内的 432 幅 ENVISAT 影像，发现冰山检出率为 96.2%，占冰山总面积的 93.2%，其中包括由浮冰导致的 3.8% 的漏检和 7.0% 的错检。刘振宇等（2018）提出了一种针对分块 SAR 影像的冰山检测方法，通过利用分块来降低有关误差，从而提高冰山识别的精度。基于对象的冰山识别方法相比于基于像素的识别方法，虽然有着更复杂的预处理方式，但基于对象的思路能够提取出一些更为丰富且关键的冰山特征（如面积、纹理、背景环境等），从而提高识别效果。

随着机器学习技术在图像识别领域的应用越来越广泛，一些学者开始将其引入冰山识别中，以提高识别的准确率和效率。Howell 等（2006）使用贝叶斯分类器对 HH/HV 极化方式下的 ENVISAT 数据中的冰山进行识别，并比较了顺序前进法（sequential forward selection，SFS）、遗传算法（genetic algorithm，GA）和穷举搜索（exhaustive search，ES）三种特征选择算法。结果表明，基于贝叶斯分类器的分类精度达到 93.5%，SFS 和 GA 方法比全局穷举搜索算法计算成本低，同时具有较好的精度和特征选择结果。Kim 等（2012）使用 RADASAT-2 对南极西部威尔金斯冰架周围的冰山进行研究，并分析了冰山在 Freeman-Durden、H/A/a 和 H/A 三种分解方式下的后向散射特性。结果表明，使用 C 波段 SAR 影像的[1-H][1-A]特征是进行非监督分类识别冰山的最佳选择。Denbina 等（2015）利用 RADARSAT 的低分辨率和中分辨率模式下的圆发射、线性接收密集极化数据和线性双极化数据，采用支持向量机对冰山进行了识别，并取得了较高的准确率。此外，Hass 等（2020）基于 YoloV3 的深度学习模型，在 Sentinel-1 双极化影像上进行冰山的识别实验，取得了很好的效果。但是，该研究同时指出，缺乏大规模高质量的冰山训练数据集是深度学习在冰山识别领域面临的主要难点，因此创建训练数据集或许比模型框架构建更为重要。

由此可知，SAR 数据仍然是冰山遥感识别的主要数据源。以格陵兰海域内丹麦港口周边海域为例，简述一种基于机器学习的冰山识别方法。该地区地形复杂，有许多峡湾和弯曲的海岸线，同时冰山种类丰富，具有一定的代表性。采用 Sentinel-1A EW 模式下 GRD 一级影像，HH 极化方式，空间分辨率为 40m，时间为 2017 年 9 月 30 日。影像位置位于格陵兰岛东岸附近、丹麦港口偏南的海域，中心位置的地理坐标为 75°N，17°W。

首先对影像数据进行预处理，包括轨道定标、辐射定标、斑点噪声去除和地形校正等。在 SAR 影像中，冰山后向散射强度较高，表现为亮白色斑点，相对于后向散射强度较低的海水容易被识别，但浮冰和冰山在 SAR 影像上存在相似的特征，导致其自动区分较为困难。采用面向对象的方法，通过影像分割和阈值分类将海水归类为背景，并人工选择冰山样本（图 4-29）。样本集由 475 个冰山样本和 494 个非冰山样本组成，共选取了 12 个图像特征用于 SAR 影像的冰山识别，包括几何形状属性、背景关系属性以及物理属性等（表 4-15）。对于影像特征的不同量级问题，采用三种数据标准化方法进行标准化，分别是最小–最大标准化（min-max 标准化）、零–均值标准化（Z_score 标准化）和 log 函数标准化。其次，采用五种常见的机器学习算法，包括贝叶斯分类器、反向神经网络、线性判别分析、随机森林和支持向量机用于冰山识别。将样本集分为 600个训练样本和 369 个测试样本，每个样本共有 4095 种特征的组合方式（12 个特征的组合），使用五种机器学习算法进行冰山识别。

图 4-29　基于 Sentinel-1 影像的冰山示例

应用 Sentinel-1 影像 HH 极化强度值，黑色为海水，灰色为海冰，海水中的白色亮点为冰山

表 4-15　12 个样本特征的描述与计算式

序号	特征代号	相关描述
1	P	周长，以样本周边像元数量计算
2	Opm/Bpm	Opm=OSd/OMe, Bpm=BSd/BMe，其中 OMe 代表样本像元均值
3	ConSm	$(N_0/G_0)/(N_b/G_b)$，其中 N_0 是样本像元数量，G_0 是样本像元梯度值之和，N_b 是背景区域像元数量，G_b 是背景区域像元梯度值
4	ConRaSd	OSd/BSd
5	ConMax	样本背景像元均值与样本像元最小值之比
6	C	复杂度，P^2/N
7	N	样本像元数量
8	BMe	样本背景像元均值
9	S	样本长宽比
10	OSd	样本像元值标准差
11	GSd	样本背景区域梯度标准差
12	BSd	样本背景像元标准差

资料来源：肖湘文等，2020。

4.6.2　冰山识别结果评估

使用接收者操作特征曲线（receiver operating characteristic curve，ROC）及其曲线下面积 AUC（area under curve）评估各个分类器的性能。选取精度排名前 5%的特征组合，采用 5 折交叉验证对每种特征组合再次进行精度评估，每种组合将得到 25 个精度结果，然后取平均值进行二次对比。这是为了充分利用数据样本并避免测试集和训练集对结果的影响，具体流程是：将训练数据集随机分为 K 个等量子集（这里 $K=5$），每次使用其中 1 个子集作为测试数据，余下的 $K-1$ 个子集作为训练数据。通常重复该过程 K 次，得到 $K\times K$ 个结果，以确保实验结果的稳定性和可靠性。

由于不同的分类器对不同的数据标准化方法和特征组合倾向不同，所以选择各个分类器的最高精度进行分类器识别效果的比较。表 4-16 展示了各个分类器的最优识别精度对应的数据标准化方式和特征组合。图 4-30 为得到的最佳冰山识别流程方法对冰山的识别结果局部图，即采用随机森林（RF）算法搭配经过 min-max 标准化处理后的 2 号、3 号、4 号、6 号、7 号、11 号六种特征所得到的模型对冰山的识别结果局部图。需要注意的是，不同的分类器在达到最高识别精度时所采用的特征组合不同，并且均未使用所有特征。这表明特征数量并非越多越好，多余的特征可能会对分类效果产生负面影响。因此，在选择特征组合时需要考虑特征的相关性和重要性，以提高分类器的识别精度。经 min-max 标准化的 2 号、3 号、4 号、6 号、7 号、11 号特征数据在随机森林算法下表现最优，经 log 函数标准化的 1 号、3 号、4 号、6 号、7 号、12 号特征数据在反向神经网络（BPNN）算法下表现最优。具体而言，在随机森林算法下，特征数据对应的冰山查全率为 52.5%～87.5%，非冰山查全率为 96.8%～88.3%，并且具有较高的稳定性，因此随机森林算法可以作为 SAR 影像冰山识别的推荐方法之一。在 BPNN 算法下，这些特征数据对应的冰山查全率为 87.5%～92.5%，非冰山查全率为88.3%～84.8%，表明 BPNN 依然有很大潜力。总之，采用五种机器学习方法对格陵兰岛东岸的冰山进行识别，并且对三种数据标准化方法和不同特征组合效果进行比较，发现不同分类器偏好不同的数据标准化方法和特征集合，在冰山识别中应该根据分类器类型来选择相应的数据处理方法和特征。

表 4-16　各分类器取得最优识别精度时的数据标准化方式和特征组合
（其中特征数据序号见表 4-15）

分类器	数据标准化方式	特征	AUC
随机森林（RF）	min-max 标准化	2、3、4、6、7、11	0.945
潜在狄利克雷分配（LDA）	log 函数标准化	2、4、8	0.944
反向神经网络（BPNN）	log 函数标准化	1、3、4、6、7、12	0.943
支持向量机（SVM）	Z_score 标准化	2、4、12	0.939
贝叶斯（Bayes）	log 函数标准化	10	0.936

资料来源：肖湘文等，2020。

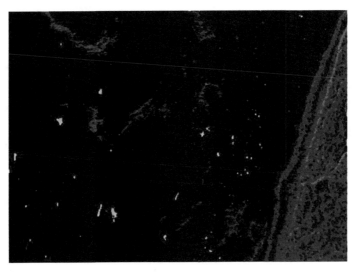

图 4-30　最优算法冰山识别结果示例

绿色为冰山；红色为海冰；黑色为海水。最优算法为随机森林算法。采用 min-max 标准化的 2 号、3 号、4 号、6 号、7 号、
11 号特征

4.7　小　　结

　　北极海冰与气候变化关系紧密，进行海冰参数遥感反演是研究气候变暖背景下海冰变化的重要内容。本章扼要阐述了北极海冰卫星遥感的监测现状，介绍了主要的卫星遥感监测数据源。针对海冰密集度、海冰厚度、海冰漂移速度、融池和冰山五类参数，综述了目前主要的算法研究进展，并分别介绍了一种新算法同时进行了精度评价。

　　对于海冰密集度，本章在 NASA Team 海冰密集度反演算法的基础上，引入动态系点来表征海冰辐射特性的季节变化，并分别利用我国自主 FY-3C 卫星微波成像仪和国外 SHIZUKU 卫星 AMSR2 的亮温数据进行北极海冰密集度反演。经过现场实测数据、SAR 数据、RRDP 数据等多种辅助数据评估，结果表明，引入动态系点可以减少海冰密集度反演误差，特别是有效地降低了海冰表面融化、融池出现等季节现象引起的夏季海冰密集度误差较高的现象。

　　对于海冰厚度，本章提出了一种融合 CS2 和 S3 的海冰厚度估计方法（CS2_S3 产品）。CS2 和 S3 具有相似的工作原理且轨道不同，在空间覆盖上具有一定的互补性，这使得两颗卫星的融合成为可能。与单星海冰厚度产品相比，CS2_S3 提供了每半个月观测一次的频率，可以更细致地观测到不同海域海冰的变化情况。与机载等观测数据进行对比，发现融合产品的观测精度比单星产品有所提高，这将为极地海冰监测、海冰预报以及气候变化分析等研究领域提供了新的数据源。

　　对于海冰漂移速度，已有的估算方法各有优劣，MCC 方法无法获得小尺度海冰漂移速度，速度细节刻画能力较弱；光流法虽然能够刻画更多海冰漂移速度细节，得到稠密的海冰运动场，但是对于快速运动的海冰估算误差较大，会低估其运动速度。因此，海冰漂移速度估算方法仍有较大的改进空间。

对于冰面融池识别，本章提出了一种基于 Sentinel-2 影像的识别方法。通过人工目视解译选取亮融池、暗融池、海冰及开阔水域的训练样本点。选择 Sentinel-2 波段 2、3、4、8 并对反射率进行差值归一化处理，从而减小了海冰反射率对于传感器和太阳天顶角和方位角的依赖，降低了海冰和融池各向异性反射特性的影响。结合波段反射率差值归一化值训练多层神经网络进行影像分类。结果表明，基于可见光波段反射率与波段反射率差值归一化值的多层神经网络融池识别更具可靠性，可提高暗融池的识别精度，提高总融池的识别精度。

对于冰山识别，本章对比了不同机器学习算法在冰山识别中的效果。基于 Sentinel-1A SAR 影像数据，利用 5 种机器学习算法、12 种图像特征和 3 种数据标准化方法，系统地比较了不同分类器–数据标准化方法–特征组合的识别结果，发现随机森林可以作为 SAR 影像冰山识别的推荐算法。此外，在冰山识别中应当根据分类器的类型来考虑数据标准化方法和分类特征的选择。

随着卫星传感器的性能增强和深度学习等计算机技术的提升，北极海冰遥感信息提取技术也一直在不断发展。基于多源卫星数据构建高效的海冰信息提取技术，从而获取高时空分辨率、高精度的海冰参数仍然是未来主要的研究方向之一。

参 考 文 献

蔡念, 周杨, 刘根, 等. 2016. 鲁棒主成分分析的运动目标检测综述. 中国图象图形学报, 10: 1265-1275.

甘超, 王莹, 王向阳. 2013. 多特征稳健主成分分析的视频运动目标分割. 中国图象图形学报, 18(9): 1124-1132.

刘建强, 曾韬, 梁超, 等. 2020. 海洋一号 C 卫星在自然灾害监测中的应用. 卫星应用, 6: 26-34.

刘振宇, 张毅, 张晰, 等. 2018. SAR 图像分块 CFAR 迭代的极地冰山检测. 海洋学报, 40(11): 141-148.

刘志强, 苏洁, 时晓旭. 2014. 渤海 AVHRR 多通道海冰密集度反演算法试验研究. 海洋学报, 36(11): 74-84.

王利亚, 何宜军, 张彪, 等. 2017. HY-2 卫星扫描微波辐射计数据反演北极海冰漂移速度. 海洋学报, 39(9): 110-120.

王智豪, 柯长青. 2022. 基于深度学习的海冰融池识别. 遥感信息, 37(6): 85-93.

肖湘文, 沈校熠, 柯长青, 等. 2020. 基于 Sentinel-1A 数据的多种机器学习算法识别冰山的比较. 测绘学报, 49(4): 509-521.

杨清华, 刘骥平, 张占海, 等. 2011. 北极海冰数值预报的初步研究——基于海冰、海洋耦合模式 MITgcm 的模拟试验. 大气科学, 35(3): 473-482.

张辛, 周春霞, 鄂栋臣, 等. 2014. MODIS 多波段数据对南极海冰变化的监测研究. 武汉大学学报(信息科学版), 39(10): 1194-1198.

赵秋艳. 2000. LANDSAT-7 卫星的有效载荷 ETM+. 航天返回与遥感, 21(4): 25-32.

左正道, 高郭平, 程灵巧, 等. 2016. 1979-2012 年北极海冰运动学特征初步分析. 海洋学报, 38(5): 57-69.

Agnew T A, Le H, Hirose T. 1997. Estimation of large-scale sea-ice motion from SSM/I 85. 5 GHz imagery. Annals of Glaciology, 25: 305-311.

Alekseeva T, Tikhonov V, Frolov S, et al. 2019. Comparison of Arctic Sea Ice concentrations from the NASA team, ASI, and VASIA2 algorithms with summer and winter ship data. Remote Sensing , 11:

2481.

Allison I. 1989. Pack-ice drift off East Antarctica and some implications. Annals of Glaciology, 12: 1-8.

Armitage T W K, Ridout A L . 2015. Arctic sea ice freeboard from AltiKa and comparison with CryoSat-2 and Operation IceBridge. Geophysical Research Letters, 42(16): 6724-6731.

Beitsch A, Kern S, Kaleschke L. 2014. Comparison of SSM/I and AMSR-E sea ice concentrations with ASPeCt ship observations around Antarctica. IEEE Transactions on Geoscience and Remote Sensing, 53(4): 1985-1996.

Belliveau D J, Bugden G L, Eid B M, et al. 2009. Sea ice velocity measurements by upward-looking doppler current profilers. Journal of Atmospheric & Oceanic Technology, 7(4): 596-602.

Belter H J, Krumpen T, Hendricks S, et al. 2020. Satellite-based sea ice thickness changes in the Laptev Sea from 2002 to 2017: Comparison to mooring observations. The Cryosphere, 14(7): 2189-2203.

Berg A, Eriksson L E B. 2014. Investigation of a hybrid algorithm for sea ice drift measurements using synthetic aperture radar images. IEEE Transactions on Geoscience and Remote Sensing, 52(8): 5023-5033.

Borcea L, Callaghan T, Papanicolaou G. 2012. Synthetic aperture radar imaging and motion estimation via robust principle component analysis. SIAM Journal on Imaging Sciences, 6(3): 1445-1476.

Cao X, Yang L, Guo X. 2016. Total variation regularized RPCA for Irregularly moving object detection under dynamic background. IEEE Transactions on Cybernetics, 46(4): 1014-1027.

Cavalieri D J , Parkinson C L , Digirolamo N ,et al. 2012. Intersensor calibration between F13 SSMI and F17 SSMIS for global sea ice data records. IEEE Geoscience & Remote Sensing Letters, 9(2):233-236.

Churchill S, Randell C, Gill E, et al. 2002. An outline of fusion and sensor combinational methodologies for disparate, sparse multi-sensor networks for detecting icebergs. IEEE International Geoscience and Remote Sensing Symposium, 2: 899-901.

Curlander J, Holt B, Hussey K. 1985. Determination of sea ice motion using digital SAR imagery. IEEE Journal of Oceanic Engineering, 10(4): 358-367.

Demchev D, Volkov V, Kazakov E, et al. 2017. Sea ice drift tracking from sequential SAR images using accelerated-KAZE features. IEEE Transactions on Geoscience and Remote Sensing, 55(9): 5174-5184.

Denbina M, Collins M J, Atteia G. 2015. On the detection and discrimination of ships and icebergs using simulated dual-polarized RADARSAT constellation data. Canadian Journal of Remote Sensing, 41(5): 363-379.

Desnos Y L, Buck C, Guijarro J, et al. 2000. ASAR-Envisat's advanced synthetic aperture radar. ASAR-Envisat's Advanced Synthetic Aperture Radar ESA Bulletin, 102: 91-100.

Ding X, He L, Carin L. 2011. Bayesian robust principal component analysis. IEEE Transactions on Image Processing, 20(12): 3419-3430.

Fleet D, Weiss Y. 2006. Optical flow estimation//Handbook of mathematical models in computer vision. Boston, MA: Springer, 15: 239-257.

Fors A S, Divine D V, Doulgeris A P, et al. 2017. Signature of Arctic first-year ice melt pond fraction in X-band SAR imagery. The Cryosphere, 11(2): 755-771.

Frost A, Ressel R, Lehner S. 2016. Automated iceberg detection using high-resolution X-Band SAR images. Canadian Journal of Remote Sensing, 42: 354-366.

Geudtner D, Torres R, Snoeij P, et al. 2014. Sentinel-1 System Capabilities and Applications. Quebec City, QC, Canada: 2014 IEEE Geoscience and Remote Sensing Symposium.

Giles K A, Laxon S W, Wingham D J, et al. 2007. Combined airborne laser and radar altimeter measurements over the Fram Strait in May 2002. Remote Sensing of Environment, 111(2): 182-194.

Gutiérrez S, Long D. 2003. Optical flow and scale-space theory applied to sea ice motion estimation. IEEE International Geoscience and Remote Sensing Symposium, 4: 2805-2807.

Haas C, Hendricks S, Eicken H, et al. 2010. Synoptic airborne thickness surveys reveal state of Arctic sea ice cover. Geophysical Research Letters, 37(9): L09501.

Haas C, Lobach J, Hendricks S, et al. 2009. Helicopter-borne measurements of sea ice thickness, using a small and lightweight, digital EM system. Journal of Applied Geophysics, 67(3): 234-241.

Hakkinen S, Proshutinsky A, Ashik I. 2008. Sea ice drift in the Arctic since the 1950s. Geophysical Research Letters, 35(19): 116-122.

Hass F S, Jokar Arsanjani J. 2020. Deep learning for detecting and classifying ocean objects: Application of YoloV3 for iceberg-ship discrimination. ISPRS International Journal of Geo-Information, 9(12): 758.

Heil P, Fowler C, Maslanik J, et al. 2001. A comparison of East Antarctic sea-ice motion derived using drifting buoys and remote sensing. Annals of Glaciology, 33(1): 139-144.

Helm V, Humbert A, Miller H. 2014. Elevation and elevation change of Greenland and Antarctica derived from CryoSat-2. The Cryosphere, 8(4): 1539-1559.

Hill J C, Long D G. 2017. Extension of the QuikSCAT sea ice extent data set with OSCAT data. IEEE Geoscience & Remote Sensing Letters, 14(1): 92-96.

Horn B K P, Schunck B G. 1981. Determining optical flow. Artificial Intelligence, 17(1-3): 185-203.

Howell C, Mills J, Power D, et al. 2006. A multivariate approach to iceberg and ship classification in HH/HV ASAR data. Denver: 2006 IEEE International Symposium on Geoscience and Remote Sensing.

Howell S E L, Scharien R K, Landy J, et al. 2020. Spring melt pond fraction in the Canadian Arctic Archipelago predicted from RADARSAT-2. The Cryosphere, 14(12): 4675-4686.

Hua S, Wang Y. 2012. Using MODIS data to estimate sea ice thickness in the Bohai Sea(China)in the 2009-2010 winter. Journal of Geophysical Research: Oceans, 117(C10): C10018.

Kern S, Lavergne T, Notz D, et al. 2019. Satellite passive microwave sea-ice concentration data set intercomparison: Closed ice and ship-based observations. The Cryosphere, 13(12): 3261-3307.

Kim D, Hwang B, Chung K H, et al. 2013. Melt pond mapping with high-resolution SAR: The first view. Proceedings of the IEEE, 101(3): 748-758.

Kim J W, Kim D, Kim S H, et al. 2012. Detection of icebergs using full-polarimetric RADARSAT-2 SAR data in west Antarctica. Korean Journal of Remote Sensing, 28(1): 21-28.

Komarov A S, Barber D G. 2014. Sea ice motion tracking from sequential dual-polarization Radarsat-2 Images. IEEE Transactions on Geoscience and Remote Sensing, 52(1): 121-136.

Korosov A A, Rampal P. 2017. A combination of feature tracking and pattern matching with optimal parametrization for sea ice drift retrieval from SAR data. Remote Sensing, 9(3): 258.

Kurtz N T, Farrell S L, Studinger M, et al. 2013. Sea ice thickness, freeboard, and snow depth products from Operation IceBridge airborne data. Cryosphere, 6: 4771-4827.

Kwok R. 2008. Summer sea ice motion from the 18 GHz channel of AMSR-E and the exchange of sea ice between the Pacific and Atlantic sectors. Geophysical Research Letters, 35(3): L03504.

Kwok R, Cunningham G F. 2015. Variability of Arctic sea ice thickness and volume from CryoSat-2. Philosophical Transactions of the Royal Society A: Mathematical, Physical and Engineering Sciences, 373(2045): 20140157.

Kwok R, Kacimi S, Webster M A, et al. 2020. Arctic snow depth and sea ice thickness from ICESat-2 and CryoSat-2 freeboards: a first examination. Journal of Geophysical Research: Oceans, 125(3): e2019JC016008.

Kwok R, Rothrock D. 2009. Decline in Arctic sea ice thickness from submarine and ICESat records: 1958-2008. Geophysical Research Letters, 36(15): L15501.

Kwok R, Schweiger A, Rothrock D A, et al. 1998. Sea ice motion from satellite passive microwave imagery assessed with ERS SAR and buoy motions. Journal of Geophysical Research: Oceans, 103(C4): 8191-8214.

Kwok R, Spreen G, Pang S. 2013. Arctic sea ice circulation and drift speed: Decadal trends and ocean currents. Journal of Geophysical Research: Atmospheres, 118(5): 2408-2425.

Lane K, Power D, Chakraborty I, et al. 2002. RADARSAT-1 synthetic aperture radar iceberg detection performance ADRO-2 A223. IEEE International Geoscience and Remote Sensing Symposium, 4: 2273-2275.

Lane K, Power D, Youden J, et al. 2004. Validation of Synthetic Aperture Radar for Iceberg Detection in Sea Ice. Anchorage, AK, USA: 2004 IEEE International Geoscience and Remote Sensing Symposium.

Lavergne T, Eastwood S, Teffah Z, et al. 2010. Sea ice motion from low-resolution satellite sensors: An alternative method and its validation in the Arctic. Journal of Geophysical Research: Oceans, 115(C10): C10032.

Lee S, Stroeve J, Tsamados M, et al. 2020. Machine learning approaches to retrieve pan-Arctic melt ponds from visible satellite imagery. Remote Sensing of Environment, 247: 111919.

Lehtiranta J, Siiriä S, Karvonen J. 2015. Comparing C- and L-Band SAR images for sea ice motion estimation. The Cryosphere, 9(1): 357-366.

Li H, Ke C Q, Zhu Q, et al. 2021. An improved optical flow method to estimate Arctic sea ice velocity (winter 2014-2016). Acta Oceanologica Sinica, 40(12): 148-160.

Li H, Perrie W, Li Q, et al. 2017. Estimation of melt pond fractions on first year sea ice using compact polarization SAR. Journal of Geophysical Research: Oceans, 122(10): 8145-8166.

Li Q, Zhou C, Zheng L, et al. 2020. Monitoring evolution of melt ponds on first-year and multiyear sea ice in the Canadian Arctic Archipelago with optical satellite data. Annals of Glaciology, 61(82): 154-163.

Liu A K, Cavalieri D J. 1998. On sea ice drift from the wavelet analysis of the Defense Meteorological Satellite Program(DMSP)Special Sensor Microwave Imager(SSM/I)data. International Journal of Remote Sensing, 19(7): 1415-1423.

Liu A K, Peng C Y. 1993. Ocean-ice interaction in the marginal ice zone. Hamburg, Germany: Proceedings of Second ERS-1 Symposium(Paris: European Space Agency).

Liu A K, Zhao Y, Wu S Y. 1999. Arctic sea ice drift from wavelet analysis of NSCAT and special sensor microwave imager data. Journal of Geophysical Research: Oceans, 104(C5): 11529-11538.

Liu W, Sheng H, Zhang X, et al. 2016. Sea ice thickness estimation in the Bohai Sea using geostationary ocean color imager data. Acta Oceanologica Sinica, 35(7): 105-112.

Lu P, Li Z, Cheng B, et al. 2011. A parameterization of the ice-ocean drag coefficient. Journal of Geophysical Research, 116: C07019.

Lund B, Graber H C, Persson P O G, et al. 2018. Arctic sea ice drift measured by shipboard marine radar. Journal of Geophysical Research: Oceans, 123(6): 4298-4321.

Luo Y, Huiding W U, Zhang Y, et al. 2004. Application of the HY-1 satellite to sea ice monitoring and forecasting. Acta Oceanologica Sinica, 23(2): 251-266.

Maeda T, Taniguchi Y, Imaoka K. 2016. GCOM-W1 AMSR2 Level 1R Product: Dataset of brightness temperature modified using the antenna pattern matching technique. IEEE Transactions on Geoscience and Remote Sensing, 54(2): 770-782.

Magruder L A, Neumann T A, Kurtz N T. 2021. ICESat-2 early mission synopsis and observatory performance. Earth and Space Science, 8(5): e2020EA001555.

Mäkynen M, Haapala J, Aulicino G, et al. 2020. Satellite observations for detecting and forecasting sea-ice conditions: a summary of advances made in the SPICES project by the EU's Horizon 2020 Programme. Remote Sensing, 12(7): 1214.

Marco T, Jeyavinoth J. 2016. A new operational snow retrieval algorithm applied to historical AMSR-E brightness temperatures. Remote Sensing, 8(12): 1037.

Marino A, Rulli R, Wesche C, et al. 2015. A new algorithm for iceberg detection with dual-polarimetric SAR data. Milan, Italy: 2015 IEEE International Geoscience and Remote Sensing Symposium.

Markus T, Cavalieri D J, Ivanoff A. 2002. The potential of using Landsat 7 ETM+ for the classification of sea-ice surface conditions during summer. Annals of Glaciology, 34: 415-419.

Mazur A K, Wåhlin A K, Krezel A. 2017. An object-based SAR image iceberg detection algorithm applied to the Amundsen Sea. Remote Sensing of Environment, 189: 67-83.

Meier W N, Dai M R. 2006. High-resolution sea-ice motions from AMSR-E imagery. Annals of Glaciology, 44: 352-356.

Meier W N, Hovelsrud G K, van Oort B E H, et al. 2014. Arctic sea ice in transformation: A review of recent observed changes and impacts on biology and human activity. Reviews of Geophysics, 52(3): 185-217.

Miao X, Xie H, Ackley S F, et al. 2015. Object-based detection of Arctic sea ice and melt ponds using high spatial resolution aerial photographs. Cold Regions Science and Technology, 119: 211-222.

Min C, Mu L, Yang Q, et al. 2019. Sea ice export through the Fram Strait derived from a combined model and satellite data set. The Cryosphere, 13(12): 3209-3224.

Morena L C, James K V, Beck J. 2004. An introduction to the RADARSAT-2 mission. Canadian Journal of Remote Sensing, 30(3): 221-234.

Muckenhuber S, Korosov A A, Sandven S. 2016. Open-source feature tracking algorithm for sea ice drift retrieval from sentinel-1 SAR imagery. The Cryosphere, 10(2): 913-925.

Nakamura K, Wakabayashi H, Uto S, et al. 2009. Observation of sea-ice thickness using ENVISAT data from LÜtzow-Holm Bay, East Antarctica. IEEE Geoscience & Remote Sensing Letters, 6(2): 277-281.

Nakayama Y, Ohshima K I, Fukamachi Y. 2012. Enhancement of sea ice drift due to the dynamical interaction between sea ice and a coastal ocean. Journal of Physical Oceanography, 42(1): 179-192.

Nansen F. 1902. Oceanography of the North Polar Basin//The Norwegian North Polar Expedition 1893-1896. New York: Greenwood Press: 1-427.

Nihashi S, Ohshima K I, Tamura T. 2017. Sea-ice production in Antarctic coastal polynyas estimated from AMSR2 data and its validation using AMSR-E and SSM/I-SSMIS data. IEEE Journal of Selected Topics in Applied Earth Observations & Remote Sensing, 10(9): 3912-3922.

Ninnis R M, Emery W J, Collins M J. 1986. Automated extraction of pack ice motion from advanced very high resolution radiometer imagery. Journal of Geophysical Research: Oceans, 91(C9): 10725-10734.

Oliver N, Rosario B, Pentland A P. 2000. A Bayesian computer vision system for modeling human interactions. IEEE Transactions on Pattern Analysis and Machine Intelligence, 22(8): 831-843.

Paul S, Hendricks S, Ricker R, et al. 2018. Empirical parametrization of ENVISAT freeboard retrieval of Arctic and Antarctic sea ice based on CryoSat-2: Progress in the ESA Climate Change Initiative. The Cryosphere, 12: 2437-2460.

Petrou Z I, Tian Y L. 2017. High-resolution sea ice motion estimation with optical flow using satellite spectroradiometer data. IEEE Transactions on Geoscience and Remote Sensing, 55(3): 1339-1350.

Petrou Z I, Xian Y, Tian Y L. 2018. Towards breaking the spatial resolution barriers: An optical flow and super-resolution approach for sea ice motion estimation. ISPRS Journal of Photogrammetry and Remote Sensing, 138: 164-175.

Petty A A, Hutchings J K, Richter-Menge J A, et al. 2016. Sea ice circulation around the Beaufort Gyre: The changing role of wind forcing and the sea ice state. Journal of Geophysical Research Oceans, 121(5): 3278-3296.

Petty A A, Kurtz N T, Kwok R, et al. 2020. Winter Arctic sea ice thickness from ICESat-2 freeboards. Journal of Geophysical Research: Oceans, 125(5): 125.

Porras A. 1969. Picture of the month: Observation of Icebergs from Satellites. Monthly Weather Review, 97(5): 405.

Queffeulou P, Chapron B. 1999. Comparing Ku-band NSCAT scatterometer and ERS-2 altimeter winds. IEEE Transactions on Geoscience and Remote Sensing, 37(3): 1662-1670.

Ramjan S, Geldsetzer T, Scharien R, et al. 2018. Predicting melt pond fraction on landfast snow covered first year sea ice from winter C-band SAR backscatter utilizing linear, polarimetric and texture parameters. Remote Sensing, 10(10): 1603.

Rampal P, Weiss J, Dubois C, et al. 2011. IPCC climate models do not capture Arctic sea ice drift acceleration: Consequences in terms of projected sea ice thinning and decline. Journal of Geophysical Research: Oceans, 116: C00D07.

Rawson R, Larson R, Shuchman R, et al. 1979. The capability of SAR systems for iceberg detection and characterization. Desalination, 29(1-2): 109-133.

Remund Q P, Long D G. 1999. Sea ice extent mapping using Ku band scatterometer data. Journal of Geophysical Research Oceans, 104(C5): 11515-11527.

Ricker R, Hendricks S, Helm V, et al. 2014. Sensitivity of CryoSat-2 Arctic sea-ice freeboard and thickness on radar-waveform interpretation. The Cryosphere, 8(4): 1607-1622.

Ricker R, Hendricks S, Kaleschke L, et al. 2017. A weekly Arctic sea-ice thickness data record from merged CryoSat-2 and SMOS satellite data. The Cryosphere, 11(4): 1607-1623.

Roca M, Laxon S, Zelli C. 2009. The ENVISAT RA-2 instrument design and tracking performance. IEEE

Transactions on Geoscience and Remote Sensing, 47(10): 3489-3506.

Rösel A, Kaleschke L, Birnbaum G. 2012. Melt ponds on Arctic sea ice determined from MODIS satellite data using an artificial neural network. The cryosphere,   6(2): 431-446.

Rosenqvist A, Shimada M, Ito N, et al. 2007. ALOS PALSAR: A pathfinder mission for global-scale monitoring of the environment. IEEE Transactions on Geoscience and Remote Sensing, 45(11): 3307-3316.

Rothrock D A, Yu Y, Maykut G A. 1999. Thinning of the Arctic sea ice cover. Geophysical Research Letters, 26(23): 3469-3472.

Sallila H, Farrell S L, McCurry J, et al. 2019. Assessment of contemporary satellite sea ice thickness products for Arctic sea ice. The Cryosphere, 13: 1187-1213.

Scharien R K, Hochheim K, Landy J, et al. 2014. First-year sea ice melt pond fraction estimation from dual-polarisation C-band SAR-Part 2: Scaling in situ to RADARSAT-2. The Cryosphere, 8(6): 2163-2176.

Schutz B E, Zwally H J, Shuman C A, et al. 2005. Overview of the ICESat mission. Geophysical Research Letters, 32(21): 97-116.

Sissala J. 1969. Observations of an Antarctic Ocean tabular iceberg from the Nimbus II satellite. Nature, 224(5226): 1285-1287.

Smith D M, Barrett E C, Scott J C. 1995. Sea-ice type classification from ERS-1 SAR data based on grey level and texture information. Polar Record, 31(177): 135-146.

Spreen G, Kwok R, Menemenlis D. 2011. Trends in Arctic sea ice drift and role of wind forcing: 1992-2009. Geophysical Research Letters, 38: L02502.

Tanaka Y, Tateyama K, Kameda T, et al. 2016. Estimation of melt pond fraction over high-concentration Arctic sea ice using AMSR-E passive microwave data. Journal of Geophysical Research: Oceans, 121(9): 7056-7072.

Tandon N F, Kushner P, Docquier D. 2018. Reassessing sea ice drift and its relationship to long-term Arctic sea ice loss in coupled climate models. Journal of Geophysical Research: Oceans, 123(6): 4338-4359.

Thorndike A S, Colony R. 1982. Sea ice motion in response to geostrophic winds. Journal of Geophysical Research Oceans, 87(C8): 5845-5852.

Tilling R, Kurtz N T, Petty A A, et al. 2020. Detection of melt ponds on Arctic summer sea ice from ICESat-2. Geophysical Research Letters, 47(23): e2020GL090644.

Tilling R L, Ridout A, Shepherd A. 2018. Estimating Arctic sea ice thickness and volume using CryoSat-2 radar altimeter data. Advances in Space Research, 62(6): 1203-1225.

Tschudi M A, Maslanik J A, Perovich D K. 2008. Derivation of melt pond coverage on Arctic sea ice using MODIS observations. Remote Sensing of Environment, 112(5): 2605-2614.

Tschudi M A, Meier W N, Stewart J S. 2020. An enhancement to sea ice motion and age products at the National Snow and Ice Data Center(NSIDC). The Cryosphere, 14: 1519-1536.

Wang J, Min C, Ricker R, et al. 2020. A comparison between Envisat and ICESat sea ice thickness in the Southern Ocean. The Cryosphere, 16: 4473-4490.

Wang M, Su J, Landy J, et al. 2020. A new algorithm for sea ice melt pond fraction estimation from high-resolution optical satellite imagery. Journal of Geophysical Research: Oceans, 125(10): 157-166.

Wang Y, Li X. 2020. Arctic sea ice cover data in high spatial resolution from spaceborne SAR by deep learning. Earth System Science Data, 13(6): 2723-2742.

Wang Z, Stoffelen A, Zou J, et al. 2020. Validation of new sea surface wind products from scatterometers onboard the HY-2B and MetOp-C satellites. IEEE Transactions on Geoscience and Remote Sensing, 58(6): 4387-4394.

Warren S G. 1982. Optical properties of snow. Reviews of Geophysics, 20(1): 67-89.

Warren S G, Rigor L G, Untersteiner N,et al. 1999. Snow depth on Arctic sea ice. Journal of Climate, 12(6): 1814-1829.

Wehr T, Attema E. 2001. Geophysical validation of envisat data products. Advances in Space Research, 28(1): 83-91.

Wesche C, Dierking W. 2012. Iceberg signatures and detection in SAR images in two test regions of the Weddell Sea, Antarctica. Journal of Glaciology, 58(208): 325-339.

Widell K, Østerhus S, Gammelsrød T. 2003. Sea ice velocity in the Fram Strait monitored by moored instruments. Geophysical Research Letters, 30(23): 1982.

Wingham D, Francis C, Bake S. 2006. CryoSat: A mission to determine the fluctuations in Earth's land and marine ice fields. Advances in Space Research, 37(4): 841-871.

Wright J, Peng Y G, Ma Y, et al. 2009. Robust principal component analysis: Exact recovery of corrupted low-rank matrices by convex optimization//Proceedings of Neural Information Processing Systems. Whistler: MIT Press: 1-19.

Xie H, Ackley S F, Yi D, et al. 2011. Sea-ice thickness distribution of the Bellingshausen Sea from surface measurements and ICESat altimetry. Deep Sea Research Part II Topical Studies in Oceanography, 58(9-10): 1039-1051.

Xu S, Zhou L, Wang B. 2020. Variability scaling and consistency in airborne and satellite altimetry measurements of Arctic sea ice. The Cryosphere, 14(2): 751-767.

Yackel J J, Nandan V, Mahmud M, et al. 2018. A spectral mixture analysis approach to quantify Arctic first-year sea ice melt pond fraction using QuickBird and MODIS reflectance data. Remote sensing of environment, 204: 704-716.

Yueh S H, Kwok R, Lou S H, et al. 1997. Sea ice identification using dual-polarized Ku-band scatterometer data. IEEE Transactions on Geoscience and Remote Sensing, 35(3): 560-569.

Zhang L, Liu H, Gu X, et al. 2019. Sea ice classification using TerraSAR-X ScanSAR data with removal of scalloping and interscan banding. IEEE Journal of Selected Topics in Applied Earth Observations and Remote Sensing, 12(2): 589-598.

Zhang Z, Yu Y, Li X, et al. 2019. Arctic sea ice classification using microwave scatterometer and radiometer data during 2002-2017. IEEE Transactions on Geoscience and Remote Sensing, 57(8): 5319-5328.

Zhou Z H, Li X D, Wright J, et al. 2010. Stable Principal Component Pursuit. Austin, TX: IEEE International Symposium on Information Theory.

第 5 章　北极洋面上空大气遥感信息提取技术

　　北极地区不仅是气候系统的重要组成部分，更是全球气候与环境变化的敏感区和关键区。北极海冰变化是气候变化的指示器。大气和云是海冰变化的重要影响因子之一，因此，对于大气、云的准确观测是研究北极气候变化的基石。因受到复杂下垫面特性和大气特性的影响，基于卫星遥感数据的高纬度极区大气参数反演一直以来是大气参数反演中的难点问题。本章基于卫星遥感数据，针对云、海雾和大气温度湿度廓线等北极洋面区域大气要素，开展了卫星遥感反演算法研究，并利用数值预报模式数据、同类卫星产品或地面观测数据对反演产品的精度进行评估。

　　本章 5.1 节介绍北极区域云量的时空分布特征，以及北极区域的云检测技术。5.2 节介绍利用卫星遥感资料获取的北冰洋海雾/层云的图像特征、辐射特征、纹理特征等遥感影像特征，并对北冰洋海雾/层云的卫星遥感探测算法及精度评估结果进行介绍。5.3 节分别介绍基于无线电掩星探测和红外高光谱探测两种仪器载荷观测数据在极区的温度湿度廓线反演技术，内容包含数据处理、反演算法的构建以及反演精度评估。

5.1　云检测技术

　　极区云量变化对于区域及全球气候具有重要影响。在极区气候研究过程中，云的辐射特性是重要的研究课题，而极区云检测则是最初需要解决的关键技术问题。极区位于高纬地区，具有低太阳高度角，且地表常年被大量冰雪覆盖，是一直以来云检测领域的难点所在。我国对于极区云检测的研究较为薄弱，多借鉴国际上较为成熟的阈值检测方案并结合图像特征辅助及统计分类方法来开展极地云区的检测工作。对于极区来说，其特殊的地理位置及气候特征使得极区云具有独特的时空分布特性，本书希望通过结合星载激光雷达数据，对目前云检测算法中所涉及的主流极区云检测光谱检测方案进行分析评估，设计优化组合方案，构建适用于高纬地区的云检测算法。

5.1.1　云的多光谱特征分析

1. 基于 APP-x 数据的云多光谱特征分析

　　研究数据集主要涉及两种，第一种为 APP-x（extended AVHRR polar pathfinder）数据集中北极地区云检测数据及地表类型数据；第二种为 APP（AVHRR polar pathfinder fundamental climate data record）基础气候数据集中通道亮温及反照率观测数据（Key et al.，2016）。通道亮温及反照率数据共包含5个通道（0.58～0.68 μm、0.725～1.0 μm、3.55～3.93 μm、10.3～11.3 μm、11.5～12.5 μm）。这两类数据集均采用同样的投影方式，即EASE-Grid投影，共包含两个时次04LST及14LST。但投影分辨率不同，两类数据集分别由1805个×1805个及361个×361个格点组成，需经过预处理后才可匹配使用。采用重采样的办法，将1805个×1805个格点数据每隔5个格点进行采样，重采样后格点变为361个×361个，经测试与另一数据集经纬度差异为–0.005°～0.005°。采用2016年全年的数据进行初步分析。

图5-1为晴空条件下不同地表类型所对应的通道亮温观测极值及均值月分布情况。图5-1（a）～图5-1（c）分别对应通道3.55～3.93μm、10.3～11.3μm、11.5～12.5μm分布特征。以3.55～3.93μm通道为例，从图5-1来看，该通道不同地表类型极值分布范围出现明显差异，其中积雪及陆表亮温分布范围相对较宽，为200～350K。对于海表（非陆表）及冰盖而言，亮温分布范围略小，为225～325K。从月变化来看，整体上北半球夏季亮温均值偏高，冰盖及陆表月变化较为明显，积雪及海表均值月变化较平稳。对于另外两个通道来说，整体上极值及均值分布与通道3.55～3.93μm较为相似。

图5-2为云条件下不同地表类型所对应的通道亮温观测极值及均值月分布情况。图5-2（a）～图5-2（c）分别对应通道3.55～3.93μm、10.3～11.3μm、11.5～12.5μm分布特征。同样以3.55～3.93μm通道为例，可以看出，有云情况下不同地表类型通道亮温极小值基本稳定，约200K。不同地表类型极大值之间存在一定的特征差异，其中陆表极大值月变化较小，海表、冰盖及积雪地表有云情况下通道亮温极大值有明显的月变化，4～5月及11～12月极大值较其他月份偏大。从均值来看，整体上北半球夏季亮温均值偏高，冰盖及陆表月变化较为明显，积雪及海表均值月变化较平稳。对于10.3～11.3μm及11.5～12.5μm通道来说，四种地表类型均值月变化较小。从极值来看，极小值基本稳定在200K上下，极大值北半球夏季略偏高，与冰盖及积雪地表相比，海表及陆表极大值月变化幅度略大。

图5-3为晴空及云条件下不同地表类型不同通道亮温均值对比情况。对于3.55～3.93μm来说，一般情况下晴空像元亮温均高于云像元亮温，但对于冰盖地表，1～8月云像元亮温均高于晴空像元亮温。对于积雪地表，只有10月晴空像元亮温略高于云像元，其余月份云像元亮温偏高。10.3～11.3μm通道与11.5～12.5μm通道情况较为相似，以10.3～11.3μm通道为例来进行说明。对于海表和陆表而言，晴空像元与云像元亮温在窗区通道有明显的差异，而对于冰盖和积雪地表来说，晴空像元及云像元的窗区通道亮温在北半球夏季差异较为明显，而在北半球冬季亮温均值较为相似，难以区分。

图5-4（a）及图5-4（b）为晴空及云条件下红外分裂窗通道亮温差值的极值及均值月分布情况。从图5-4中可以看出，晴空条件下，红外分裂窗通道亮温差值极值上下限月变化较为明显，其中上限在北半球夏季偏高，下限则略偏低。而对于云来说，红外分裂窗通道亮温差值上限基本保持稳定，下限变化无特殊规律。图5-4（c）为晴空及云条件下不同地表类型红外分裂窗通道差值均值对比情况。对于四种地表来说，云像元红外分裂窗通道亮温差值均高于晴空像元亮温差值，且呈现不同的月变化特征。对于海表来说，

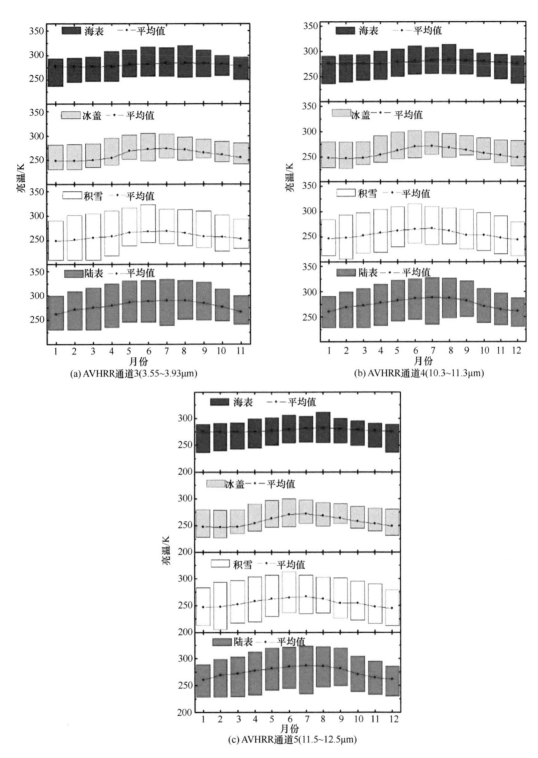

图 5-1　不同地表类型通道晴空像元亮温极值及均值月分布情况

柱状图上下限代表亮温极大值及极小值；点线代表通道亮温平均值

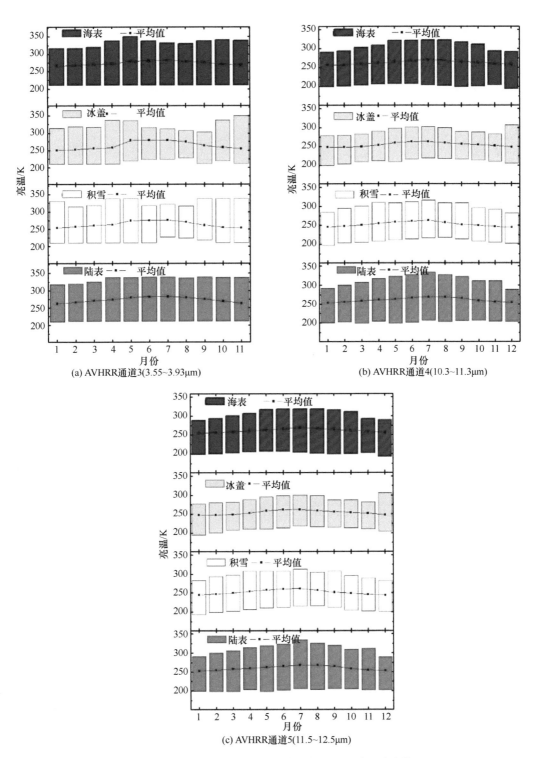

(a) AVHRR通道3(3.55~3.93μm)

(b) AVHRR通道4(10.3~11.3μm)

(c) AVHRR通道5(11.5~12.5μm)

图 5-2　不同地表类型通道云像元亮温极值及均值月分布情况

柱状图上下限代表亮温极大值及极小值；点线代表通道亮温平均值

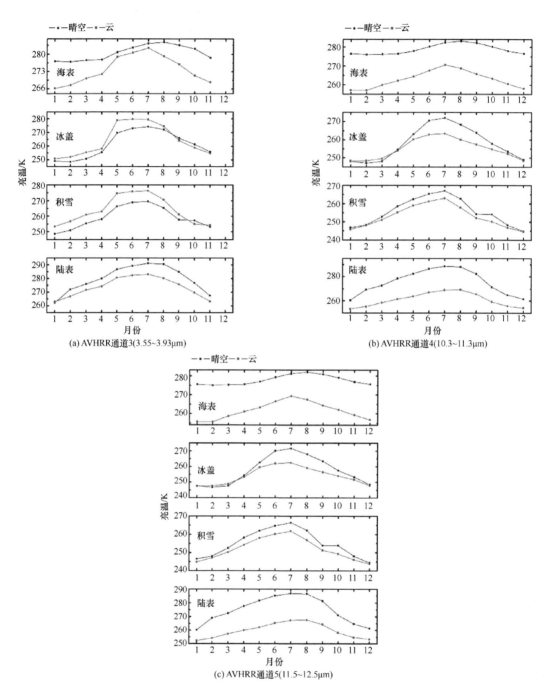

(a) AVHRR通道3(3.55~3.93μm)

(b) AVHRR通道4(10.3~11.3μm)

(c) AVHRR通道5(11.5~12.5μm)

图5-3 不同地表类型通道晴空及云像元亮温均值对比情况

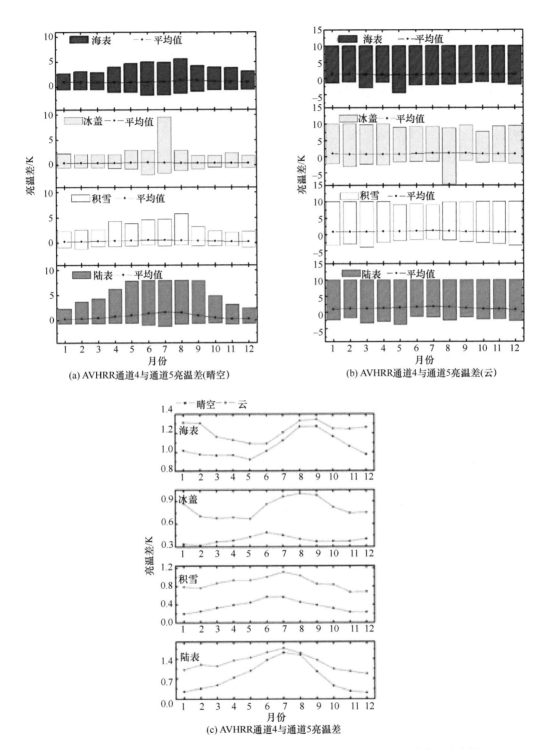

图 5-4　晴空（a）和云（b）像元红外分裂窗通道亮温差值的极值、均值月分布情况
及晴空和云像元不同地表类型红外分裂窗通道亮温差值均值对比情况（c）
柱状图上下限代表差值极大值及极小值；点线代表亮温差值平均值

云及晴空 6～10 月红外分裂窗通道亮温差值之间差距减少，云像元亮温差值比晴空像元亮温差值高约 0.1K，11 月至次年 5 月，云像元和晴空像元红外分裂窗通道亮温差值大于 0.2K。对于陆表来说，云像元及晴空像元红外分裂窗通道亮温差值之间的差距在北半球夏季减小、冬季增大。对于冰盖，晴空像元红外分裂窗通道亮温差值基本稳定在 0.3～0.45K，而云像元红外分裂窗通道亮温差值则在 0.6～1.0K，且二者差距在北半球夏季更为明显。对于积雪来说，晴空像元及云像元的红外分裂窗通道亮温差值之间的差距基本稳定在 0.4～0.6K。

2. 基于 FY-3D 数据的云多光谱特征分析

采用云–气溶胶激光雷达与红外探路者卫星观测（cloud-aerosol lidar and infrared pathfinder satellite observation，CALIPSO）、FY-3D/MERSI-II（medium resolution spectral imager-II）数据，经时空匹配后进行云检测方案的评估工作。CALIPSO 星载大气探测激光雷达卫星积累了大量的气溶胶和云垂直观测廓线数据（Winker et al.，2007，2009），这对于全球云与气溶胶的相关观测研究具有重要意义。研究使用的数据主要是 CALIPSO1km 分辨率的 2 级云层产品（含云分层高度信息）。具体数据说明请参阅 https://www-calipso.larc.nasa.gov。风云三号（FY-3）气象卫星是我国第二代极轨气象卫星，其中风云三号 D 星（FY-3D）于 2017 年 11 月发射，搭载于其上的中分辨率光谱成像仪 II 型（medium resolution spectral imager-II，MERSI-II）是 FY-3D 的主要载荷之一。MERSI-II 共设置 25 个通道，包括 16 个可见光–近红外通道、3 个短波红外通道及 6 个中长波红外通道。本研究中主要采用 MERSI-II 红外通道亮温数据进行云检测模型相关研究，空间分辨率统一采用 1km。本研究所涉及的 MERSI-II 通道（后文通道简称 CH）及其性能参数如表 5-1 所示，其中 CH20 和 CH21 位于中波红外区，白天不仅有发射辐射，还有反射辐射信息。CH22 位于水汽吸收区，CH24 是大气窗区通道，CH25 是大气分裂窗通道，有少量水汽吸收。

表 5-1　研究涉及的 MERSI-II 相关通道及其性能参数

通道号	中心波长/μm	光谱带宽/nm	空间分辨率/m	动态范围/K
20	3.8	180	1000	200～350
21	4.050	155	1000	200～380
22	7.2	500	1000	180～280
23	8.550	300	1000	180～300
24	10.8	1000	250	180～330
25	12.0	1000	250	180～330

针对北极地区，研究选取区域控制在 65°N 以北高纬度地区。像元之间匹配时间差异小于 5 min，空间考虑最邻近点进行匹配。考虑匹配计算量较大，季节变化及不同地表类型情况的代表性，选取 FY-3D 2019 年 1 月、4 月、7 月、10 月四个月中每月前 10 天数据进行匹配。

地表分类采用 CALIPSO 二级云层产品中国际地圈–生物圈计划（International

Geosphere-Biosphere Programme，IGBP），同时结合 SNOW 和 ICE 分类结果。其中，SNOW 和 ICE 分类结果来自美国国家冰雪数据中心准实时数据。结合两种分类数据，研究中将地表分为海洋、陆表、海冰、永久冰川、积雪五类。当 CALIPSO 二级云层产品中云层分层计数值大于 0 时，将该像元认为是云像元，反之将该像元认为是晴空像元。

已有研究显示，对于北极地区常见的云检测方案主要涉及红外通道的亮温（BT）及通道间亮温差（BTD），包括 BT10.8、BT7.2、BTD3.8-12、BTD10.8-3.8、BTD8.55-10.8，其中数字代表通道的中心波长。此外，研究发现，BTD3.8-4.05 对于积雪地表云检测效果显著，因此重点针对这六种检测方案进行评估分析。

采用 CALIPSO 及 MERSI-II 匹配数据，对检测方案分季节进行评估。分别针对白天及夜间每一种地表类型不同检测方案进行统计，形成晴空及云像元光谱检测方案分季节概率密度函数（probability density function，PDF）分布情况，用以评估检测方案的有效性。

由于 PDF 分布图像较为繁杂，无法一一展示，仅以白天海冰地表为例进行分析。图 5-5～图 5-7 为白天海冰地表的六种云检测方案不同季节 PDF 分布情况，其中黑色线条代表晴空像元点分布情况，蓝色线条代表云像元点分布情况。对于白天海冰地表来说，BTD3.8-4.05、BTD3.8-12、BTD10.8-3.8 这些检测对于晴空和云的区别较为有效。对于 BTD3.8-4.05 及 BTD3.8-12 来说，晴空像元峰值亮温差接近于 0，而云像元峰值亮温相比偏高，且从分布形状来看，晴空峰值区分布较窄，而云翼区分布较广。晴空像元与云像元之间存在部分交叠。从季节变化来看，晴空像元峰值亮温差基本稳定，云峰值亮温差在 4 月及 7 月略高于 10 月。

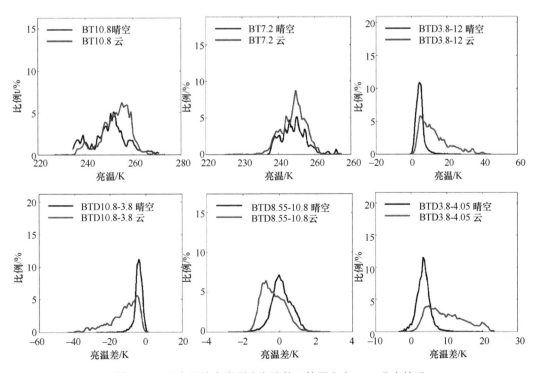

图 5-5　4 月白天地表类型为海冰的云检测方案 PDF 分布情况

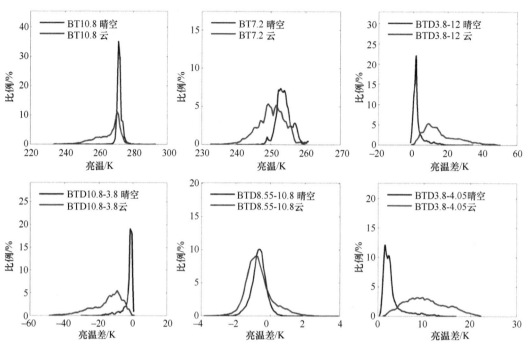

图 5-6　7 月白天地表类型为海冰的云检测方案 PDF 分布情况

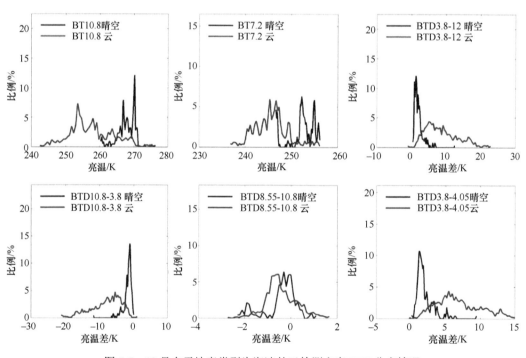

图 5-7　10 月白天地表类型为海冰的云检测方案 PDF 分布情况

对于 BT10.8 来说,晴空像元分布与云像元分布存在较大的交叠,4 月及 7 月较难区分,但 10 月效果较佳。对于 BTD10.8-3.8 来说,晴空分布峰值仍然位于 0 附近,而云亮温差分布基本为负值,同样的晴空峰值区分布较窄,云整体分布较广。不同季节之间,晴空峰值基本稳定,10 月云峰值略高。

5.1.2 多光谱云检测方法

1. 北极地区云检测方案优化阈值

对于阈值检测技术而言,阈值的设定尤为重要,其可直接影响到后续云检测结果的准确程度。大部分云检测算法中阈值的确定主要基于实测光谱数据,也有对图像数据进行分析试验得到的经验性阈值。本研究采用 CALIPSO 观测进行阈值优化。CALIPSO 能够直接清晰地观测各高度的云,故可以用来帮助理解云检测方案的表现。相对于其他许多云检测算法利用辐射传输模式的模拟结果来定义云检测方案的阈值,利用实际观测的云信息来定义云检测方案阈值,既可以优化阈值确定,又可以弥补数值模拟可能无法捕捉实际大气中的一些真实情况的缺陷。

在优化云检测阈值时所用资料在 5.1.1 节中已给出详细介绍,包括 FY-3D/MERSI-II 数据和 1km 分辨率的 CALIPSO L2 云层产品(含云分层高度信息)数据。通过观察北极地区云检测方案概率分布特征,发现对于云检测方案来说,云与晴空的 PDF 分布均存在一定程度的交叠,为确定最优阈值,引入损失率 f(Wang et al.,2013),其定义如下:

$$f = \frac{A_b}{A} + \frac{B_a}{B} \tag{5-1}$$

式中,A 及 B 分别代表待区分不同类型像元的总数目;A_b 代表实际为 A 经阈值 T 检测后误判为 B 的像元数目;B_a 则代表实际为 B 但经阈值 T 检测后误判为 A 的像元数目。随着 T 值在交叠区域范围内的不断变化,损失率 f 也随之变化。当损失率 f 达到最小时,所对应的阈值即最终的阈值 T。

2. 云检测算法构建

研究采用 FY-3D/MERSI-II 2020 年 4 月及 6 月(每月 1 日、10 日、20 日三天)的数据进行北极地区云检测方案的有效性评估。经前期筛选共涉及 6 类云检测方案,包括 BT10.8、BT7.2、BTD3.8-12、BTD10.8-3.8、BTD8.55-10.8、BTD3.8-4.05。同样使用 CALIPSO 1km 分辨率的 2 级云层产品作为真值进行评估。评估参数涉及云像元判识准确率(PODcld)、晴空像元判识准确率(PODclr)、云检测产品判识准确率(HR)(Karlsson and Dybbroe,2010)等,具体定义如下。

云像元判识准确率 PODcld:

$$PODcld = \frac{a}{a+b} \tag{5-2}$$

晴空像元判识准确率 PODclr:

$$\text{PODclr} = \frac{d}{c+d} \tag{5-3}$$

云检测产品判识准确率 HR:

$$\text{HR} = \frac{a+d}{a+b+c+d} \tag{5-4}$$

式中，a 代表 FY-3D 及 CALIPSO 云检测产品均为云的像元点；d 代表 FY-3D 及 CALIPSO 云检测产品均为晴空的像元点；b 代表 FY-3D 判识为晴空而 CALIPSO 云检测产品判识为云的像元点；c 代表 FY-3D 判识为云而 CALIPSO 云检测产品判识为晴空的像元点。POD 参数常用于云检测算法精确性的评估，较高的 POD 数值代表高质量的云检测结果，HR 参量则是对云检测算法准确度的整体性评估，数值越高代表云检测结果越准确。

表 5-2 列出云检测方案的具体评估结果。从表 5-2 中评估结果可以看出，6 种检测方案对于云及晴空检测有效性有较大的差异，其中 BTD3.8-12、BTD10.8-3.8 的 PODcld 均达到 0.9 以上，而 BT10.8、BT7.2 则相对表现较差。在晴空准确性方面，除 BTD8.55-10.8 的 PODclr 相对较低（<0.5），其他检测表现相当。

表 5-2　FY-3D 云检测方案评估结果

检测方案	PODclr	PODcld	HR
BT10.8	0.822	0.363	0.503
BT7.2	0.736	0.569	0.620
BTD3.8-12	0.717	0.926	0.862
BTD10.8-3.8	0.709	0.924	0.858
BTD8.55-10.8	0.405	0.691	0.604
BTD3.8-4.05	0.717	0.877	0.828

依据云检测方案评估结果，对云检测算法进行优化组合。主要采用检测结果权重的方法，即予以检测效果较好的方案较高的权重，反之检测结果略差的方案权重较低，综合组合后得到最终的云检测结果置信度，依据置信度给出最终的云检测结果。

云检测方案权重的选择有三种方式，分别以 PODcld、PODclr 及 HR 为基础，可得到三种不同的权重分配。每一个检测的权重数值，通过将 PODcld、PODclr 及 HR 归一化计算得到。具体的权重数值如表 5-3 所示。

表 5-3　云检测方案权重分配情况

检测方案	PODclr	PODcld	HR
BT10.8	0.200	0.083	0.117
BT7.2	0.179	0.130	0.145
BTD3.8-12	0.174	0.212	0.201

检测方案	PODclr	PODcld	HR
BTD10.8-3.8	0.172	0.212	0.200
BTD8.55-10.8	0.098	0.158	0.141
BTD3.8-4.05	0.174	0.201	0.193

依据权重函数，可以构建三种云检测算法，并得到三种云检测最终结果。

图 5-8 给出三种权重函数计算后得到的最终置信度分布情况，个例时间（UTC）为 2020 年 6 月 1 日 4 时 15 分。从图 5-8 中可以看出，依据三种权重函数给出的最终置信度分布有一定的差异。以图中矩形框标记区域为例，基于 PODclr 构建的权重函数得到的置信度略偏低，基于 PODcld 构建的权重函数获得的置信度则偏高，而基于 HR 获得的置信度在两者之间。由于置信度不同，部分区域在最终云检测给出的结果有所不同。

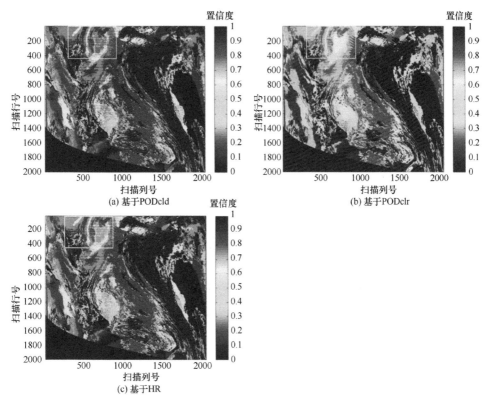

图 5-8　三种权重函数计算后得到的最终置信度（2020 年 6 月 1 日 4 时 15 分）

根据计算得到的置信度结果，将云检测最终输出为四类，分别为：云（置信度 0.75～1）、可能云（置信度 0.5～0.75）、可能晴空（置信度 0.25～0.5）、晴空（置信度 0～0.25）。同样以 2020 年 6 月 1 日 4 时 15 分为例，图 5-9 为最终云检测结果。从图 5-9 中可以看到，大部分置信度高的晴空和云基本保持一致，可能晴空和可能云区域略有不同，图 5-8 中矩形框标记区域由云（基于 PODcld）变为可能云（基于 PODclr 和 HR）。此外，图 5-9 中圆形标记区域部分晴空（基于 PODcld）变为可能晴空（基于 PODclr 和 HR）。

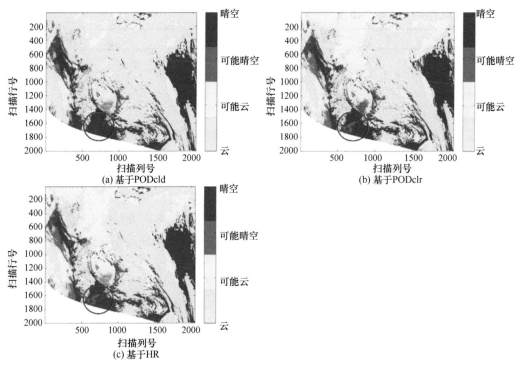

图 5-9 云检测结果展示（2020 年 6 月 1 日 4 时 15 分）

5.2 海雾/层云识别技术

在全球气候变暖大背景下，北极地区的海冰逐渐融化，使得北冰洋可能实现夏季单季的长期性通航，成为一条连接东北亚与欧洲和北美洲的海上捷径。北极地区气候恶劣、天气多变，海雾/层云是影响北极地区航空、航海和科学考察安全的重要灾害性天气现象之一，加强对其的研究对北冰洋的航行安全保障至关重要。本节的主要内容是：①利用被动光学卫星遥感资料，分析北冰洋海雾/层云的图像特征、辐射特征、纹理特征等遥感影像特征；②构建北冰洋海雾/层云的卫星遥感探测算法，结合星载激光雷达和现场观测资料对所构建的探测算法开展精度评估。

5.2.1 海雾/层云的遥感影像特征

卫星影像是利用人造卫星上搭载的传感器，以自下而上的方式对大气层及地球表面进行观测所形成的图像，对于云雾来说，常用的卫星影像包括可见光影像和红外影像。

可见光影像中的信号是卫星上可见光探测器探测到的地物对太阳光的反射，因此探测器只能在白天使用，夜间无法使用。云雾层在可见光影像中通常呈现为白色，其亮度的高低反映了云雾层对太阳光的反射能力强弱，比较厚的云雾层反射能力强，在可见光影像中呈亮白色，较薄的云雾层由于受海面、地面等背景地物的影响而呈现灰白色（肖艳芳等，2017；张苏平和鲍献文，2008）。需要注意的是，地物对太阳光的反射除了受地物本身性质的影响外，还与太阳的高度角以及卫星的观测角度有关，尤其是北极地区，较低的太阳高度角会严重影响可见光影像的质量，造成同一景影像中明暗不均的现象。在可见光卫星影像上，海雾/层云通常表现为纹理细腻、边界整齐清晰平滑，受地表的影响大，常常沿着山脉、河流、海岸线或一条低空切变线突然结束（Fu et al.，2006；Gao et al.，2007）。云团通常会呈现明显的、有组织的对流结构，纹理粗糙，边缘不清晰。图 5-10（a）为 2009 年 5 月 7 日美国 NASA Aqua 卫星上搭载的中分辨率成像光谱仪（MODIS）拍摄的鄂霍茨克海一次典型海雾的假彩色图像，可以看出，雾区的纹理较细腻，雾区西侧与日本东侧海岸线吻合度非常好。

红外影像的信号是卫星上红外辐射计探测到的地物热辐射，热辐射与太阳无关，因此白天和夜间均可使用。红外影像的亮度可大致反映云雾层的层顶温度，云雾层温度越低，红外影像中的值越高，色调越呈现白色（刘健等，1999）。

除可见光和红外影像外，星载激光雷达也可以进行云雾的探测（Wu et al.，2015；Xiao et al.，2019；Yi et al.，2023），不同的是，星载激光雷达向地面发射激光脉冲，通过获取大气层对激光信号的后向散射系数实现对大气层的分层探测，水平空间上并不成像。云雾层由相对大气分子更大的液/固水滴组成，对激光信号的后向散射更高，通过这一特征可以识别大气层中云雾层。

海雾的本质是接地的云，因此在星载激光雷达 CALIOP 垂直特征掩膜（vertical feature mask，VFM）产品中可以通过这一特征进行海雾的识别。图 5-10（a）中的蓝线为 CALIOP 的运行轨迹，CALIOP 与 MODIS 同属"午后列车"系列卫星，过境时间相差几十秒，可认为是同步观测。图 5-10（b）为 CALIOP 二级产品 VFM 的云类型信息，图 5-10（b）中图例 1 为清洁大气，2 为云，3 为气溶胶，4 为平流层，5 为表层，6 为次表层，7 为因信号被全吸收而导致的无信号区，可以看出，雾区标记为云，但接地。图 5-10（c）为 CALIOP 二级产品 VFM 的云相态结果，图 5-10（c）中图例 1 为冰相态（随机定向冰晶），2 为水相态，3 为冰相态（水平定向冰晶），可以看出雾滴相态为水相态。图 5-10（d）为 CALIOP 二级产品 VFM 的云相态质量标识，图 5-10（d）中图例 1 为低质量，2 为中等质量，3 为高质量，大部分雾区的质量标识为高质量，少量为中等质量。图 5-10（e）为 CALIOP 二级产品 VFM 中云的二级分类，图 5-10（e）中图例 0 为低空透光层云，1 为低空蔽光层云，2 为层积云，3 为低空积云，4 为高积云，5 为高层云，6 为卷云，7 为深对流云。可以看出，雾区主要标记为低空蔽光层云（low overcast，opaque），少量标记为低空透光层云（low overcast，transparent），都属于层云的范畴。

遥感影像的纹理分析能较好地兼顾图像宏观性质与局部细节。从影像上看，海雾边界清晰，纹理较为均匀；云的纹理相对粗糙。基于 MODIS 卫星影像，利用灰度共生矩阵计算了海雾/层云、低云、中高云等地物在 MODIS 各可见光-近红外和红外通道的多个纹理参数，包括对比度（contrast）、能量（energy）、熵（entropy）、相关性（correlation）、差异性（dissimilarity）、一致性（homogeneity）、均值（m）和方差（σ^2）等。图 5-11 是海雾/层云、低云和中高云在 MODIS 可见光-近红外通道（C1：620～670nm，C2：841～876nm，C3：459～479nm，C4：545～565nm，C5：1230～1250nm，C7：2105～2135nm，C17：890～920nm，C18：931～941nm，C19：915～965nm）的纹理特征参数统计结果，从结果中可以看出，其中对比度、熵、差异性和一致性对海雾/层云和低云、中高云具有较好的可区分性。图 5-12 是海雾/层云、低云和中高云在 MODIS 中红外和热红外通道（C20：3.660～3.840μm，C21：3.929～3.989μm，C22：3.929～3.989μm，C23：4.020～4.080μm，C24：4.433～4.498μm，C25：4.482～4.549μm，C27：6.535～6.895μm，C28：7.175～7.475μm，C29：8.400～8.700μm，C30：9.580～9.880μm，C31：10.780～

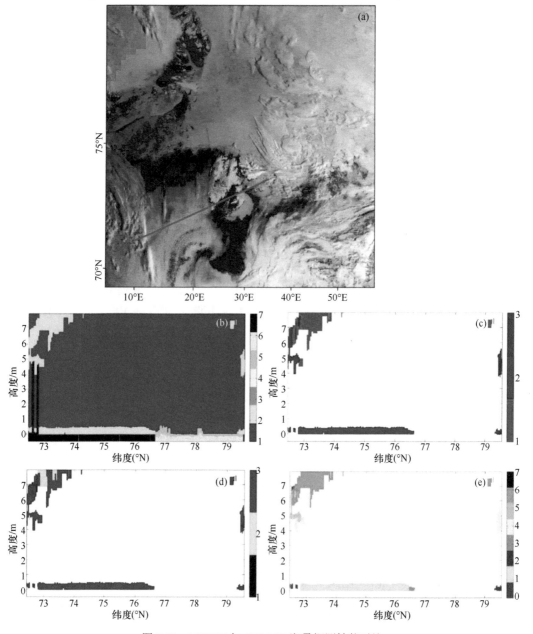

图 5-10 MODIS 与 CALIOP 海雾探测性能对比

（a）2009 年 5 月 7 日格陵兰海一次大雾事件，底图为 MODIS 假彩色合成影像，蓝线为星载激光雷达 CALIOP 的地面轨迹；（b）CALIOP VFM 产品的大气垂直分类结果；（c）CALIOP VFM 产品的云相态结果；（d）CALIOP VFM 产品的云相态质量标识；（e）CALIOP VFM 产品的云分类结果

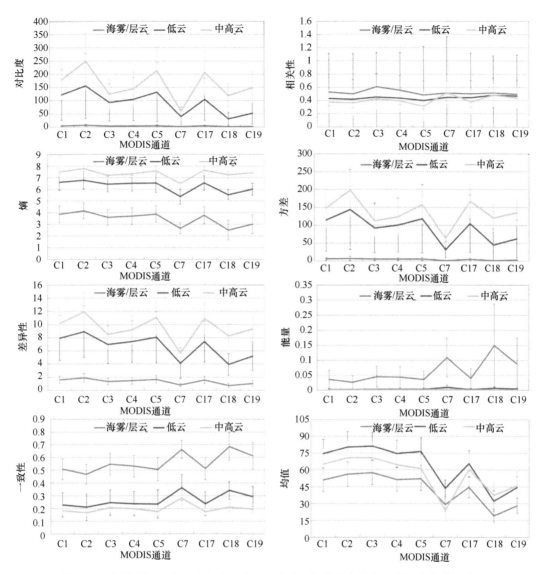

图 5-11　海雾/层云、低云和中高云在可见光和近红外波段的纹理特征参数统计结果

11.280μm，C32：11.770～12.270μm，C33：13.185～13.485μm，C34：13.485～13.785μm，C35：13.785～14.085μm，C36：14.085～14.385μm）的纹理特征参数统计结果，从结果中可以看出，海雾/层云与低云在红外通道的纹理特征非常相似，难以区分。

5.2.2　海雾/层云的辐射特征

基于 MODIS 卫星影像，分析北极地区主要地物的辐射特征差异。图 5-13 为北极地区主要地物在 MODIS 可见光–近红外通道的反射率差异，以及中红外和热红外通道

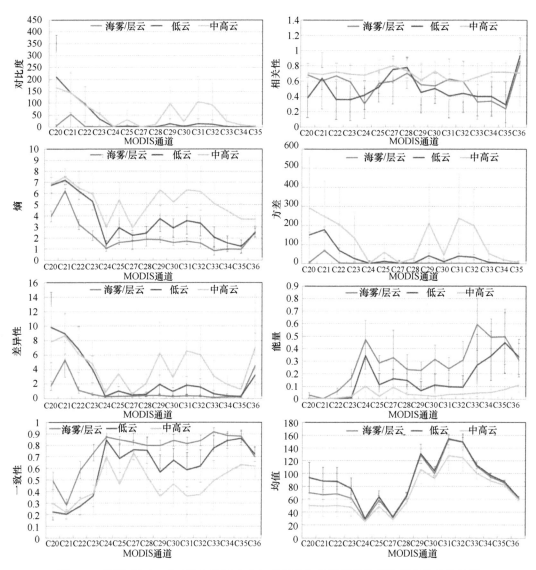

图 5-12 海雾/层云、低云和中高云在中红外和热红外波段的纹理特征参数统计结果

的辐亮度差异。从图 5-13 中可以看出，在可见光和近红外通道，海水的反射率最低，各个通道反射率的标准差也较小，可以较为容易地利用单通道（如通道 1、2 等）阈值法将海水与其他地物区分。与云雾相比，海冰和积雪在通道 7 具有较低的反射率，因此可利用通道 7 实现海冰和积雪的检测。中高云通常具有较高的反射率和较低的红外辐射值，但海雾/层云与低云在可见光和近红外通道的反射率值和光谱曲线形状，以及红外通道辐亮度值和曲线形状上都非常相似。

基于 SBDART 大气辐射传输模型，模拟了太阳天顶角为 60°时海雾/层云、低云和中高云在 MODIS 可见光–近红外和红外通道的反射率和红外辐射特征，结果如图 5-14

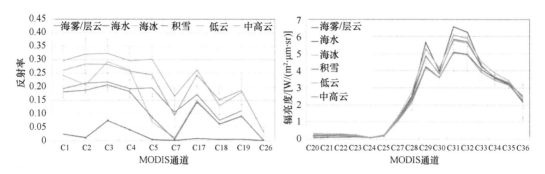

图 5-13　北极主要地物类型在 MODIS 各通道的反射和辐射特性

左：可见光和近红外通道反射率；右：中红外和热红外通道辐亮度

所示。模拟结果与基于真实卫星影像统计得到的辐射特征相似，这也进一步证明了仅利用辐射特征难以进行海雾/层云、低云和中高云的有效区分。

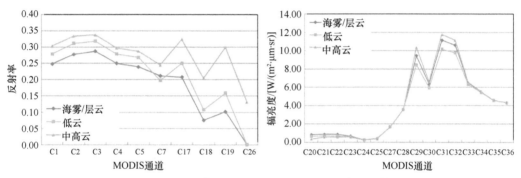

图 5-14　SBDART 模拟的海雾/层云、低云和中高云辐射特征

左：可见光和近红外；右：中红外和热红外

5.2.3　基于随机森林的 MODIS 北极海雾/层云识别算法及检验

1. 基于随机森林的 MODIS 北极海雾/层云探测算法

随机森林是由美国科学家 Breiman（2001）发表的一种人工智能机器学习算法，是面向对象影像分析的一种常用的分类方法，在包括岩性识别、农作物精细分类、城市土地利用和云检测等应用中都取得了不错的效果（Belgiu and Drăguţ，2016；Colditz，2015；Ghasemian and Akhoondzadeh，2018）。

在分析海雾/层云、低云、中高云、晴空海表、冰雪等地物类型的图像和辐射特征的基础上，基于 MODIS 卫星影像的可见光和红外波段，构建了基于多个随机森林模型的分步式海雾/层云遥感识别算法，具体步骤如下：

（1）利用 MODIS 的 C1、C5 和 C7 的反射率信息构建包含低云、海雾、中高云、海水、海冰和积雪六类地物的随机森林 RF1（50 棵树），利用该随机森林将影像分为晴空海表区、冰雪区和云区（包含低云、海雾和中高云）；

（2）利用 MODIS 的 C29、C31 和 C32 的发射率信息构建包含低云、海雾、中高云三类地物的随机森林 RF2（50 棵树），利用该随机森林将云区分为中高云区和低云区（包含低云和海雾）；

（3）利用 MODIS 的 C1、C2、C5、C7 和 C17 的纹理信息（方差）构建包含低云和海雾两类地物的随机森林 RF3（50 棵树），利用该随机森林实现对低云和海雾的区分；

（4）将结果中的碎小斑块合并，得到最终的海雾/层云探测结果。

2. 随机森林 MODIS 北极海雾/层云探测算法检验

分别利用北极地区（60°N～90°N）的 ICOADS 现场观测数据集和星载激光雷达 CALIOP 的海雾检测结果，对随机森林 MODIS 北极海雾/层云探测算法进行精度验证和评估。

用于算法评估与检验的海雾观测点为 ICOADS 中记录为海雾天气且上方无云覆盖的观测点（上方有云层覆盖的海雾无法用被动光学卫星观测到，这是海雾探测算法评估中需要规避的一类）。由于 ICOADS 的现场观测是近地面观测，因此无法确定海雾雾顶之上是否还有云层覆盖，利用星载激光雷达 CALIOP 与 Cloudsat 的 L2 级云分类融合产品进行辅助，该数据中包含垂直方向上各云层的层顶和层底高度、云层类型、覆盖度等信息。

采用如下步骤获取 ICOADS 中用于算法评估与检验的海雾观测点：首先，利用 ICOADS 的能见度标识 VV 和天气标识 WW，从北冰洋全部的观测数据中筛选出海雾观测点；其次，将所筛选出的海雾观测点与星载激光雷达数据进行匹配，得到匹配时间窗口为 ±12 h，空间窗口为 0.2°×0.2°，且星载激光雷达 CALIOP 与 Cloudsat 的 L2 级云分类融合产品显示为单层云的海雾观测点。经过上述处理，共得到 198 个无云覆盖的海雾观测点，涉及 171 次海雾事件，时间跨度为 2007～2016 年（表 5-4），观测时间主要集中在 6～9 月（表 5-5），空间分布如图 5-15 所示。

表 5-4 ICOADS 数据集中用于验证与评估的海雾点年际分布

	2007 年	2008 年	2009 年	2010 年	2011 年	2012 年	2013 年	2014 年	2015 年	2016 年
观测点数	16	15	28	49	0	22	24	22	12	10

表 5-5 ICOADS 数据集中用于验证与评估的海雾点月际分布

	6 月	7 月	8 月	9 月
观测点数	26	68	83	21

非海雾观测点同样来自 ICOADS 数据集，选取天气标识 WW 为非海雾，以及能见度标识 VV 高于 94 的观测点为非海雾观测点，包括有云覆盖和晴空两种情况。由于 ICOADS 数据集中的非海雾观测点非常多，仅从 2010～2015 年 ICOADS 的非海雾观测点中随机选取 560 个（表 5-6）用于算法检验。另外，考虑到云的变化速度较快，为了保证卫星观测与地面观测的一致性，所选择的非海雾观测点需要满足地面观测时间与卫星观测时间在 ±2 h 以内，非海雾观测点的空间分布如图 5-16 所示。

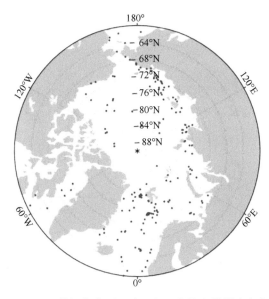

图 5-15　ICOADS 数据集中用于验证与评估的海雾样本点空间分布

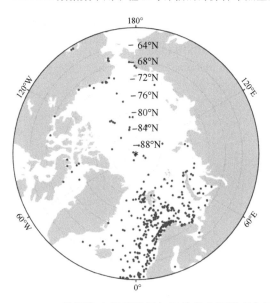

图 5-16　ICOADS 数据集中用于验证与评估的非海雾点空间分布

表 5-6　ICOADS 数据集中用于验证与评估的非海雾点年际分布

	2010 年	2011 年	2012 年	2013 年	2014 年	2015 年
观测点数	142	137	130	40	74	37

　　星载激光雷达 CALIOP 数据可以获取高分辨率的大气垂直结构信息,因此可以利用 CALIOP 数据获取准确的海雾、低云和中高云样本位置信息,同时 MODIS-Aqua 和 CALIOP 的过境时间仅相隔 1.5 min,使得 CALIOP 识别出的海雾点成为海雾识别算法评估的重要数据源之一。选取 2007~2016 年 167 轨 CALIOP VFM 数据,从中获得 15432 个海雾样本点和 15762 个非海雾样本点,空间分布分别如图 5-17 所示。

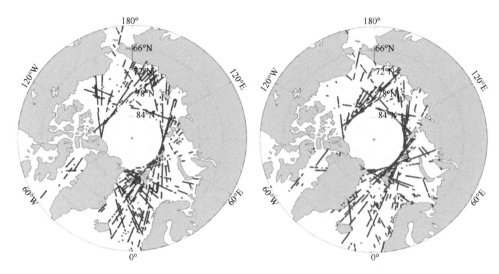

图 5-17　CALIOP 星载激光雷达获取的海雾（左）和非海雾（右）验证点

　　将基于 ICOADS 数据集和 CALIOP 星载激光雷达数据获取的海雾与非海雾样本点，分别与 MODIS 海雾遥感检测产品进行匹配。选取检测率（probability of detection，POD）、误检率（probability of false detection，PFD）、漏检率（probability of missing detection，PMD）和临界成功指数（critical success index，CSI）作为评价指标。其中，POD、PFD、PMD 和 CSI 的具体计算公式如下：

$$POD = \frac{H}{H+M} \tag{5-5}$$

$$PFD = \frac{F}{F+C} \tag{5-6}$$

$$CSI = \frac{H}{H+M+F} \tag{5-7}$$

$$PMD = \frac{M}{H+M} \tag{5-8}$$

式中各指标定义如表 5-7 所示。

表 5-7　精度评估表

预测值/真值	是	否
是	H	F
否	M	C

　　表 5-8 为基于 ICOADS 现场观测数据集的北极海雾遥感检测产品精度验证结果。海雾的检测率（POD）为 80.6%，表明利用该算法能够将大部分的海雾/层云探测出来；误检率（PFD）为 22.1%，漏检率（PMD）为 19.4%。

表 5-8　基于 ICOADS 的精度验证结果

指标	POD	PFD	CSI	PMD
结果	80.6%	22.1%	49.4%	19.4%

通过计算得到基于 CALIOP 星载激光雷达的北极海雾遥感检测产品的精度，如表 5-9 所示。从结果可以看出，海雾检测率（POD）为 80.2%，漏检率（PMD）和误检率（PFD）均在 20%左右。

表 5-9　基于 **CALIOP** 的精度验证结果　　　　　　　（单位：%）

POD	PMD	PFD	CSI
80.2	19.8	18.3	67.6

5.3　极地复杂大气环境下的大气温湿廓线遥感技术

5.3.1　基于无线电掩星数据的温湿廓线反演技术

1. 掩星探测技术的原理介绍

依靠全球定位系统（global positioning system，GPS），对地球大气进行水平切割，获得垂直廓线的无线电掩星探测技术是一种主动探测手段，它是一对发射机/接收机的几何运动学，即在发射机端的信号穿过大气到达低轨轨道上的接收机端的过程中发生弯曲，且影像信号传输时间和距离发生变化（图 5-18）。所谓"掩星"是一种天文现象，字面上的意思是指原本相互遮掩的不能直视的星体，由于空间中大气密度的作用，光线能够弯曲，使得两者相互可见。无线电信号在大气中的传输时间与空气的密度和湿度有关，湿度越大或密度越大，传输时间越长，由此建立了掩星信号与大气物理属性之间的关系，从而获得大气的弯曲角、折射率、温度、湿度等物理变量。掩星射线以临边方式穿过地球大气（约 100km）的持续时间不超过 100s，造成的弯曲角度非常小，在干燥大气状态下大约为 1°，在潮湿大气环境下可达 2°~3°。射线经过垂直高为 0.1~1km，水平跨度为 100~300km 的大气范围，该部分大气对掩星探测信号的权重贡献近似为一个以正切位置为中心的高斯分布，即大部分的信息包含在射线的正切点位置，即体积中心（Anthes et al.，2000）。

图 5-18　导航卫星信号被低轨卫星接收的观测示意图

GNSS（Global Navigation Satellite System），即全球导航卫星系统；GNOS 为全球导航卫星掩星探测仪

2. 掩星探测反演算法

掩星探测反演的流程大概可以概括为，从掩星原始的观测相位值（即距离）根据卫

星的位置、速度等信息，考虑多普勒频移的影响，计算得到大气附加相位，在几何光学近似等处理后，得到大气弯曲角和折射率，最终根据折射率与大气物理参量的关系，反演得到温湿廓线。

1）弯曲角

利用附加多普勒频移公式，结合掩星的几何关系和 Snell 定律，通过迭代计算得到弯曲角随碰撞参数变化情况。这种方法就是掩星反演弯曲角的经典方法，即几何光学近似反演方法。

几何光学认为，在射线穿过大气时会遵循费马定理的最少时间定理，即遵循光线的直线传播定律、折射和反射定律。射线在大气中传输的累积效应可通过以碰撞参数为函数的弯曲角反映。在假设地球为球对称的前提下，碰撞参数定义为地球中心与弯曲射线渐近点之间的垂直距离。

信号接收机与发射机之间的直线距离 u^0 可由观测计算得到：

$$u^0 = \langle r_L - r_G \rangle \tag{5-9}$$

式中，r_L 与 r_G 分别为低轨卫星和导航卫星距离地球中心的位置（如图 5-19 所示）。

真空下的多普勒频移与 GNSS 导航卫星和 LEO 卫星的速度有关，而这些速度可以由接收机获取，因此真空下的多普勒频移表达为

$$f_L^{(0)} = f_G \frac{c - v_L \cdot u^0}{c - v_G \cdot u^0} \sqrt{\frac{c^2 - v_G^2}{c^2 - v_L^2}} \tag{5-10}$$

式中，v_L 与 v_G 分别为已知的低轨卫星和导航卫星的运行速度；c 为光速；f_G 为导航卫星发出的信号频率。

实际地球大气下包含弯曲效应的附加多普勒与附加相位存在求时间导数的关系，即

$$d = \frac{f_L}{f_G} - 1 = \frac{f_L^{(0)}}{f_G} - \frac{1}{c} \frac{d\Delta s}{dt} - 1 \tag{5-11}$$

式中，f_L 为低轨卫星发出的信号频率；Δs 为附加相位。

在实际地球大气作用下，包含弯曲效应的多普勒频移也可以由真空下的多普勒频移扩展而来：

$$f_L = f_G \frac{c - v_L \cdot u_L}{c - v_G \cdot u_G} \sqrt{\frac{c^2 - v_G^2}{c^2 - v_L^2}} \tag{5-12}$$

在假设忽略相对论效应的条件下，附加多普勒频移则有

$$d = \frac{f_L - f_G}{f_G} = \frac{f_L}{f_G} - 1 = \frac{c - v_L \cdot u_L}{c - v_G \cdot u_G} - 1 \tag{5-13}$$

式中，u_L 和 u_G 为未知量，无法通过观测直接获得，表示射线沿低轨卫星和导航卫星的射线速度。已知附加多普勒频移后，结合布格（Bouger）定律，在球对称的假设下，折射指数在导航卫星和低轨卫星两侧均一对称，则有

$$r_L \times u_L - r_G \times u_G = 0$$
$$u_L \cdot u_L = 1 \qquad\qquad (5\text{-}14)$$
$$u_G \cdot u_G = 1$$

由此得到 u_L 和 u_G。

u_L 和 u_G 可推导出射线之间的弯曲角:

$$\cos\alpha = -u_L \cdot u_G \qquad\qquad (5\text{-}15)$$

因此,最终可反演得到弯曲角,同时在几何关系下得到 Φ_L 后,由 $p = |r_L|\sin\Phi_L$ 计算弯曲角对应的碰撞参数。

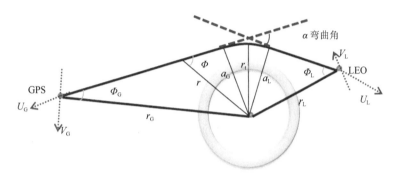

图 5-19　几何光学反演示意图

以 GPS 为例,与其他导航卫星类似。U_G 为 GPS 卫星运动方向的速度,U_L 为低轨卫星运动方向的速度,V_G 为 GPS 卫星与地心相切方向的速度,V_L 为低轨卫星与地心相切方向的速度,Φ_G 为 GPS 卫星运动方向与地心方向的夹角,Φ_L 为低轨卫星运动方向与地心方向的夹角,Φ 为某一时刻目标星与地心之间的夹角,r_G 为 GPS 卫星与地心之间的距离,r_L 为低轨卫星与地心之间的距离,r_t 为掩星的正切高度,r 为某一时刻目标星与地心之间的距离,a_G 为 GPS 卫星的碰撞高度,a_L 为低轨卫星的碰撞高度

几何光学反演方法成立的条件是在只有单一射线进入接收机的前提下,在受水汽等因素影响的低层大气环境下,射线路径更为复杂,出现多路径现象,到达接收机时会同时有多条射线的信号,如果继续使用几何光学近似来反演弯曲角就存在很大的不确定性。为解决这一问题,全息反演方法的概念得到发展,它们的基本理念就是将观测的波动场转换到新的频率坐标系统下,即将时间域转换到频率域进行处理,由此解决多路径传播区域反演问题,并获取高垂直分辨率数据。其中,全谱反演和正则变换方法被认为是数值计算最有效的方法(Gorbunov et al.,2006),被广泛应用在无线电反演的业务中。尽管全息反演方法在低层可以有效改善多路径效应的影响,但计算量仍然大于几何光学近似方法,因此业务上将两者结合,在 25km 以上以几何光学反演为主,25km 以下以全息反演(波动光学)方法为主(Gorbunov et al.,2006;胡雄等,2009)。

地球严格地说不是一个标准的圆球,而是一个椭球体,因此地球的局部圆弧中心并非地球的椭球中心。Syndergaard(1998)分析表明,如果忽略这种差别,带来的温度反演误差在 30km 高度可达 1K。所以利用两个载波相位观测数据的线性组合计算其附加相位,以新的局部圆弧中心坐标为原点对坐标系进行平移。经过这种改正,可以很大程度地消除局部圆弧中心偏离地球中心对反演的影响(胡雄等,2005)。

在弯曲角反演的过程中,电离层效应对掩星探测中性大气的精度有非常重要的影响。这种影响在 30km 以上的高度随着信噪比（SNR）逐渐降低，电离层效应也逐渐增大。由于对流层大气对无线电信号没有色散折射，而电离层包含着自由电子，对无线电频率存在色散。因此，电离层电子浓度对频率有依赖（与频率的平方成反比），而中性大气对频率无依赖，基于这一特点，可通过双频线性组合的方式消除低阶项的电离层效应。然而，在依靠双频反演的前提下，任意一个频段信息的变差或丢失（主要是 30km 以下的 L2 频率），都将影响后续廓线反演的开展，简单的外延算法能够保证线性组合的进行，但反演质量不能保证。Culverwell 和 Healy（2015）发展了一个基于 Chapman 电离层模型的算法，用于模拟电离层的弯曲信息，但未考虑极区这类复杂环境。

2）L2 弯曲角频率信号修复算法

由于 GPS 双频信号中的低频信号在低层大气跟踪失锁，造成信号缺失，反演出现异常。为解决该异常廓线，基于掩星双频信号在电离层和中性大气层的不同特征，构建以电离层大气信号贡献模型向下延伸后的中性大气双频关系，实现北极地区异常廓线订正处理。

对于局地垂直方向上的折射而言，电离层对弯曲角的贡献可以表示为

$$\alpha(a) = 2a\frac{k_4}{f^2}\int_a^\infty \frac{xn_e(x)}{(x^2-a^2)^{\frac{3}{2}}}dx \tag{5-16}$$

式中，a 表示碰撞高度；k_4 为常数，其值为 $40.3\text{m}^3/\text{s}^2$；$f$ 表示频率；x 表示高度；$n_e(x)$ 是随高度变化的电离层折射指数。

利用 GPS 高低频信号 L1 和 L2 在电离层和大气层的函数模型关系，低频 L2 信号在中性大气中的延伸算法可以表示为

$$\alpha_2(a) - \alpha_1(a) = 2ak_4\text{TEC}\left(\frac{1}{f_2^2} - \frac{1}{f_1^2}\right)\frac{r_0}{\left(r_0^2 - a^2\right)^{\frac{3}{2}}} \tag{5-17}$$

$$\alpha_2(a) = \alpha_1(a) + x_{so}\frac{r_0}{\left(r_0^2 - a^2\right)^{\frac{3}{2}}} \tag{5-18}$$

式中，TEC（total electronic content）表示电离层电子浓度总含量；f_1 和 f_2 分别是 L1 信号的频率和 L2 信号的频率；r_0 是电子数密度分布的峰值高度，约为 300km。$x_{so} = 2ak_4\text{TEC}\left(\frac{1}{f_2^2} - \frac{1}{f_1^2}\right)$。

非对称的 Chapman 层廓线被认为是最实用的电离层中电子密度分布的一阶模型，它的电子密度表示为

$$n_e(r) = \frac{\text{TEC}}{2\sqrt{\pi}eH}\exp\left(\frac{1}{2}\left(1-u-e^{-u}\right)\right) \tag{5-19}$$

式中，H 为标高，$u = (r-r_0)/H$，那么弯曲角的贡献为

$$\alpha(a) = \frac{k_4}{f^2} \text{TEC} \sqrt{\frac{2r_0^2 a^2}{\pi H^3 (r_0 + a)^3}} Z\left(\frac{r_0 - a}{H}\right) \tag{5-20}$$

$$Z(l) = \int_{-l}^{\infty} \frac{\left(e^{-\frac{3u}{2}} - e^{-\frac{u}{2}}\right) \exp\left(-\frac{1}{2}e^{-u}\right)}{\sqrt{u + l}} du \tag{5-21}$$

函数 Z 表述了弯曲角随高度的变化，而 Z 依赖于参数 $l = (r_0 - a)/H$，它的物理含义为距 Chapman 电离层峰值高度的距离，即描述电离层电子密度分布的厚度，从实际掩星资料的应用情况看，l 的取值范围在 2～10（无量纲）。

根据仪器特性，采用最小二乘法拟合得到最优 x_{so}，从而得到低层大气低频信号 L2 与高频信号 L1 的关系，模拟修复出低频失锁信号，最后用于掩星反演，并最终修复误差异常廓线。

3）折射率

Snell 定律描述了弯曲的程度与大气折射指数的垂直梯度之间的关系。利用弯曲角反演折射率时，中间先过渡到折射指数 n，它们有以下的关系（Fjeldbo et al., 1971; Hajj et al., 2002）：

$$\alpha(a) = 2a \int_a^{\infty} \frac{1}{\sqrt{x^2 - a^2}} \frac{d \ln(n)}{dx} dx \tag{5-22}$$

在局地球对称的假设下，采用 Abel 积分变换（Phinney and Anderson，1968）来反演折射指数，可得到：

$$\ln(n(a)) = \frac{1}{\pi} \int_a^{\infty} \frac{\alpha(a)}{\sqrt{x^2 - a^2}} dx \tag{5-23}$$

$$N = 10^6 (n - 1) \tag{5-24}$$

对于折射率 N 的反演，Kursinki 等（1997）总结了相应的误差，包括局地球对称的影响、非共面射线的影响、非垂直扫描的影响以及上边界初始化的影响。

在掩星射线反演的过程中，一个重要的假设就是地球呈球对称，即射线在进入和离开大气时与地球中心的距离保持对称不变。模拟研究表明，折射率的水平梯度变化会影响平流层低层至对流层低层之间大气的精度，对折射率的误差影响约为 0.2%，温度的影响大约为 0.1K 的数量级。

4）温度、湿度

折射率受四个方面的影响，从重要性来说，依次是干中性大气、水汽、电离层中的自由电子以及大气粒子（主要是液态水，即散射项）。干大气折射率项的产生是由于大气分子的极化，它与分子数密度成正比，主要贡献在 60～90km 及以下。湿大气折射率项是由于水汽的永久性偶极矩的作用，主要贡献在对流层低层。电离层中自由电子的折射贡献主要在 60～90km 及以上；而对于散射项，占比贡献最小，往往忽略不计。中性大气温度、气压和水汽压与折射指数的关系可通过一个经验模式得到。通常的关系是 Smith-Weintraub 方程。

$$N = 77.6 \frac{P_{\text{dry}}}{T} + \frac{3.73 \cdot 10^5 e}{T^2} + \frac{77.6e}{T} \tag{5-25}$$

式中，P_{dry} 为干空气气压；e 为水汽分压，单位为 hPa；T 为绝对温度，单位为 K。

假设大气为理想气体，那么大气密度和气压温度之间的关系可由理想气体状态方程确定。

$$\rho = \frac{MP_{dry}}{RT} \tag{5-26}$$

式中，M 为理想气体摩尔质量；R 为理想气体常数；ρ 为干空气密度。

再加上静力平衡方程：

$$\mathrm{d}P_{dry} = -\rho g \mathrm{d}h \tag{5-27}$$

式中，g 表示地球重力加速度；h 表示高度。

三个公式、四个未知量，存在温度水汽模糊问题，即无法直接由掩星探测数据同时反演得到低层大气温度和水汽廓线（Healy and Eyre，2000）。如果在忽略水汽影响的情况下，根据折射率资料，通过将折射率公式与理想气体状态方程、静力平衡方程联合求解，可以得到干大气密度和干温度廓线产品。

3. 北极地区折射率、温度与湿度廓线的精度

掩星折射率廓线的验证可以采用无线电探空或再分析资料来进行。考虑到北极地区探空资料较少，且连续观测有限，为了更全面地评估掩星资料在北极地区的精度，本项目采用再分析资料 ERA5 作为掩星的验证资料。ERA5 是第 5 代 ECMWF 大气再分析全球气候数据，它提供每小时的大气温度、湿度、气压等气象要素，水平分辨率为 0.5°×0.5°，垂直层数为 37 层。

采用 0.5°×0.5°、37 层的 ERA5 小时再分析资料作为验证数据，将掩星廓线与 ERA5 再分析的观测时间差设为 0.5 h 以内，再分析资料以双线性格点插值的方式插值到掩星观测位置，在垂直方向上两类资料都插值到相同高度，计算两类资料绝对差值或相对差值的平均偏差和标准差。

经过电离层模型差异、Chapman 电离层模型高度和厚度敏感性试验得知，用于北极地区大误差廓线的 L2 信号修复可以采用 Chapman 电离层模型，峰值高度参数设为 300km，厚度参数设为 50km，以此来开展后续算法的进一步实施和处理。

在上述算法的基础上，对某一条有大误差问题的 FY-3C GNOS 掩星廓线开展订正（图 5-20），订正前，L2 频段弯曲角与 L1 频段弯曲角在 25km 以下差异很大，两者的线性组合也随之偏离。订正后，L2 弯曲角与 L1 弯曲角趋于吻合，符合正常廓线的弯曲角数据特点，表明该个例的算法订正效果显著。

基于上述算法模型和参数设置，重新处理了 FY-3C 2019 年 1 月 1 日～12 月 31 日的 GNOS 掩星数据，得到新的折射率、温度和湿度廓线。在北极地区（66.34°N 以北）的折射率掩星廓线有 14518 条（图 5-21），日均约 40 条。

为了定量判断算法对于大误差廓线的订正效果，本书选取了垂直廓线中的 18km 高度上的样本，这个高度是误差值最大的高度，也是大误差廓线大量聚集的高度，通过这个高度的折射率变化来反映算法订正前后的效果（图 5-22、图 5-23）。图 5-22 是订正前折射率在 18km 高度附近的值域分布，可以看到正常值域本应分布在 20～30，但有约

20.13%的样本点在 40 以外，超过正常值的 2 倍多；订正后（图 5-23），超过正常值域范围的样本点占比减小为 3.28%，极大地降低了异常值域的比重。

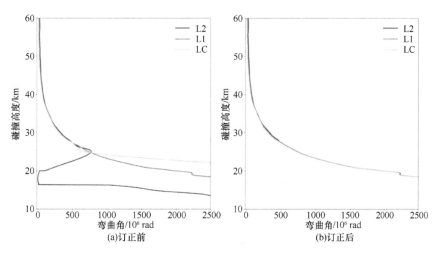

(a)订正前

(b)订正后

图 5-20   订正前后的正常廓线的弯曲角示例

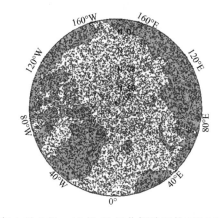

图 5-21   2019 年 1 月 1 日～12 月 31 日北极地区的 FY-3C GNOS 掩星廓线

红色为上升掩星点；蓝色为下降掩星点

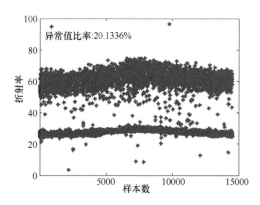

图 5-22   FY-3C GNOS 折射率掩星廓线订正前在 18km 高度附近的值域分布

（2019 年 1 月 1 日～12 月 31 日）

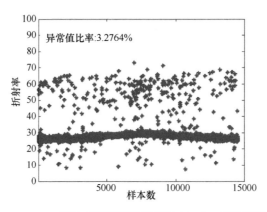

图 5-23　FY-3C GNOS 折射率掩星廓线订正后在 18km 高度附近的值域分布
（2019 年 1 月 1 日～12 月 31 日）

图 5-24 是订正前后折射率廓线与 ERA5 再分析资料的比较，通过（$O-B$）/$B×100\%$
的方式（O 为 GNOS 折射率，B 为采用 ERA5 背景温湿廓线正演为 GNOS 观测位置上
的折射率，两者在折射率数据层级上进行对比），对比分析订正前后 GNOS 掩星折射
率质量的改善。从图 5-24 可以看出，在相同坐标尺度下，订正前折射率的平均偏差和
标准差异常偏大，尤其是 15～25km 高度范围内，这主要是由大误差廓线引起的。订
正后可以直观地发现，平均偏差和标准差值显著减小，质量得到明显的改善。除此之
外，通过对比 20～25km 垂直范围内的样本数量发现，订正后参与统计的样本量更多
（橙色矩形框）。35km 以下的垂直范围内，各层标准差均小于 2%，结合表 5-10，整层
范围内，标准差值平均约为 1.49%，远小于订正前的 15.29%，平均偏差约为–0.1%，
体现了掩星的无偏特性，而订正前平均偏差约为 5.57%。在 5～25km，订正效果更加
明显，订正后标准差在 1% 以内，约为 0.51%。在 15～35km，订正后标准偏差在 1%
以内，约为 0.75%。

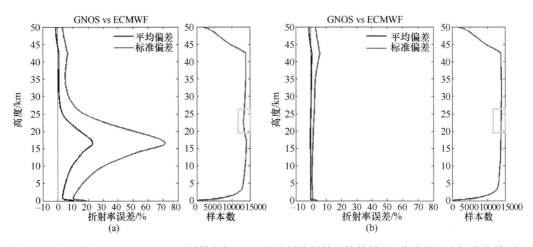

图 5-24　订正前（a）后（b）GNOS 折射率与 ERA 再分析资料的平均偏差（黑色实线）和标准偏差（红
色实线）以及参与统计的样本数（蓝色实线）

表 5-10　订正前后 GNOS 折射率与 ERA5 再分析资料在不同高度的平均偏差和标准差

（单位：%）

	平均偏差		标准差	
	订正前	订正后	订正前	订正后
整层（0～50km）	5.57	−0.1	15.29	1.49
0～5km	4.10	0.18	8.46	0.84
5～25km	12.24	−0.21	28.94	0.51
15～35km	7.77	−0.15	21.00	0.75
25～50km	0.54	−0.08	5.79	2.41

图 5-25 是订正后的掩星温度廓线与 ERA5 再分析资料的对比，可以看到，在 35km 以下，两者的平均偏差与零线非常接近，平均值约为 0.1K；标准差在 2K 以内，参考表 5-11，25km 以下的标准差约为 1K。在 5～25km 范围内，平均偏差和标准差都为一个极小值，分别为 0.09K 和 0.84K，表明掩星在该垂直区间与 ERA5 再分析资料之间的差异最小，在 ERA5 在该范围质量可靠的前提下，也可以认为掩星温度在该区间的质量最优。Staten 和 Reichler（2009）利用 COSMIC 温度场数据进行验证时评估其均方根误差约为 2K，在 5～20km 的垂直范围内温度可最小在 1K 以内，与 COSMIC 温度廓线产品精度较为一致。但在 35km 以上，掩星温度与 ERA5 再分析资料的温度廓线出现明显的差异，其中的原因既有掩星在高层探测误差的影响，也有一维变分方法所用的背景资料在高层的不确定性带来的影响。由于高层空气变得稀薄，掩星观测噪声相当甚至超过 GPS 弯曲信号，观测本底值较小，通过 Abel 积分变换的叠加累积影响，误差被进一步放大。此外，考虑到掩星反演温湿廓线时出现的水汽模糊问题，GNOS 掩星反演通过一维变分方法，结合 CMA-GFS 预报场资料得到湿大气条件下的温度廓线，因此掩星温度廓线同时包含掩星观测信息和 CMA-GFS 温度信息，在误差上，也同时受两者的影响。

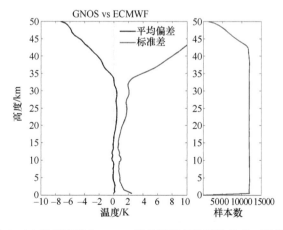

图 5-25　订正后 GNOS 温度廓线与 ERA5 再分析资料的平均偏差（黑色实线）和标准差（红色实线）以及参与统计的样本数（蓝色实线）

表 5-11　订正后 GNOS 温度廓线与 ERA5 再分析资料在不同高度的平均偏差和标准差（单位：K）

	平均偏差	标准差
整层（0~50km）	−1.09	2.42
0~5km	0.09	1.20
5~25km	0.09	0.84
15~35km	0.24	1.41
25~50km	−2.24	3.89

中性大气的水汽主要集中在 20km 以下的对流层大气中，北极地区由于纬度较高，水汽的垂直分布会更加集中在低层。由图 5-26 所示，掩星水汽与 ERA5 水汽廓线的差异主要体现在 10km 以下的高度，10km 以上两者的差异几乎为 0，可以认为是两类数据对于水汽的分布均集中在 10km 以下。图 5-26 中还展示了 20km 以下掩星水汽与 ERA5 的平均偏差和标准差结果，结合表 5-12，可以看到，两者的平均偏差约为 0.04g/kg，标准差为 0.13 g/kg。掩星信号到达低层大气时信噪比较低，并且还受水汽等因素引起的多路径效应影响，折射信号受干扰进一步加大，在探测能力方面受到较大考验。Rocken 等（2000）验证 COSMIC 掩星资料的水汽产品估计的相对误差可达 20%，杜明斌等（2009）也指出水汽的精度没有理想中那么好，这是由于水汽的时空变化远大于温度等其他物理量，时间和空间的系统误差也包含在精度检验结果中。通过比较 COSMIC 与探空资料，毕研盟等（2013）发现水汽的标准差在夏季时约为 2g/kg，而 MetOp/GRAS 对于水汽产品的精度估计在 5km 以下为 0.25~1.0g/kg。横向比较国内外的掩星水汽精度结果，可以认为，经算法优化的湿度廓线在北极地区的精度与国际上主流掩星的精度结果相当。

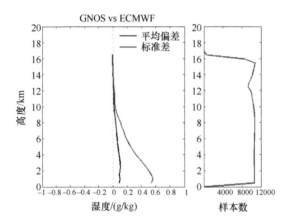

图 5-26　订正后 GNOS 湿度廓线与 ERA 再分析资料的平均偏差（黑色实线）和标准差
（红色实线）以及参与统计的样本数（蓝色实线）

表 5-12　订正后 GNOS 湿度廓线与 ERA5 再分析资料在不同高度的平均偏差和标准差（单位：g/kg）

	平均偏差	标准差
整层（0~20km）	0.04	0.13
0~5km	0.09	0.34
5~20km	0.02	0.04

5.3.2 基于红外高光谱大气垂直探测仪的温湿廓线反演技术

国际上对于红外晴空大气温湿度廓线反演多采用统计物理方法，如美国极轨卫星 Aqua 上的大气红外探测器 AIRS（atmospheric infrared sounder），欧洲 MetOp 卫星装载的超高光谱红外大气探测干涉仪 IASI（infrared atmospheric sounding interferometer），以及美国对地观测卫星 Suomi-NPP 平台上的跨轨扫描红外探测仪 CrIs（cross-track infrared sounder）等高光谱数据大气温湿度廓线产品。目前专门针对极区进行的反演算法的研究工作还比较少，通用的精度较高的统计–物理方法和物理方法都高度依赖于快速辐射传输模式精度，而极区快速辐射传输模式存在普遍精度不理想的问题。人工神经网络反演法虽然归类于统计反演方法，但其具有很强的非线性表达及良好的容错能力，是北极复杂大气环境下的温湿度廓线反演的一种可能途径。为此，本研究选用人工神经网络法，利用 FY-3D 大气垂直探测组的观测资料，研究极区晴空大气温湿度廓线反演方法，并将神经网络反演模型的精度与卫星中心 FY-3D 的温湿度产品、Aqua/AIRS 温湿度产品精度作对比，测试反演算法精度。

本节首先介绍神经网络反演模型建模所用的数据集，其次介绍三种神经网络反演模型的构建方法，并且对反演模型的精度进行评估，对比分析了所研制反演算法获得的反演数据与业务产品的精度。

1. 数据集的构建

尽管探空数据能代表大气真实状态，但在实际科研工作开展过程中发现探空站点具有低时空分辨率（Gui et al., 2017），使得符合时空匹配规则和晴空条件的探空样本极少。另外，探空站点均分布在陆地上，如果用其建模进行洋面反演也可能带来较大误差。从研究需求出发，构建了可用于北极地区大气温湿度廓线反演研究的探空资料数据集、再分析资料数据集、卫星探测数据集和同类卫星反演产品数据集。其中，再分析资料数据来自欧洲中期天气预报中心（ECMWF）的 ERA5 数据。时间跨度为 2019 年 5 月～2020 年 10 月，每天 00:00UTC、12:00UTC 这两个时刻；区域范围是 60°N 以北的高纬度地区，数据空间分辨率为 0.25°×0.25°。ERA5 再分析资料分为气压层和地表两部分。气压层再分析资料提供了精度检验所需的大气廓线变量（大气温度、相对湿度），1～1000hPa 共 37 层；地面再分析资料提供了地面参数（地表类型、经纬度、地面海拔）。卫星数据包含与再分析资料同样时间段（2019 年 5 月～2020 年 10 月：23:00～01:00 UTC、11:00～13:00 UTC）的 FY-3D 大气垂直探测仪器组（VASS：MWHS、MWTS、HIRAS）北极地区 L1 亮温数据、Aqua/AIRS L1 亮温数据、FY-3D/MERSI 云量产品、MODIS 云产品、FY-3D/VASS L2 大气温湿度廓线产品、Aqua/AIRS L2 大气温湿度廓线反演产品。

1）ERA5 数据集

为了获得高质量建模反演数据库，需要对获得的数据进行预处理，为大气温湿度廓线反演和精度检验准备好输入数据。预处理主要包含晴空检测、时空匹配、质量控制三个具体步骤。

由于红外波段受云的影响较大（Ackerman et al., 1998），在进行反演建模时需要剔除受云影响的像元。本研究利用搭载在 FY-3D 卫星平台上的 MERSI-II 仪器的 L2 产品来挑选 HIRAS 晴空像元（Wang et al.，2016）。MERSI-II L2 云量产品包括总云量和高云量 5 min 段产品数据。其中，总云量指在地球表面某一设定区域内，各种类型云像元发射辐射的总和与区域中所有像元发射辐射总和的比值，有效值域为 0～100%，0 代表区域中像元为全晴空，100%代表区域像元为全部云覆盖。

在本研究中，选择 2019 年 8 月 2 日 11:50 经过北极地区的一个 HIRAS 场景。图 5-27（a）显示了窗区通道（波数 900cm^{-1}）的亮温分布。颜色越黄代表亮温越高，颜色越蓝代表亮温越低。亮温较低的值表示存在云，而具有较高亮温的区域通常会提供地面（晴空）信息。图 5-27（b）是同一个时刻的 MERSI-II 二级云产品分布图，颜色越黄代表云量越多，颜色越蓝代表云量越少。对比两张图可见，云量较少的地区亮温越高，云量越多的区域亮温越低。图 5-27（a）中的红色点是挑选出来的 HIRAS 晴空像元，可以直观看出红色表示的晴空像元在图 5-27（b）中是深蓝色调，由此可见该方法是可行的。

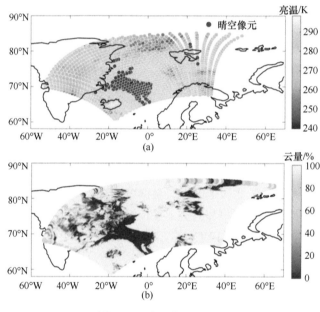

图 5-27　晴空像元的选择

ERA5 与卫星数据匹配的原则是时间差小于 1 h，空间差小于 13km。

HIRAS L1 卫星数据质量控制根据 L1 产品质量码里面的质量评分数据集（QA_Score）以及海陆标识数据集（LandSeaMask）来判断。当评分码是 100 时，代表 L1 数据满足质量要求，同时利用 ERA5 海陆标识数据，剔除卫星数据和再分析数据海陆标识不一致的样本。

通过上述数据的预处理过程，得到可用于高纬度地区（60°N 以北）大气温湿度反演研究的 ERA5-HIRAS 数据集，如表 5-13 所示。其中，将获得的样本 80%用于建模，20%用于模型精度验证。

表 5-13　ERA5-HIRAS 数据集

分类（年.月）	建模	检验
夏半年陆地（2019.5～2019.10）	21669	5726
夏半年海洋（2019.5～2019.10）	20187	10095
冬半年陆地（2019.11～2020.4）	13318	3330
冬半年海洋（2019.11～2020.4）	18885	4722

2）大气温湿度产品数据集

研究涉及夏季（2019 年 7～8 月）以及冬季（2019 年 11 月～2020 年 4 月）60°N 以北高纬度地区的 FY-3D/HIRAS L2 产品。以 ERA5 资料为基准，寻找时间差小于 1h、空间距离小于 25 km 的二级产品数据。为了防止某些质量较差的二级产品对整体的评价造成影响，需要对参与精度评价的 FY-3D/HIRAS L2 产品进行初步质量控制，首先剔除温度异常的样本（小于 170K 和大于 370K），以 ERA5 廓线作为真值，将 L2 产品廓线与 ERA5 作比较，统计出平均偏差（ME）和误差标准差（S），用 L2-ME 减去 ERA5，看差值是否在（$-3S$，$3S$），如果在此范围内代表 HIRAS 的二级产品可用，从而达到质量控制的目的。经过时空匹配以及二级产品初步质量控制，最终得到的样本如表 5-14 所示。

表 5-14　FY-3D/HIRAS L2 产品精度评价样本量　　　　（单位：个）

分类	温度（T）	相对湿度（RH）
夏季陆地	446	407
夏季海洋	3069	2850
冬季陆地	67	54
冬季海洋	962	969

研究还用到了 FY-3D/VASS L2 冬半年（2019 年 11 月～2020 年 4 月，每个月 4 天）产品。以 ERA5 资料为基准，寻找时间差小于 1h、空间距离小于 30km 的二级产品数据。剔除廓线产品质量为 1（不可用），以及温度廓线存在异常（低于 100K）的样本，最终得到可用于精度验证样本，如表 5-15 所示。

表 5-15　FY-3D/VASS L2 产品精度评价样本量　　　　（单位：个）

分类	温度（T）	相对湿度（RH）
陆地	196	196
海洋	464	395

研究用到了 Aqua/AIRS L2 产品（2019 年 5 月～2020 年 4 月，每个月 4 天）。以 ERA5 为基准，寻找时间差 1h、空间差小于 100km 的二级产品数据。剔除温度二级产品有效气压层高于 1000hPa（对比气压层 1～1000hPa）的样本。由于 AIRS 相对湿度产品在 950hPa 以下大多为填充值，并且最高反演的气压层到 50hPa，因此仅对比了 50～900hPa 相对湿度的精度，最终得到可用于检验的样本如表 5-16 所示。

表 5-16 Aqua/AIRS L2 产品精度评价样本量 （单位：个）

分类	温度（T）	相对湿度（RH）
陆地	225	294
海洋	1164	1165

2. 北极 HIRAS 大气温湿廓线神经网络反演算法的研究

由于对神经网络反演算法进行优化需要大量的样本，虽然探空数据最能代表大气真实状态，但是在项目实施过程得到的晴空探空样本数据量严重不足，将会对反演建模的精度造成明显影响。另外，探空站点均分布在陆地上，而本次研究侧重在海洋上大气温湿度廓线的反演，如果用其建模进行洋面反演也可能带来较大误差。ERA5 再分析资料分辨率较高，极区陆地和海洋均有数据，但与大气真实状况有差异。因此，在对陆地 ERA5 资料在极区的精度进行评估后，决定利用 ERA5 数据与 HIRAS 观测资料来对神经网络反演算法优化，匹配到的探空样本用来作检验样本，以评估反演精度。

1）ERA5 极区资料精度分析

由于无线电探空数据能代表大气的真实状态，因此本研究选择的探空数据是怀俄明大学的无线电探空仪数据。每天发布数据的时间为 00:00UTC、12:00UTC。北极地区探空仪的分布相对稀疏，考虑 FY-3D 在数据发布的时间段内仅经过北极地区的一部分。该区域内 51 个探空站点分布如图 5-28 所示。

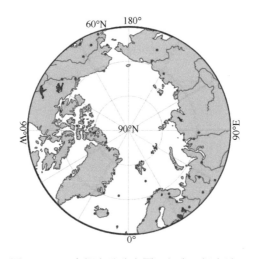

图 5-28 51 个探空站分布图（红点：探空站）

研究选择的数据时间为 2019 年 7～8 月（夏季）、2019 年 11 月～2020 年 4 月（冬季）。为了得到更精确的再分析资料和探空资料的对比结果，需要保证探空数据在 200～985hPa 有数据记录；并利用三倍标准差剔除 ERA5 与探空廓线差异较大的样本。最终得到可用于北极 ERA5 数据精度评估的数据集，如表 5-17 所示。

表 5-17　参与 ERA5 精度评估的样本

季节	样本数量/个
夏季（2019 年 7～8 月）	2844
冬季（2019 年 11 月～2020 年 4 月）	4925

图 5-29 是 ERA5 与探空廓线在夏季（2019 年 7～8 月）对比的结果，参与统计的样本总共 2844 条。在 985.88hPa、957.44hPa 这两个高度层上，两者之间温度均方根误差较大，其中在 985.88hPa 最大约为 1.6K，随着高度的增加直到 400hPa 处，两者之间的 RMSE 逐渐较小，并且基本维持在 1K 以内，在 250～400hPa，探空和 ERA5 之间平均偏差基本在 0 左右，但是均方根误差有所增加，在 250hPa 处达到 1.2K 左右。同时该高度层湿度误差也较为明显，可能是该高度层处于北极地区对流层与平流层交界处，天气条件较为复杂，从而导致 ERA5 和探空差异较大。图 5-29 右图是相对湿度对比结果。可以看出，ERA5 相对湿度与探空相比，对流层明显偏大，平流层小于探空相对湿度。在 300hPa 处，ERA5 与探空偏差最大可以达到 25%。

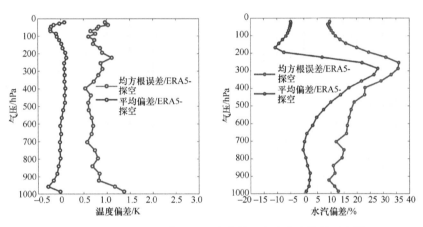

图 5-29　夏季 ERA5 数据与探空资料温度和水汽偏差示意图

图 5-30 是 ERA5 与探空廓线在冬季（2019 年 11 月～2020 年 4 月）的对比结果，参与统计的样本总共 4925 条。相比夏季温度对比结果，冬季的偏差较大。其中在 985.88hPa、957.44hPa 这两个高度层上，两者之间温度的均方根误差较大，其中在 985.88hPa 最大，随着高度的增加，直到 100hPa 处两者之间的均方根误差逐渐减小，并且基本维持在 1K 以内，100hPa 以上，均方根误差随高度的增加有增加的趋势，均方根误差最大约为 1.7K。对比图 5-30（右）可以看出，两种资料相对湿度之间的误差随高度分布基本与夏季一致。

通过夏冬两季陆地样本对比分析发现，120～900hPa ERA5 资料中大气温度廓线与探空相比误差基本小于 1K，精度较好，而相对湿度的误差明显大于温度，且和温度一样存在对流层与平流层交界处误差偏大现象。

2）通道选择

FY-3D / HIRAS 红外高光谱探测仪共有 2287 个通道，虽然红外高光谱探测器提

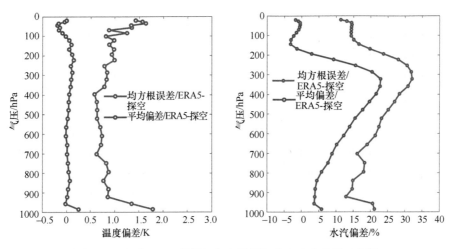

图 5-30　冬季 ERA5 数据与探空资料温度和水汽偏差示意图

供了丰富的探测信息，但通道之间的相关性导致使用所有通道会带来大量的冗余信息。有针对性地选择参与反演的通道不仅可以降低通道之间的相关性，而且减少了神经网络的训练量。该试验的目的是选择保留主要信息的通道，使这些通道的雅可比（亮温对反演参数的偏导数）峰值层能够覆盖整层大气，而且这些通道之间相关性较低。采用主成分累计影响系数的方法进行通道选择。采用主成分累计影响系数法（张建伟等，2011）不仅可以获得保留最重要信息且影响和敏感性较大的通道，而且可以去除通道之间的相关性。首先，利用 RTTOV 快速辐射传输模型中的雅可比矩阵模块（输入廓线：亚极地大气廓线），得到 CO_2 和 H_2O 吸收通道的雅可比矩阵（CO_2：$600 \sim 810cm^{-1}$；H_2O：$1210 \sim 1750cm^{-1}$）。然后，分别计算 CO_2 和 H_2O 吸收通道雅可比矩阵峰值所在的气压层。对于峰值层相同的通道，采用主成分累计影响系数的方法选择主成分影响系数较大的通道。通过该方法，最终在 CO_2 吸收通道和 H_2O 吸收通道中分别选出 114 通道和 94 通道。考虑到近地表大气温度的反演，参考 IASI 用于数值天气预报的 300 个通道（Collard，2007），增加了 11 个窗区通道。所选通道的分布如图 5-31 所示。由于水汽吸收通道还包含温度的垂直分布信息，并且相对湿度不仅与大气水汽含量有关，还与大气温度有关，因此，我们使用所有选出的通道（219 个）来同时反演大气温度和相对湿度廓线。

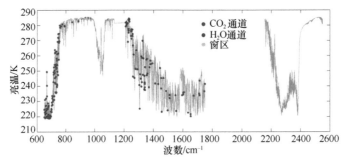

图 5-31　反演通道分布图

3）反演精度分析

为了评估反演模型性能，使用独立于建模数据集的 ERA5-HIRAS 测试样本进行精度验证，结果如图 5-32 所示。

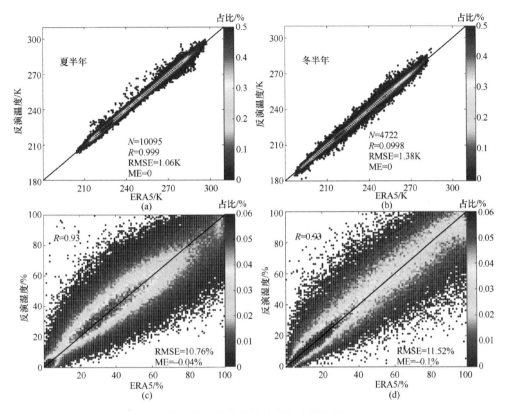

图 5-32　陆地反演结果密度散度图

ERA5 为检验源；N 代表检验样本数

图 5-32 和图 5-33 分别是极区陆地和海洋反演结果与 ERA5 的密度散度图。上方是所有来自 32 个气压层的温度与 ERA5 的关系，下方是所有来自 100～1000hPa 25 个气压层的相对湿度与 ERA5 之间的分布关系。红色的高密度值显示了大多数数据所在的位置。可以看出，整体上温度的反演值与 ERA5 之间的相关系数达到 0.99 以上。海洋上温度反演精度整体上高于陆地。在冬半年表现较为明显，海洋上温度反演的 RMSE 比陆地提高了 0.38K。所有温度反演模型的平均偏差都在 0K 左右。与温度验证结果相比，相对湿度验证结果更加分散。相对湿度反演的 RMSE 基本都在 11% 左右。相对湿度反演的 ME 基本也在 0 左右。

图 5-34 和图 5-35 分别是在极区陆地和海洋上神经网络反演的温度和相对湿度廓线的 RMSE 和 ME 分布图。陆地上温度反演精度夏半年高于冬半年，但是在海洋 1000 hPa 处，冬半年比夏半年反演的 RMSE 减小了 0.5 K 左右。800 hPa 以上的对流层，温度反演精度总体都能在 1 K 以内。温度反演的 ME 在各个高度层都在 –0.05～0.05 K。陆地和海洋上相对湿度反演的 RMSE 在各个高度层都在 10 %～15 %，并且夏半年反演精度整

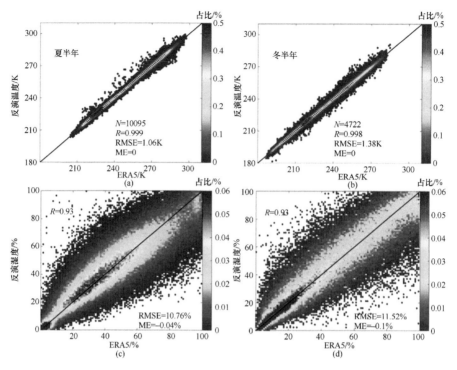

图 5-33 海洋反演结果密度散度图

ERA5 为检验源，N 代表检验样本数

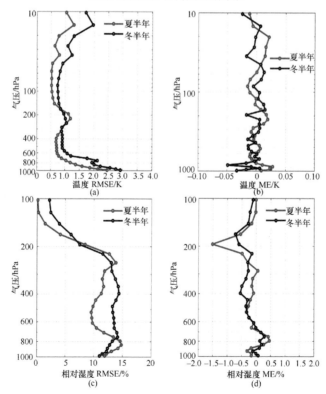

图 5-34 北极地区陆地反演误差随高度变化趋势图

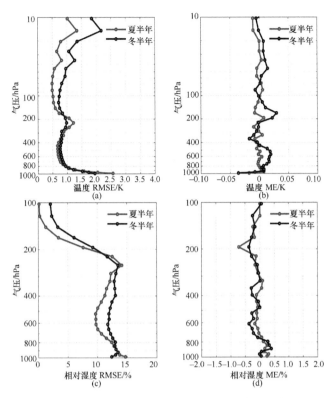

图 5-35 北极地区海洋反演误差随高度变化趋势图

体上高于冬半年。陆地相对湿度反演结果的 ME 在 200 hPa 处有一个较小值,约为–1.5 %,其他高度层基本在 0.5 %以内。

图 5-36 是用神经网络算法分别基于 HIRAS、AIRS 两种观测资料反演北极大气温度廓线的 RMSE 对比,整体上 HIRAS 资料反演温度廓线的误差分布与 AIRS 资料是一致的。冬半年利用 HIRAS 资料反演大气温度廓线的精度整体上比利用 AIRS 资料反演的精度高;在夏半年,利用 HIRAS 资料反演的精度与 AIRS 资料反演结果相比稍低。

图 5-37 是用神经网络算法分别基于 HIRAS、AIRS 两种观测资料反演北极大气相对湿度廓线的 RMSE 对比。利用 HIRAS 资料反演相对湿度廓线的精度与 AIRS 资料整体上精度相当,某些高度层 HIRAS 资料反演精度高,某些高度层 AIRS 反演精度高,但 RMSE 总体在 10%~15%。

3. 加入微波资料改进大气温湿度反演精度研究

对于大气温、湿度廓线反演而言,云被作为卫星观测辐射值中的一种污染因素处理。微波通道与红外高光谱通道是两种性质差别很大的探测通道,HIRAS 虽然具有较高的光谱分辨率,但受云的影响严重,云以下反演精度不高;因此在利用高光谱红外探测仪反演大气参数时需要使用晴空卫星观测值。以往的研究中大多是利用云产品匹配来剔除受云影响的观测像元,但该方法受到云产品精度的影响,并且极区冬季云量较多(Eastman and Warren，2010；王新等，2020），使得极区大气温湿度反演精度在对流层中低层不高。而微波探测仪虽然光谱分辨率较低，但在微波区域，云几乎是透明的。因此，本研究使用人工神经网络的方法，从 FY-3D/HIRAS 资料中反演极区晴空条件下大气温湿度廓线，同时结合 FY-3D 的垂直大气探测器组（VASS：HIRAS/MWTS-II/ MWHS-II）的微波资料来提高对流层低层反演结果。

表 5-18 和表 5-19 具体给出了 FY-3D 微波温湿度探测仪器的参数信息。FY-3D/ MWTS-II 频率为 50～60GHz，共有 13 通道，星下点分辨率为 33km，仪器灵敏度达到 0.3～ 2.1K，定标精度达到 1.5K。89GHz、150GHz 为 MWHS-II 的窗区通道，它给出地球表面和低层大气信息，118GHz、183GHz 是氧气和水汽吸收线，用于探测大气温湿度信息。位于氧气吸收线 118.75GHz 附近的一组探测通道可用于改进对流层顶大气温度探测精度。

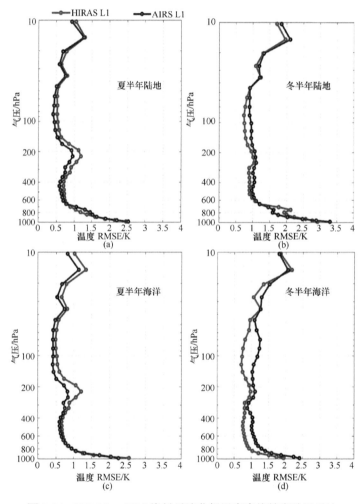

图 5-36　HIRAS、AIRS 资料反演北极温度廓线精度验证对比

红色：基于神经网络算法利用 HIRAS
观测资料反演的 RMSE；黑色：基于神经网络算法利用 AIRS 资料反演的 RMSE。下同

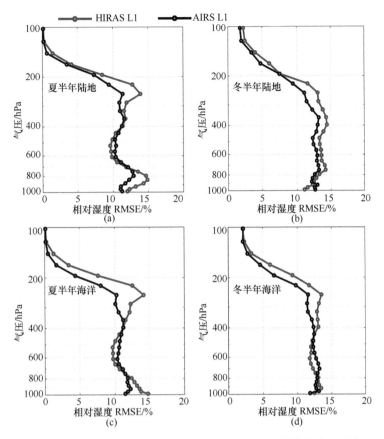

图 5-37 HIRAS、AIRS 资料反演北极相对湿度廓线精度验证对比

红色：基于 NN 算法利用 HIRAS 观测资料反演的 RMSE；黑色：基于 NN 算法利用 AIRS 资料反演的 RMSE

表 5-18   FY-3D/MWTS-II 仪器参数

通道	中心频率/GHz	定标精度/K	用途
1	50.3	1.5	温度廓线
2	51.76	1.5	温度廓线
3	52.8	1.5	温度廓线
4	53.596	1.5	温度廓线
5	54.40	1.5	温度廓线
6	54.94	1.5	温度廓线
7	55.50	1.5	温度廓线
8	57.29344（fo）	1.5	温度廓线
9	fo±0.217	1.5	温度廓线
10	fo±0.3222±0.048	1.5	温度廓线
11	fo±0.3222±0.022	1.5	温度廓线
12	fo±0.3222±0.010	1.5	温度廓线
13	fo±03.222±0.0045	1.5	温度廓线

表 5-19 FY-3D/MWHS-II仪器参数

通道	中心频率/GHz	定标精度/K	用途
1	89.0	1.3	背景微波辐射探测、降水检测
2	118.75±0.08	2.0	大气温度和降水参数垂直探测
3	118.75±0.2	2.0	
4	118.75±0.3	2.0	
5	118.75±0.8	2.0	
6	118.75±1.1	2.0	
7	118.75±2.5	2.0	
8	118.75±3.0	2.0	
9	118.75±5.0	2.0	
10	150.0	1.3	背景微波辐射探测、降水检测
11	183.31±1	1.3	大气湿度垂直结构探测
12	183.31±1.8	1.3	
13	183.31±3	1.3	
14	183.31±4.5	1.3	
15	183.31±7	1.3	

1）数据匹配

使用反距离权重插值法将红外高光谱探测仪 HIRAS 与微波探测仪资料进行匹配（陈逸伦等，2016）。根据该公式，HIRAS 像元上待计算的微波亮温 T_c 可表示为

$$T_c = \frac{\sum_{i=1}^{n}\left(\dfrac{1}{d_i}\right)^k T_i}{\sum_{i=1}^{n}\left(\dfrac{1}{d_i}\right)^k}$$

式中，n 为 HIRAS 像元小区域内 MWTS 像元的个数；d_i 为第 i 个 MWTS 像元到该 HIRAS 像元的距离；用来调节插值函数曲面形状的加权幂指数 k 取 2；T_i 为第 i 个像元的亮温。小区域的半径为 50km，这样保证每一个 HIRAS 周围有 6～15 个 MWTS 的探测点，既能降低整个插值过程计算量，又能最大限度地保留原始微波探测信息。本实验中利用自检方法来评估该方法的效果。

自检方法说明：

以 MWTS 的一个数据文件（2019-07-01 00:32）为例，如图 5-38 所示。图中蓝色点代表该文件中所有经过 59°N 的扫描点；红色点为待检验点（975 个）。

（1）随机抽取 MWTS 探测的部分像元作为待检验点，这些点微波亮温作为真值；

（2）以 50km 为范围，选取待检验点周围 MWTS 像元的亮温，利用 IDW 方法计算待检验点的插值亮温；

（3）将计算的插值亮温与待检验点微波亮温真值作比较，计算每个通道的 RMSE 和相关系数。

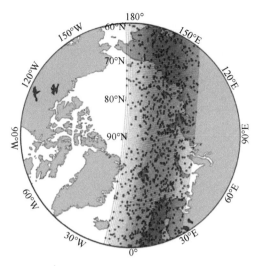

图 5-38　MWTS 经过北极地区扫描点分布（2019-07-01 00:32）

图 5-39 是将 MWTS-II 前 4 个通道的亮温通过 IDW 方法插值到 HIRAS 像元上的结果。可以看出，原始探测结果与 IDW 插值结果的整体分布情况基本相同，并未发生失真、歪曲，说明该方法实现了 HIRAS 与 MWTS-II 资料的匹配。利用上述方法同样将微波湿度计 MWHS-II 的亮温插值匹配到 HIRAS 观测像元上。

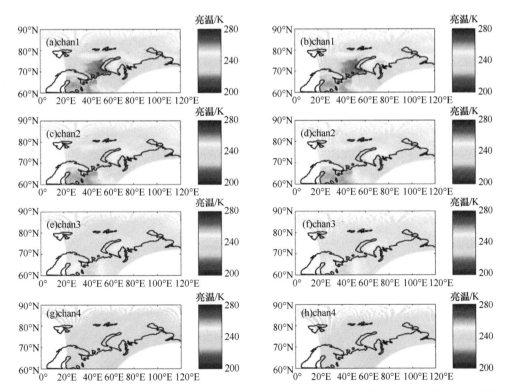

图 5-39　MWTS-II 前 4 个微波通道匹配前（左侧）和利用 IDW 方法插值到 HIRAS 像元后（右侧）亮温（HIRAS：2019-04-30 23:30）

2）神经网络模型的构建及精度分析

利用上述方法，将微波探测仪亮温匹配到 HIRAS 像元，得到的建模与精度验证样本如表 5-20 所示。

表 5-20   HIRAS/MWTS/MWHS 资料匹配样本　　　　　　（单位：个）

分类	建模样本	检验样本
夏半年陆地	17696	4777
夏半年海洋	18490	9255
冬半年陆地	12653	3181
冬半年海洋	17673	4424

神经网络输入层神经元的个数由 220 个增加到 250 个。隐含层节点数增加值为 360 个，重新训练神经网络。

为了进一步验证本书提出的利用 FY-3D/VASS 多源遥感资料构建的神经网络反演模型（NNs-250）的性能与仅利用 FY-3D/HIRAS 资料构建的模型（NNs-220）相比是否有所提高，计算提高了多少，本书比较了两种方案反演的温度均方根误差（RMSE），结果如图 5-40（a）、图 5-40（c）所示。虚线和实线分别代表 NNs-220 和 NNs-250 温度廓线反演的均方根误差（RMSE）。可以看出，与仅利用 FY-3D/HIRAS 资料构建的 NNs-220 模型相比，NNs-250 的精度有所提高。图 5-40（b）、图 5-40（d）为 NNs-250 反演的 RMSE 减 NNs-220 反演的 RMSE，数值越小，代表精度提高的效果越明显。图 5-40（b）、图 5-40（d）显示了反演精度改善随高度的变化情况。600 hPa 以下的对流层，陆地上的温度反演性能比在海洋上有更显著的提高。在冬半年和夏半年，陆地上近 1000 hPa 处温度反演的 RMSE 可分别降低 0.45K 和 0.3K。其中，冬半年平流层 RMSE 也显著降低。洋面上 800hPa 以下温度 RMSE 降低约 0.2 K，全年改善效果相差不大。同时，北极地区存在强烈的辐射冷却，导致北极地区存在强烈的逆温层，并且在冬半年逆温的频率和厚度更大，这些都导致对流层低层反演难度的增大，尤其是在冬半年近地层温度反演精度较低。

图 5-41 显示了 NNs-250 和 NNs-220 模型反演相对湿度廓线的 RMSE 对比结果。可以看出，对流层低层的反演精度也有所提高，其他高度层的改善不明显。在陆地上，冬半年反演性能提高更明显，反演结果的 RMSE 最大降低了 1.5 %。夏半年海洋上相对湿度反演精度提高较明显，RMSE 最大可降低 2 %。

通过图 5-40 和图 5-41 的对比可知，要想基于神经网络算法获得高精度的北极温度和相对湿度反演结果，仅使用 FY-3D/HIRAS 红外高光谱数据是不够的。利用同平台搭载的微波温、湿度计观测数据作为红外通道的补充，实现 FY-3D 卫星多源遥感数据反演，是进一步提高北极地区对流层底部反演精度的可行方案。

4. NNs 反演精度与卫星业务产品精度对比分析

1）与 FY-3D/HIRAS L2 业务反演产品的比对

以 ERA5 为检验源，统计 2019 年 7～8 月（夏季）、2019 年 11 月～2020 年 4 月

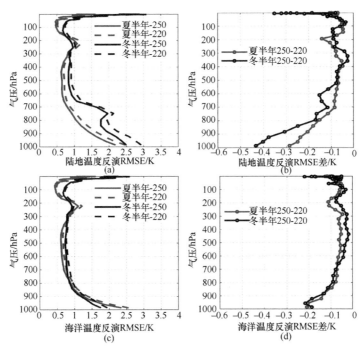

图 5-40　北极地区温度廓线反演的 RMSE

以 ERA5 为真值；（a）、（c）代表不同资料反演误差对比，（b）、（d）代表 FY-3D/VASS 与 FY-3D/HIRAS 反演 RMSE 的差值；红色代表夏半年，黑色代表冬半年

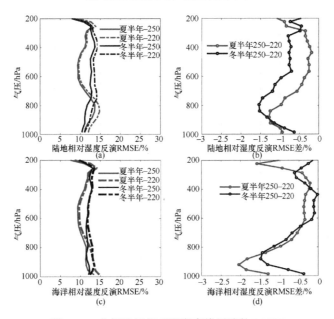

图 5-41　北极地区相对湿度廓线反演的 RMSE

ERA5 为真值；（a）、（c）代表不同资料反演误差对比，（b）、（d）代表 FY-3D/VASS 与 FY-3D/HIRAS 反演 RMSE 的差值；红色代表夏半年，黑色代表冬半年

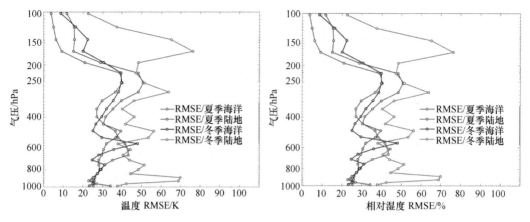

图 5-42　极区 HIRAS 业务温湿度反演产品精度

（冬季）HIRAS L2 温湿度廓线产品的精度。用于温度产品精度验证的样本如下：夏季陆地（446 个）、夏季海洋（3069 个）、冬季陆地（67 个）、冬季海洋（962 个）。用于相对湿度廓线产品精度验证的样本如下：夏季陆地（407 个）、夏季海洋（2850 个）、冬季陆地（54 个）、冬季海洋（969 个）。产品精度验证结果如图 5-42 所示。

从图 5-42 中的温度反演产品精度验证结果可以看出，冬季海洋上的 FY-3D/HIRAS L2 大气温度廓线产品整体精度表现较好，近地面误差在 3～4.5K，对流层中层高层误差较小，基本在 2K 以内；夏季海洋上的反演误差整体上比冬季海洋要低 1～2K；冬季陆地精度最差，考虑可能是冬季陆地样本量（67 个）偏小造成的。其中，冬季陆地相对湿度精度较低。对比分析 FY-3D 水汽和温度业务产品精度，可见相对湿度产品的夏冬海陆精度特征基本和温度一致，但冬季海洋的优势不明显。HIRAS L2 业务反演算法并没有对极区的特殊性进行考虑，因此精度较低，不建议用户使用极区的产品。

2）与 FY-3D/VASS L2 业务反演产品对比

本研究利用 FY-3D/VASS（HIRAS/MWTS/MWHS）资料建立的神经网络反演模型的精度与 FY-3D/VASS L2 产品精度进行对比（使用相同的参考：ERA5），选取时间段是冬半年（2019 年 11 月～2020 年 4 月，每个月 4 天）。陆地和海洋上用于温度检验的样本个数分别为 196 个、464 个；用于相对湿度检验的样本个数分别为 196 个、395 个。精度验证结果如图 5-43 所示。

从图 5-43 中可以看出，FY-3D/VASS L2 产品在海洋和陆地上反演的温度与 NNs 反演的温度的 RMSE 随高度的变化趋势是一致的。在对流层低层反演误差较大，温度反演精度随高度增加而增加。左列清晰地展现了对流层精度的对比。通过对比可以看出，本研究反演得到的大气温度精度在对流层各个高度层均有了明显提高，并且可以看出，FY-3D/VASSL2 大气温度产品在陆地上反演精度较差，其中，近地层约为 12K。通过最右列图可以看出，VASS L2 产品的温度在对流层整体上比 ERA5 偏小，平流层偏大。而 NNs 反演的温度与 ERA 之间平均偏差在 0 左右。

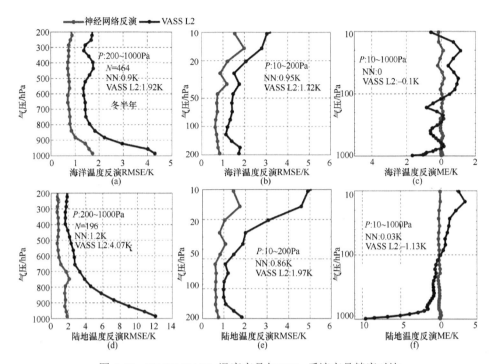

图 5-43　FY-3D/VASS 温度产品与 NNs 反演产品精度对比

以 ERA5 为检验源；P 代表气压；N 代表样本量；NN 代表神经网络模型反演精度；VASS L2 代表 FY-3D/VASS L2 温度产品精度

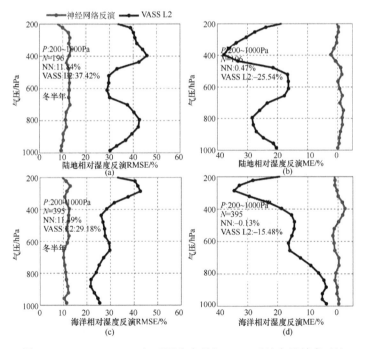

图 5-44　FY-3D/VASS 相对湿度产品与 NNs 反演产品精度对比

以 ERA5 为检验源；P 代表气压；N 代表样本量；NN 代表神经网络模型反演湿度的精度；VASS L2 代表 FY-3D/VASS L2 湿度产品的精度

从图 5-44 中可以看出，本研究提出的 NNs 反演极地大气相对湿度廓线精度与 FY-3D/VASS L2 产品相比，有了显著提高。冬半年陆地上相对湿度反演的 RMSE 由 37.42% 减小至 11.84%。海洋相对湿度反演的 RMSE 由 29.18% 减小至 11.49%。通过平均偏差图对比可以看出，VASS L2 相对湿度产品比 ERA5 明显偏小。NNs 反演相对湿度的 ME 基本在 0 左右。

从图 5-43 和图 5-44 可以看出，经过优化以后的神经网络反演模型的精度与 FY-3D/VASS 二级产品精度相比：

（1）陆地上，200～1000hPa 温度反演的精度总体提高了 2.87 K，相对湿度反演的精度总体提高了 25.58%，10～200hPa 温度反演的精度提高了 1.11 K。

（2）海洋上，200～1000hPa 温度反演的精度总体提高了 1.02 K，相对湿度反演的精度总体提高了 17.69%，10～200hPa 温度反演的精度提高了 0.77 K。

5.4 小 结

通过 FY-3 被动光学多光谱观测数据，针对云和晴空的不同探测目标，分析其光谱特征，随后采用 CALIPSO 观测进行阈值优化，引入损失率函数，确定可区分云和晴空的不同光谱通道阈值，构建云检测技术。根据计算得到的置信度结果，将云检测最终输出为四类，分别为云（置信度 0.75～1）、可能云（置信度 0.5～0.75）、可能晴空（置信度 0.25～0.5）、晴空（置信度 0～0.25）。评估结果显示大部分可信度高的晴空和云基本保持一致。

研究利用被动光学卫星遥感资料，分析了北冰洋海雾/层云的图像特征、辐射特征、纹理特征等遥感影像特征，基于 SBDART 辐射传输模式的模拟仿真计算了不同下垫面类型上、不同云类型和晴空条件下辐射和光谱特征参数。采用随机森林方法，基于 MODIS 数据研发了海雾检测技术，并结合星载激光雷达和现场观测资料对所构建的海雾/层云卫星遥感探测算法开展精度评估，海雾的检测率（POD）为 80.6%，表明利用该算法能够将大部分的海雾/层云探测出来；误检率（PFD）为 22.1%，漏检率（PMD）为 19.4%。

基于 FY-3 无线电掩星探测数据，构建了大气温湿度廓线反演技术。与 ERA5 再分析资料对比后可以看到，在 35km 以下，两者的平均偏差与零线非常接近，平均值约为 0.1K；标准差在 2K 以内。25km 以下的标准差约为 1K。在 5～25km 范围内，平均偏差和标准差都为一个极小值，分别为 0.09K 和 0.84K，表明掩星在该垂直区间与 ERA5 再分析资料之间的差异最小，在 ERA5 在该范围质量可靠的前提下，也可以认为掩星温度在该区间的质量最优。

本章构建了针对北极地区晴空条件下大气温湿度廓线反演研究的数据，包含 ERA5 再分析数据、无线电探空观测数据、FY-3D/HIRAS 红外高光谱数据和 FY-3D/VASS 多源卫星遥感数据。基于人工神经网络算法，联合微波和红外观测资料，构建了北极地区晴空条件大气温湿度多源卫星遥感数据反演模型，并将反演模型与 HIRAS 反演模型进行精度对比，证实本书提出的多源遥感反演能够在一定程度上解决北极地区晴空检测存在误差导致的红外高光谱反演精度在对流层中低层较差的问题。与 ERA5 相比，利用

FY-3D/HIRAS 资料反演北极地区大气温度的精度在夏半年优于冬半年,洋面上温度反演的精度高于陆面。与 FY-3D/HIRAS 反演精度相比,加入微波资料构建的 FY-3D/VASS 多源卫星遥感反演的精度在对流层中低层有了明显提高。尤其是云量较多的冬半年,600 hPa 以下反演精度提高更加明显。以 ERA5 为真值,FY-3D/VASS 反演陆地区温度的 RMSE 在冬半年和夏半年最高分别降低了 0.45 K 和 0.3 K。以探空观测为真值,RMSE 在冬半年降低了 0.5 K 左右,相对湿度反演精度也有所提升,但是没有温度明显。与 FY-3D/VASS L2 产品相比,冬半年陆地和海洋对流层温度 RMSE 分别降低了 2.87 K 和 1.02 K,相对湿度反演的 RMSE 分别降低 25.58 %和 17.69 %。

参 考 文 献

毕研盟, 廖蜜, 张鹏, 等. 2013. 应用一维变分法反演 GPS 掩星大气温湿廓线. 物理学报, 62(15): 576-582.

陈逸伦, 张晷祺, 傅云飞, 等. 2016. 风云三号卫星微波和光谱信号的匹配及其反演应用. 科学通报, 61(26): 2939-2951.

杜明斌, 杨引明, 丁金才. 2009. COSMIC 反演精度和有关特性的检验. 应用气象学报, 20(5): 586-593.

胡雄, 刘说安, 宫晓艳, 等. 2009. COSMIC 大气掩星开环数据反演方法. 地球物理学报, 52(9): 2195-2200.

胡雄, 曾桢, 张训械, 等. 2005. 大气 GPS 掩星观测反演方法. 地球物理学报, (4): 768-774.

刘健, 许健民, 方宗义, 1999. 利用 NOAA 卫星的 AVHRR 资料试分析云和雾顶部粒子的尺度特征. 应用气象学报, 10(1): 28-33.

王新, 黄菲, 王宏. 2020. 春季北极地区云量跷跷板式的趋势变化特征及其对北极放大的云反馈作用. 中国海洋大学学报(自然科学版), 50(7): 10-17.

肖艳芳, 张杰, 崔廷伟, 等. 2017. 海雾卫星遥感监测研究进展. 海洋科学, 41(12): 146-154.

张建伟, 王根, 张华, 等. 2011. 基于主成分累计影响系数法的高光谱大气红外探测器的通道选择试验. 大气科学学报, 34(1): 36-42.

张苏平, 鲍献文. 2008. 近十年中国海雾研究进展. 中国海洋大学学报: 自然科学版, 38(3): 359-366.

Ackerman S A, Strabala K I, Menzel W P, et al. 1998. Discriminating clear sky from clouds with MODIS. Journal of Geophysical Research: Atmospheres, 103(D24): 32141-32157.

Anthes R A, Rocken C, Ying-Hwa K. 2000. Applications of COSMIC to meteorology and climate. Terrestrial Atmospheric and Oceanic Sciences, 11: 115-156.

Belgiu M, Drăguţ L. 2016. Random forest in remote sensing: A review of applications and future directions. ISPRS Journal of Photogrammetry and Remote Sensing, 114: 24-31.

Breiman L. 2001. Random forests. Machine Learning, 45(1): 5-32.

Colditz R R . 2015. An evaluation of different training sample allocation schemes for discrete and continuous land cover classification using decision tree-based algorithms. Remote Sensing, 7(8): 9655-9681.

Collard A. 2007. Selection of IASI channels for use in Numerical Weather Prediction. Quarterly Journal of the Royal Meteorological Society, 133(629): 1977-1991.

Culverwell I D, Healy S B. 2015. Simulation of L1 and L2 bending angles with a model ionosphere. ROM SAF Report 17*Rep.*

Eastman R, Warren S G. 2010. Interannual variations of arctic cloud types in relation to sea ice. Journal of Climate, 23(15): 4216-4232.

Fjeldbo G, Kliore A J, Eshleman V R. 1971. The neutral atmosphere of venus as studied with the mariner V radio occultation experiments. The Astronomical Journal, 76: 123.

Fu G, Guo J T, Xie S P, et al. 2006. Analysis and high-resolution modeling of a dense sea fog event over the

Yellow Sea. Atmospheric Research, 81(4): 293-303.

Gao S, Lin H, Shen B, et al. 2007. A heavy sea fog event over the Yellow Sea in March 2005: Analysis and numerical modeling. Advances in Atmospheric Sciences, 24(1): 65-81.

Ghasemian N, Akhoondzadeh M. 2018. Introducing two Random Forest based methods for cloud detection in remote sensing images. Advances in Space Research, 62(2): 288-303.

Gorbunov M E, Lauritsen K B, Rhodin A, et al. 2006. Radio holographic filtering, error estimation, and quality control of radio occultation data. Journal of Geophysical Research: Atmospheres, 11: D10105.

Gui K, Che H, Chen Q, et al. 2017. Evaluation of radiosonde, MODIS-NIR-Clear, and AERONET precipitable water vapor using IGS ground-based GPS measurements over China. Atmospheric Research, 197: 461-473.

Hajj G A, Kursinski E R, Romans L J, et al. 2002. A technical description of atmospheric sounding by GPS occultation. Journal of Atmospheric and Solar-Terrestrial Physics, 64(4): 451-469.

Healy S B, Eyre J R. 2000. Retrieving temperature, water vapour and surface pressure information from refractive-index profiles derived by radio occultation: A simulation study. Quarterly Journal of the Royal Meteorological Society, 126(566): 1661-1683.

Karlsson K G, Dybbroe A. 2010. Evaluation of Arctic cloud products from the EUMETSAT Climate Monitoring Satellite Application Facility based on CALIPSO-CALIOP observations. Atmospheric Chemistry and Physics, 10(4): 1789-1807.

Key J, Wang X, Liu Y, et al. 2016. The AVHRR polar pathfinder climate data records. Remote Sensing, 8(3): 167.

Kursinski E R, Hajj G A, Schofield J T, et al. 1997. Observing Earth's atmosphere with radio occultation measurements using the Global Positioning System. Journal of Geophysical Research: Atmospheres, 102(D19): 23429-23465.

Phinney R A, Anderson D L. 1968. On the radio occultation method for studying planetary atmospheres. Journal of Geophysical Research(1896-1977), 73(5): 1819-1827.

Rocken C, Ying-Hwa K, Schreiner W S, et al. 2000. COSMIC system description. Terrestrial Atmospheric and Oceanic Sciences, 11(1): 21-52.

Staten P W, Reichler T. 2009. Apparent precision of GPS radio occultation temperatures. Geophysical Research Letters, 36(24).

Syndergaard S. 1998. Modeling the impact of the Earth's oblateness on the retrieval of temperature and pressure profiles from limb sounding. Journal of Atmospheric and Solar-Terrestrial Physics, 60(2): 171-180.

Wang L, Tremblay D, Zhang B, et al. 2016. Fast and accurate collocation of the visible infrared imaging radiometer suite measurements with cross-track infrared sounder. Remote Sensing, 8(1): 76.

Wang X, Li W, Zhu Y, et al. 2013. Improved cloud mask algorithm for FY-3A/VIRR data over the northwest region of China. Atmospheric Measurement Techniques, 6(3): 549-563.

Winker D M, Hunt W H, McGill M J. 2007. Initial performance assessment of CALIOP. Geophysical Research Letters, 34(19): 228-233.

Winker D M, Vaughan M A, Omar A, et al. 2009. Overview of the CALIPSO mission and CALIOP data processing algorithms. Journal of Atmospheric and Oceanic Technology, 26(11): 2310-2323.

Wu D, Lu B, Zhang T C, et al. 2015. A method of detecting sea fogs using CALIOP data and its application to improve MODIS-based sea fog detection. Journal of Quantitative Spectroscopy and Radiative Transfer, 153: 88-94.

Xiao Y F, Zhang J, Qin P, et al. 2019. An algorithm for daytime sea fog detection over the greenland sea based on MODIS and CALIOP data. Journal of Coastal Research, 90(SI): 95-103.

Yi L, Li K F, Chen X Y, et al. 2023. Summer marine fog distribution in the Chukchi-Beaufort Seas. Earth and Space Science, 10(2): e2021EA002049.

第6章 北极典型滨海湿地和海岸线变迁遥感监测技术

全球气候变化是人类目前所面对的最重大的挑战之一。第一次工业革命以来,人类无节制地开发地球资源,肆意向大气中排放温室气体,导致不可逆转的气候变暖加速到来。IPCC 最新研究报告显示,21 世纪的第二个十年,地球表面的平均温度比工业革命之前的平均温度高 1.1℃,并且比过去 12.5 万年的任何时候都高,而且升温速度比过去两千年来的任何时候都快。反过来,气候变暖也对人类赖以生存的环境和人类正常的生产生活带来了巨大的影响。欧盟哥白尼气候变化服务中心 2023 年 7 月发布的数据显示,该月是全球有记录以来最热的月份,全球平均气温与 1850~1990 年的 7 月平均气温相比升温超过 1.5℃。1.5℃的温度上升阈值被科学家们认为是地球温度的一个关键临界点,超过这个阈值,极端高温、洪水、干旱、野火等灾害将变得比现有认知下的情况更加不利于人类生存。同样地,2022年和 2023 年中国夏季平均气温占据了有气候资料记录以来最高的前两位,暴雨、干旱等极端气候事件在华北和黄河中下游地区频繁发生。在北极,夏季海冰覆盖面积近 5 年来逐年下降并屡次刷新历史最低面积数值,照此速度北极最快在 2030 年夏季海冰完全融化;与之相应的,北极海岸带永久冻土层将大面积融化,冰川也将大量消失。2023 年 9 月 4 日,据挪威广播电视公司报道,挪威斯瓦尔巴群岛已经成为世界上气温上升最快的地方之一。

北极是全球气候变化最先影响到而且也是最容易受到影响的区域。全球气候变暖带来了气温升高、冰雪融化、海流变化和海平面上升,这些变化除对全球范围内的自然生态和人类活动造成巨大的影响之外,更重要的是,其会给北极地区的海岸带带来直接的扰动,造成海岸线的蚀退和滨海湿地的退化。这些影响又会间接地导致北冰洋海洋动力环境边界条件和北极局地气候下垫面的变化,并反过来影响全球气候变化的进程。6.1节以马更些河三角洲、勒拿河三角洲和新奥尔松海岸湿地为典型滨海湿地,利用覆盖上述区域的长时间序列遥感数据,发展了北极滨海湿地遥感监测技术,开展了滨海湿地演化高精度卫星遥感监测,并分析了气候变化背景下北极滨海湿地的变迁特征。6.2 节以阿拉斯加德鲁角海岸、西伯利亚莫戈托耶沃湖海岸和新奥尔松海岸为典型海岸,利用覆盖上述区域的长时间序列遥感数据,发展了北极海岸线变迁高精度遥感监测技术,开展了长时间序列北极典型区域海岛海岸侵蚀高精度卫星遥感监测,并分析了海洋环境演变背景下北极海岸线时空变迁特征。

6.1 滨海湿地变迁遥感监测

湿地是"地球之肾"和"天然物种库",是价值最高的生态系统,对维护局地和全球生态平衡至关重要。湿地的存续对于人类的永续发展意义重大，保护湿地已经成为世界性的课题。滨海湿地处于海陆交会地带，范围广阔、环境复杂，大多数情况下难以进入，这给常规专业调查带来了很大的困难。遥感技术具有大范围同步覆盖、高时空分辨率和高效经济的优点，是监测面积大、环境复杂的滨海湿地的不可或缺的重要手段。

全球气候变暖造成了北极冰川的持续融化和北冰洋夏季海冰覆盖范围的逐年减小，这些变化会直接对海洋动力环境和陆地气候条件造成影响，而这些影响又反过来同步作用到了海岸带滨海湿地区域。河口湿地特别是大型河流三角洲湿地作为大气下垫面，在承受气候变化带来的影响的同时又对极区的局地气候产生调节作用。因此，研究极区大型河流入海口三角洲的湿地变迁，对理解全球气候变化在极区引起的海陆气相互作用具有重要的意义。本节选择勒拿河三角洲和马更些河三角洲为研究区，通过时间序列的遥感监测，了解湿地变化特点并分析其对全球变化的响应。除大河三角洲之外，绝大多数的滨海湿地都属于海岸湿地，本章选择人类在北半球纬度最高的聚居区北极斯瓦尔巴群岛新奥尔松海岸为研究区，通过时间序列卫星遥感监测，获取海岸湿地、植被和冰川的长时间序列变化情况，并分析气候变化对海岸湿地的影响。

6.1.1　滨海湿地变迁遥感监测方法

1. 遥感数据获取

北极地区的特点是一年中很长一段时间都会有冰雪覆盖。对极地滨海湿地的监测，主要关注的是滨海湿地植被的覆盖情况和生长情况。因此，对于以滨海湿地监测为目的的遥感数据获取要考虑到植被的生长季节因素。故而，对北极地区遥感图像拍摄时间窗口的要求较为严格。一般情况下，在北极圈内，冰雪完全消融、滨海湿地完全出露的时间在每年的 6～9 月，约有 4 个月的时间；而考虑到植被的生长季节，选择 8 月植被生物量最大时期的遥感图像为最佳。同时，还需要充分考虑到极区在夏季的云雾覆盖情况，这导致很难获取到图像质量合格的光学遥感图像。其解决方法是充分利用并合理搭配当前丰富的光学卫星资源，根据监测研究工作的具体需求，拍摄获取具有合适光谱波段设置和空间分辨率的遥感图像。对于需要开展时间序列特别是长时间序列分析的监测和研究工作，在 2010 年之前的时间段，可用的数据资源少，难以获取到逐年都能满足要求的遥感图像，因此，可适当地放宽时间序列监测的时间段要求，如 5 年一个时间点或 10 年一个时间点。这主要是因为，在北极的绝大部分区域，人类开发利用干扰较少，而且北极滨海湿地在完全自然演化的条件下，并不会每年都发生明显的变化。

在对北极地区的遥感监测研究中，多侧重于开展大区域的监测，通过时间序列的分析了解北极地区的滨海湿地变迁情况，以此来分析或佐证全球气候变化对北极的影响。因此，要求所选用的卫星遥感图像数据要具有足够大的幅宽，这样便可保证对大区域的监测结果在一个统一的时间点上。因此，选择空间分辨率为 10～50 m 的卫星遥感数据为最佳。可用的数据源包括美国 Landsat 系列卫星数据、中国环境小卫星星座遥感数据和海洋一号系列卫星遥感数据等。

目前大部分的光学卫星虽然都为太阳同步卫星，但不能覆盖北极点，即越靠近北极点的区域，遥感数据资源越少，且大部分的卫星只能覆盖到 88°N 以南。考虑到在这个纬度以北的区域已经极少有陆地区域存在，因此，目前的遥感卫星对北极海岛海岸带特别是滨海湿地的监测都是足够的。

航空监测数据特别是无人机监测数据，是北极地区滨海湿地卫星遥感监测的重要补充。对于部分重点的研究区域，在条件允许的前提下，可使用更为机动灵活、空间分辨率更高的航空遥感数据，同时在航空飞行平台上可选择搭载种类更为丰富的光学传感器。对于国内研究团队，开展北极地区的有人机和无人机遥感飞行并不容易，需要考虑并获得极地研究区域所在国家或地区的许可。

2. 现场调查数据获取

现场调查数据是完成滨海湿地遥感监测并取得客观、准确监测成果的重要前提和保障。北极滨海湿地遥感监测所需的现场调查数据一般包括现场地物目标解译照片（特别是北极湿地植物）和地物目标识别记录、调查站点经纬度坐标、湿地植物类型识别记录、植物地面覆盖度评估数据、湿地类型和植物类型的地物光谱数据（地物光谱数据获取要满足相关的操作规范），有条件的还可以现场采集植物类型的标本、植物生长区域 20cm 以浅的土壤样本等；同时，对于植被生态系统遥感监测还需要获取植物的生长参数数据，包括监测样方内植被分布的多样性、植物密度、高度等，对于灌木和乔木，则要获取植物的高度、冠幅、基径和胸径等参数。上述现场调查数据资料，可用于北极滨海湿地生态系统的健康状况分析、生物多样性分析、生物量分析和变化原因分析等。

在北极地区开展面向光学遥感监测的现场调查，所使用的现场调查装备一般包括照相机、手持定位设备、地物光谱仪、用以框定样方的标尺和用以测量长度的卷尺等，在开展植物生态遥感监测时还应包括植物样本采集设备和土壤样本采集设备，即果木剪刀、便携式土铲和环刀以及保存植物和土壤样本的密封袋等。同时应记录每一个调查站点的相关信息，包括调查时间、经纬度、地物信息描述（包含调查站点四周的地物情况记录）、上述观测的植物样方信息和地物光谱仪数据信息（应同时记录与表述天气和太阳高度情况）等。

滨海湿地因潮汐、潮沟阻碍和淤泥质潮间带滩涂的综合影响而难以开展现场调查工作，特别是对人迹罕至、河湖密集、潮沟纵横、沼泽泥潭遍布的北极滨海湿地开展现场调查更为困难。其一般通过与相关国际组织、相关国家科研团队联合调查的方式进行现场调查工作。

3. 数据处理和遥感分类方法

对获取的光学卫星遥感图像数据进行处理的主要环节包括数据的质量评价和遴

选、波段组合、大气校正、几何校正（必要时进行正射校正）、图像配准和图像裁切（拼接）等。其中，设置数据质量评价和遴选环节的目的是去除传感器自身原因导致的数据质量退化的数据，同时对有明显云雾影响的特别是关键湿地分布区域有云覆盖的数据进行去除；大气校正是开展后续滨海湿地遥感分类的关键预处理环节，由于通用遥感图像处理软件中并未提供适用于极地区域，即适合极地气溶胶条件和低太阳高度角条件的大气校正模型，因此需要通过收集监测区域的大气气溶胶观测数据建立适合的校正模型，或者在现场调查和遥感图像拍摄时间可严格同步的前提下建立利用现场地物光谱反射率观测数据的大气校正模型；几何校正和图像配准是正确利用现场调查数据，以及开展时间序列北极滨海湿地变迁分析的重要基础。在有明显山地起伏的区域，应利用 DEM 数据开展正射校正处理，目前可用的 DEM 数据包括 SRTM DEM 和 ASTER DEM 等。

太阳高度角低是在北极地区开展光学遥感监测的重要影响因素之一。在北极地区有高山冰川存在的海岸带，由于常年的冰雪剥蚀作用，山体一般比较陡峭。而且，冰川的融水会在山脚形成季节性的河流和常年有水的溪流。这些水体在海岸带区域土壤稍显丰富的位置发育了不同类型的植被群落，其中就包括以湿地苔藓和极地苔原等为代表的滨海湿地。北极圈内的太阳高度角较低（普遍在夏季太阳高度角都小于 30°）。上述地形和太阳高度角共同对基于光学遥感的滨海湿地监测造成了不可忽视的影响。因此，需要对遥感图像进行阴影去除处理，可选的方法包括 NDVI 校正法和 NDPI 校正法等（见 6.1.4节）。阴影去除应能同时完成对山体阴影和云阴影的去除。

实现对遥感图像中滨海湿地地物类型的高精度分类，是实现北极海岸带滨海湿地信息提取和变化监测的关键环节。遥感图像分类方法是当前遥感技术领域研究的热点，基于深度学习框架的相关方法已经在很多遥感领域取得了成功的应用，传统的以最大似然法为代表的基于贝叶斯统计思想的分类方法和以支持向量机为代表的基于结构风险最小化思想的分类方法，仍然以其鲁棒、易用等特点而被广泛使用。根据本章的分析，在北极地区难以获取现场调查资料，即小样本问题较为普遍和突出。由此，在分类方法的选择上，推荐选用对分类样本数量要求不高的最大似然法和支持向量机方法。

6.1.2 马更些河三角洲变迁遥感监测

马更些河三角洲是流经加拿大的马更些河在北冰洋海岸带形成的河口三角洲，是北极第二大河口三角洲。马更些河三角洲自然资源丰富，景观类型复杂，孕育并维系着大量野生动植物的繁衍生息，在维护生物多样性和改善气候等方面发挥着不可替代的作用。众多学者对马更些河三角洲的遥感研究主要围绕近地表冻土监测（Nguyen et al.，2009；Henry and Smith，2001）、环境变化监测（Kuenzer et al.，2015；Lacelle et al.，2015；Olthof et al.，2005；Healey et al.，2005）和湿地与环境因素定量模型研究（Dillabaugh and King，2008）等方面展开。Olthof 和 Fraser（2014）基于 1985～2011 年的 Landsat 影像对加拿大高纬度区域的景观变化进行监测，最终获得 8 个变化过程的分类图像。Kokelj 等（2012）综合遥感数据和现场调查数据，研究风暴潮对马更些河三角洲北部生态环境的影响。

本节基于国产 GF-1 和 Landsat 系列卫星遥感数据，结合 GIS 分析技术，应用最大似然法对马更些河三角洲不同时期的湿地类型分布信息进行提取，开展马更些河三角洲湿地长时间序列变化监测，并进行对比分析。

1. 研究区与数据

马更些河三角洲位于加拿大西北部，是北极地区的第二大河口三角洲，其北临波弗特海，南抵麦克弗森堡，西接理查德森山脉，东至伊努维克。马更些河三角洲是由河道和湖组成的网络分割的巨大低地冲积平原（Burn，1995）。由热喀斯特过程造成的数千个小湖泊和大量河流支流覆盖着 30%～40% 的三角洲冲积土地。马更些河三角洲属于极地苔原气候，春季冰川融水泛滥，夏季和秋季偶尔发生风暴潮，由于每年都被淹没，其与周围地区地貌、景观和地面覆盖类型区别明显（图 6-1）。

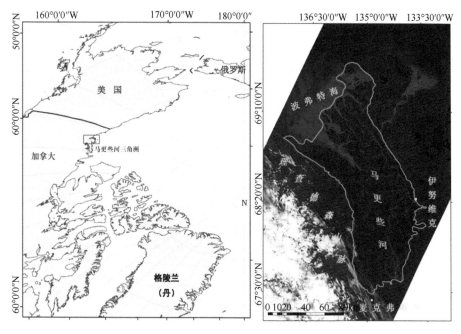

图 6-1　研究区位置示意图

底图为 GF-1 WFV 影像，以 R4，G3，B2 显示

2. 数据及预处理

所用的遥感数据主要有 GF-1 卫星影像、Landsat 卫星影像和 DEM 数据，在时相上覆盖 2002 年、2009 年和 2017 年，其中 GF-1 WFV 数据 2 景、Landsat 5 TM 数据 3 景、Landsat 7 ETM+数据 4 景，用于对马更些河三角洲湿地类型及其变化进行监测；Landsat 8 OLI 卫星影像 1 景，主要用于对 GF-1 卫星影像进行几何校正；ASTER GDEM 数据 4 景，主要用于辅助湿地类型信息提取。GF-1 卫星、Landsat 系列卫星有效载荷技术指标和遥感数据介绍分别如表 6-1 和表 6-2 所示。

表 6-1　GF-1 卫星和 Landsat 系列卫星有效载荷技术指标

参数		GF-1 WFV	Landsat 5 TM	Landsat 7 ETM+
光谱范围/μm	B1（蓝）	0.45～0.52	0.45～0.52	0.45～0.52
	B2（绿）	0.52～0.59	0.52～0.60	0.52～0.60
	B3（红）	0.63～0.69	0.63～0.69	0.63～0.69
	B4（近红外）	0.77～0.89	0.76～0.90	0.76～0.90
	B5（中红外）		1.55～1.75	1.55～1.75
	B6（热红外）		10.40～12.50	10.40～12.50
	B7（中红外）		2.09～2.35	2.09～2.35
	B8（全色）			0.52～0.90
幅宽/km		800	185	185
重访周期/天		4	16	16

表 6-2　所用遥感数据类型及成像时间

影像类型	成像时间（年-月-日）/名称	空间分辨率/m	用途
Landsat 7 ETM+	2002-8-28	30	监测马更些河三角洲湿地类型及其变化
Landsat 7 ETM+	2002-8-28	30	
Landsat 7 ETM+	2002-7-22	30	
Landsat 7 ETM+	2002-7-22	30	
Landsat 5 TM	2009-8-23	30	
Landsat 5 TM	2009-8-23	30	
Landsat 5 TM	2009-7-17	30	
GF-1 WFV	2017-7-17	16	
GF-1 WFV	2017-7-17	16	
Landsat 8 OLI	2017-7-28	15	校正 GF-1 WFV 数据
DEM	ASTGTM2_N67W135	30	马更些河三角洲高程数据，辅助湿地类型
	ASTGTM2_N68W135	30	
	ASTGTM2_N68W136	30	
	ASTGTM2_N69W136	30	

注：DEM 数据来源于中国科学院计算机网络信息中心地理空间数据云平台（http://www.gscloud.cn）。

对 GF-1 和 Landsat 遥感影像进行辐射定标、大气校正、正射校正、几何校正等数据处理，同时，由于马更些河三角洲面积巨大及影像幅宽的限制，一景影像难以完全覆盖整个马更些河三角洲区域，需两景或多景影像镶嵌成一幅影像来覆盖研究区，故要对影像进行镶嵌处理。

（1）辐射定标：利用定标系数将卫星图像 DN 值转换为辐亮度图像，公式如式（6-1）所示：

$$L_e(\lambda_e) = \text{Gain} \cdot \text{DN} + \text{Offset} \tag{6-1}$$

式中，$L_e(\lambda_e)$ 为转换后辐亮度；DN 为卫星载荷观测值；Gain 为定标斜率；Offset 为绝对定标系数偏移量。该处理结果将作为大气校正的输入值。

（2）大气校正：对 GF-1 WFV 和 Landsat 多光谱影像进行大气校正，消除大气和光照等因素对地物反射的影响，本研究采用基于 MODTRAN 4 辐射传输模型的 FLAASH 大气校正模块对遥感影像进行大气校正。校正后生成反射率图像。

（3）几何校正：以具有较高自主定位精度的 Landsat 8 OLI 遥感影像（分辨率为 15m）为基准，对 GF-1 WFV 遥感影像进行配准，均方根误差均小于 0.5 个像元；配准过程中以 WGS84 地理坐标系和 UTM 投影作为数学基础。

（4）正射校正：利用 DEM 数据对因高程起伏而导致的图像空间畸变进行校正，生成多中心投影平面正射校正图像。这里使用的 DEM 数据是 2009 年 NASA 和日本经济产业省共同制作推出的 ASTER GDEM 数据，其空间分辨率为 30 m。

（5）影像镶嵌：将三个时期的多幅成像时间一致的 GF-1 影像和 Landsat 影像分别拼接在一起，构成一幅覆盖研究区的整体影像。

3. 监测方法

最大似然法又称为贝叶斯（Bayes）分类法，在两类或多类判别中，该方法是基于统计学原理，根据最大似然比贝叶斯判决准则法建立非线性判别函数集，假定各类分布函数为正态分布，通过选择训练区，计算各待分类样区的归属概率而进行分类的一种图像分类方法。其优点是原理直观，实施方便，并且以贝叶斯理论和先验知识融合分类，密度分布函数可以有效、清晰地解释分类结果，在多光谱遥感图像分类中应用最为广泛。

基于处理后的 GF-1 WFV3 和 Landsat 遥感影像，结合相关文献资料（Nguyen et al.，2009），建立马更些河三角洲典型湿地类型的分类体系和遥感解译标志（表 6-3）；在此基础上，选取训练样本，应用最大似然法对马更些河三角洲湿地类型信息进行分类和提取。分类过程中，对三个时相遥感影像数据采用相同的训练样区。

表 6-3　马更些河三角洲典型湿地类型

湿地类型	遥感影像解译标志	描述
水体		热喀斯特过程产生数以千计的小浅湖和河流，浅湖在影像上呈现黑色调，河流呈现浅蓝色调
大麻黄-莎草混生		草本苔原，每年都被洪水淹没，在影像上呈现浅红色调，点状纹理
柳树		灌丛苔原，在影像上呈现浅红色调，条状纹理

湿地类型	遥感影像解译标志	描述
柳树–大麻黄混生		在影像上呈现深红色调，大片簇状纹理
桤木		在影像上呈现均匀的亮红色调
云杉		在影像上呈现暗红色调
潮滩		无植被生长，常被海水淹没，在影像上呈现灰色调

为验证地物信息提取的精度，本节参考了 Nguyen 等（2009）于 2006 年 7 月、8 月在马更些河三角洲部分区域进行实地调查的资料，以及他们利用 2006 年 7 月的 SPOT 5 卫星遥感影像开展的三角洲北部、中部和南部区域的 3 个子区域专家解译分类结果［图 6-2（左）］，并将其作为地表真实数据，通过建立混淆矩阵，对本节中得到的 2017 年 7 月的分类结果［图 6-2（右）］进行精度评价。精度评价采用了 4 项指标，分别为总体精度、Kappa 系数、制图精度和用户精度。分类精度评价结果如表 6-4 所示。

由表 6-4 可知，采用最大似然法在马更些河三角洲三个子区域分类的平均总体精度为 88.93%，平均 Kappa 系数为 0.8401，表明评价者之间具有很好的一致性，分类结果较好。

4. 监测结果与分析

采用最大似然法开展 2002 年、2009 年和 2017 年马更些河三角洲典型湿地信息提取，得到的监测结果如图 6-3 所示。从整体来看，马更些河三角洲大致可分为三个植被生态区：①南部三角洲，以森林为主，主要树种是云杉；②中部三角洲，是森林到灌木苔原的过渡带，云杉森林覆盖明显减少，以柳树和桤木为主的灌木群落增加；③北部三角洲，生长着灌木和草本苔原群落，主要分布着柳树、大麻黄和莎草等物种。

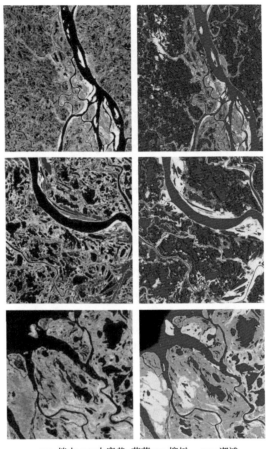

图例：
■ 桤木　■ 大麻黄–莎草　□ 柳树　　□ 潮滩
■ 云杉　□ 柳树–大麻黄　■ 水体

图 6-2　马更些河三角洲 3 个子区域分类图

左侧为 Nguyen 等（2009）利用 2006 年遥感影像的分类结果，右侧为本节利用 2007 年遥感图像的分类结果；
上：南部区域，中：中部区域，下：北部区域

表 6-4　马更些河三角洲小区域分类精度表

区域	类型	制图精度/%	用户精度/%	总体精度/%	Kappa 系数
南部	水体	97.76	82.27	89.71	0.8678
	桤木	99.03	96.89		
	柳树–大麻黄	87.33	88.69		
	云杉	81.33	83.38		
	潮滩	70.31	95.75		
中部	水体	99.86	99.82	83.42	0.7324
	桤木	93.86	96.60		
	柳树–大麻黄	90.44	61.40		
	云杉	65	71.05		
北部	水体	99.78	99.80	93.66	0.9200
	大麻黄–莎草	94.04	76.15		
	柳树	89.11	93.62		
	潮滩	100	96.32		

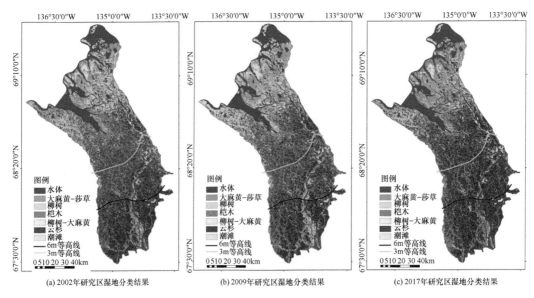

图 6-3　马更些河三角洲湿地分类专题图

　　基于湿地类型分布结果，经过 GIS 分析和统计，得到马更些河三角洲典型湿地类型分布面积现状（表 6-5）和三个时段的湿地类型面积变化分析图（图 6-4）。由图 6-4 可知，2002～2017 年，水体和云杉面积呈增长态势，增长总面积分别为 $2.43×10^4$ hm^2 和 $2.87×10^4$ hm^2；植物群落中，除云杉外，其他类型面积均呈减少趋势，其中大麻黄-莎草面积变化最剧烈，15 年间减少了 $3.88×10^4$ hm^2。在马更些河三角洲各湿地类型中，柳树-大麻黄面积变化较为平稳，在 2002～2017 年、2002～2009 年和 2009～2017 年变化的面积分别为-493.84 hm^2、6194.91 hm^2 和-6688.75 hm^2。从图 6-4 中还可以发现，2002～2009 年，随着水体面积的增加，大麻黄-莎草混生草本植物、桤木和潮滩面积变化剧烈，表现为大麻黄-莎草和桤木分别大幅度减少 $5.52×10^4$ hm^2 和 $2.30×10^4$ hm^2，潮滩大幅度增加 $4.90×10^4$ hm^2，而除桤木外的其他灌丛和木本植物面积均有所增加。2009～2017 年，随着水体面积的进一步增加，灌丛植物柳树和柳树-大麻黄混生群落面积减少，减少量分别为 $1.63×10^4$ hm^2 和 $6.69×10^3$ hm^2；桤木面积呈增长态势，增加 $1.46×10^4$ hm^2。

表 6-5　马更些河三角洲典型湿地类型分布面积统计表　　　　（单位：hm^2）

	2002 年	2009 年	2017 年
水体	482322.92	485833.16	506594.75
柳树-大麻黄	141260.86	147455.77	140767.02
大麻黄-莎草	204580.38	149326.17	165756.59
柳树	55108.5	60607.14	44325.02
桤木	225649.02	202642.7	217290.6
云杉	252210.21	266263.19	280920.78
潮滩	34455.72	83459.48	39932.85

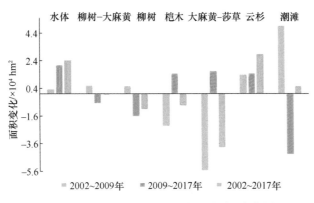

水体　柳树–大麻黄　柳树　桤木　大麻黄–莎草　云杉　　潮滩

图 6-4　马更些河三角洲湿地类型面积变化图

由表 6-5 和图 6-3 可知，马更些河三角洲面积巨大，总共约 $1.39×10^6$ hm^2，由热喀斯特过程造成的数千个小湖泊和大量河流支流覆盖着大约 35% 的三角洲冲积土地，并呈继续增长的趋势。云杉是马更些河三角洲地区的优势树种，其覆盖面积在植物群落中最大，并逐年增长，2017 年达到 $2.81×10^5$ hm^2；桤木在植物群落中的覆盖面积仅次于云杉，最大面积为 2002 年时的 $2.26×10^5$ hm^2；马更些河三角洲湿地类型中覆盖面积最小的为潮滩，2009 年的最大面积仅有 $8.35×10^4$ hm^2，占总面积的 5.98%。

从图 6-5 中可以直观地看到，2002~2009 年，湿地类型中面积减少较多的大麻黄–莎草和桤木主要转化为潮滩和水体；2009~2017 年，潮滩面积大幅度减少，主要转化为大麻黄–莎草、桤木和水体；整体来看，2002~2017 年，水体面积的持续增加对应着分布于河道附近的大麻黄–莎草和柳树等草本、灌丛植物的大面积减少，桤木主要转化为马更些河三角洲地区的优势树种云杉。

由监测结果可知，2002~2017 年水体的面积呈持续增长的态势。马更些河地处高纬度地区，全年冰期长（上游 10 月至次年 5 月，下游 9 月至次年 6 月），马更些河道于 5月中旬至下旬开始解冻，支流解冻时间早于干流，因而解冻期间，尤其在形成冰坝的情况下，常有高水位和洪水泛滥。流域降水量很少，南部一般为 370 mm，西北部只有 250mm。其中，主要降水集中在夏季，而在冬季降雪并不多。由上述分析可知，水体面积增加的主要原因是全球气候变暖导致的冰雪融化、多年冻土解冻和海平面上升。水体面积的持续增加将引发景观不稳定，继而危害北极自然生态系统的平衡和大部分沿海地区北极居民的生存。

2002~2017 年，莎草–大麻黄混生群落和桤木群落的面积均是先减少后增加。莎草–大麻黄混生群落主要生长在海拔较低的北部三角洲河道附近，水体面积的增加势必会淹没这些草本植物，同时桤木群落的耐淹和耐沉积性较差，导致 2002~2009 年莎草–大麻黄混生群落和桤木群落的面积大幅度减少。2009 年以后，随着水体面积的进一步增加，莎草–大麻黄混生群落和桤木群落的面积大大增加，原因可能是大麻黄群落具有耐寒耐淹的特点，在极端生境条件下具有较大的生存概率，植被顽强的生命力和较强的适应性又使得群落得以繁荣。根据相关资料记载，马更些河三角洲区域在 2006 年前后发生至少 6 次重大火灾，其他木本植物增长的同时桤木的面积反而减少，合理的解释是桤木

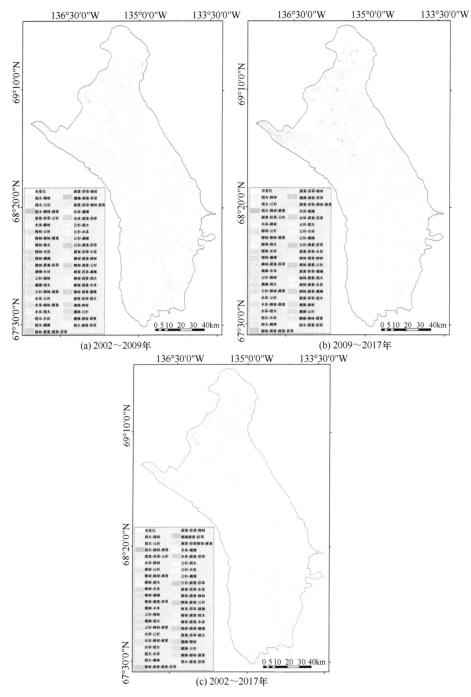

图 6-5 马更些河三角洲三个时段湿地类型变化专题图

群落在 2002～2009 年遭受重大火灾，导致其面积大幅度减少（Olthof and Fraser，2014）。由上述分析可知，桤木群落在 2002～2009 年面积大幅度减少是水淹和火灾双重作用的结果，而后开始再生，面积逐渐增加。

柳树–大麻黄混生群落和柳树群落在 2002～2017 年的面积均是先增加后减少，原因是柳树–大麻黄混生群落和柳树群落多见于距河道较远的地方，2002～2009 年水体的增加对其造成的危害较小，但随着水体面积的进一步增加，柳树–大麻黄混生群落和柳树群落受到较大影响，面积大大减少。

综合分析，2002～2017 年湿地类型面积的变化与该时段内的冰川融化、冻土解冻、海平面上升和火灾事件具有较大的相关性。

6.1.3　勒拿河三角洲变迁遥感监测

勒拿河三角洲位于俄罗斯远东地区，是北冰洋海岸最大的河口三角洲，该地区具有较高的生态研究价值。勒拿河三角洲面积约为 30000 km²，分布着大量湖泊，大多为热喀斯特湖。

在过去几十年里，北极的气温大幅上升，预计到 21 世纪末，陆地气温将进一步上升约 6℃，海洋气温将进一步上升约 10℃。在地质时间尺度上，气候条件的突然显著变化对覆盖北半球陆地约 24%的易融化永久冻土景观具有潜在的巨大影响（Zhang et al., 2008）。

气温和地面温度的升高可能导致永久冻土以及更深的沉积物的大范围融化，据估计，这些沉积物的碳储量是大气的 1.5 倍以上（Hugelius et al., 2014；Strauss et al., 2013）。部分土壤碳库的融化和进一步变暖将引发并加速大部分不活跃的冻土中存储的碳分解为二氧化碳和甲烷，其反过来又将进一步加剧全球变暖。其结果是一个对气候和社会具有潜在全球影响的反馈循环（Schuur et al., 2015）。特别是对于地势低洼、以永久冻土为主的北冰洋河口三角洲，由于其位于陆地和海洋的交界处，极易受到全球变暖驱动导致的景观规模变化的影响，致使这些地区出现冻土融化、地面沉降、径流模式改变和泥沙运移现象（Terenzi et al., 2014）。

影响多年冻土分布和厚度的最重要的因素之一是植被覆盖，它可以作为一种绝缘体，缓冲地表和地面热状况之间的相互作用（Kade et al., 2006）。包含地面冰的永久冻土沉积物的融化导致地面沉降（热岩溶），进而形成热喀斯特湖，热喀斯特湖的形成会导致向大气排放的温室气体增加（Walter et al., 2006；Wagner et al., 2007）。

因此，有必要通过对北极河口三角洲的景观变化监测，更好地估计河口湿地变迁对气候变化的影响。遥感和 GIS 技术可以为监测和评估北极冻土景观的变化提供有效的手段支持（Raynolds et al., 2014；Karlsson et al., 2014）。本节将对整个勒拿河三角洲的陆地地表景观进行多时相的监测和分析。

1. 研究区与数据

勒拿河三角洲位于西伯利亚东北部（72°N～74°N，123°E～130°E）的永久冻土地带，是世界第六大河口三角洲，也是俄罗斯第一大河口三角洲（图 6-6）。其面积约为 30000 km²，是世界最大的永久冻土三角洲，而且还是世界面积前十的三角洲中唯一位于极地地区的三角洲，目前该三角洲的面积仍在持续增长。

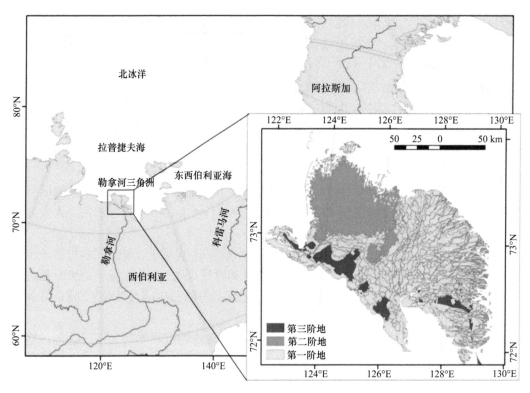

图 6-6　西伯利亚东北部勒拿河三角洲地理位置（Schwamborn et al.，2002）
子图为勒拿河三角洲三个主要地貌阶地的分布范围

　　勒拿河三角洲地区永久冻土的厚度超过了 600 m，根据该地区海拔、地质年代和矿床组成的不同可以分为三个地貌单元（图 6-6），整个三角洲包含众多的河道和 1500 多个不同大小的岛屿。从地貌形态上看，勒拿河三角洲可以分为三个不同的阶地：第一级阶地是三角洲最年轻和最活跃的部分，覆盖了东部–东北部大部分地区以及南部和西南部大部分地区，它主要由包括冰楔状多边形苔原和热喀斯特湖的湿地组成；第二级阶地位于三角洲西北部，主要包含沙质潮滩和相对干燥的土壤，具有较低的地面冰含量，该阶地有大量大型的、定向的湖泊和洼地；第三级阶地是形成年代最为久远的阶地，位于南部三角洲地区的孤立斑块中，由晚更新世堆积平原的残余物组成，其特征是富含冰、有机物的细粒沉积物，形成了多边形苔原景观，有较深的热喀斯特湖和盆地以及热侵蚀沟壑。

　　勒拿河三角洲冬季长、夏季短，属于典型的极地气候。据统计，1989～2011 年，该地区的年平均气温为–12.5℃，2 月的平均气温为–33.1℃，7 月的平均气温为 10.1℃。年平均降水量为 125 mm，其中半数以上为降雨，成片的积雪通常始于每年的 10 月，积雪融化一般始于 5 月，结束于 6 月初。

　　勒拿河三角洲地区属于典型的北极苔原生态环境，由于勒拿河以及永久冻土的存在，该地区分布着大量水体，占据了整个三角洲面积的 20%。该地区人烟稀少，因此有着大量的野生动物生存，苏联政府于 1985 年将勒拿河三角洲的部分地区设置为自然保护区。目前，勒拿河三角洲地区是俄罗斯最大的野生动物保护区。

2. 数据及预处理

对勒拿河三角洲监测的要求是长时间序列和大覆盖范围，因此，数据源主要选择在时间序列和覆盖宽度方面都具有较好优势的 Landsat 系列卫星数据。与其他中分辨率光学遥感数据相比，其在监测与特征变化相关的局部尺度特征和地表属性方面表现出色。

采用的遥感影像数据为 2000～2001 年和 2018～2020 年两个时间段覆盖勒拿河三角洲的 Landsat 7 ETM+和 Landsat 8 OLI 影像（表 6-6），遥感图像成像时间集中在 8 月，因为此时勒拿河地区的冰覆盖最少，地表类型最为丰富，所选用遥感图像的云覆盖量均低于 20%。

表 6-6　覆盖勒拿河三角洲的 Landsat 系列遥感数据

时间（年-月-日）	传感器	空间分辨率/m	波段数	重访时间/天
2000-8-5	Landsat7 ETM+	30	8	16
2001-8-24	Landsat7 ETM+	30	8	16
2018-8-27	Landsat8 OLI	30	9	16
2020-8-2	Landsat8 OLI	30	9	16

数据处理主要包括数据预处理和数据子集化两个部分。其中，数据预处理包括辐射定标、大气校正、影像镶嵌、波段组合、影像裁剪和归一化水体指数波段计算等。数据子集化是为基于深度学习的景观分类做准备，具体是将数据裁剪为 128×128×6 的小样本数据，遴选目标像素占比大于 60%的优质小样本数据集，并将最终得到的数据集中 80%的数据用作深度学习模型的训练验证，20%用作测试精度。

勒拿河三角洲地区地物类型复杂，多数地区现场调查难以开展，研究人员于夏季 8 月左右在研究区通过现场调查获取了热喀斯特湖类型和空间分布信息，由图 6-7 可以看出，此时热喀斯特湖面已解冻，且热喀斯特湖面积大小不一。

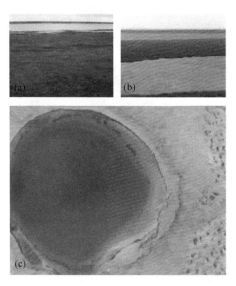

图 6-7　热喀斯特湖现场调查照片（Schwamborn et al.，2002）

（a）、（b）和（c）图分别为从远处、近处和空中观察热喀斯特湖的照片

3. 监测方法

用于训练深度学习模型的样本数据集是像素级的，这意味着样本中的每个像素都标有属性值，即有对应的真值图。本节通过基于归一化水体指数（NDWI）的对象分割方法，对现场调查的研究区[图6-8（a）]进行初步水体提取，选用的数据为2020年8月二级阶地研究区的Landsat 8数据[图6-8（b）]，经过阈值选择后，得到的该地区的热喀斯特湖体分割结果如图6-8（c）所示，对分割结果进行二值化处理后如图6-8（d）所示，在同比例尺的条件下，通过NDWI阈值分割得到的大型热喀斯特湖边界和小型热喀斯特湖识别效果良好。

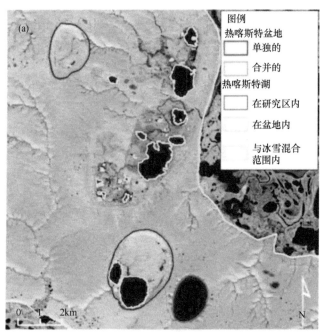

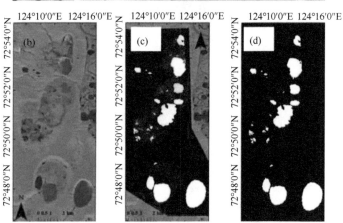

图 6-8　热喀斯特湖分类过程图

（a）现场调查研究区（Schwamborn et al.，2002）；（b）Landsat 8影像；（c）NDWI阈值分割；
（d）热喀斯特湖二值化真值图

归一化水体指数（NDWI）公式如下：

$$NDWI = \frac{G - NIR}{G + NIR} \tag{6-2}$$

式中，G 为绿波段；NIR 为近红外波段；NDWI 为归一化水体指数的值，当 NDWI 的值大于某个阈值时为水体，否则为非水体。

利用归一化水体指数（NDWI）对象分割的方法，经过人工剔除错分区域，得到了该研究区的热喀斯特湖分布真值图（图 6-9），将数据通过数据增强和随机滑窗裁剪后，遴选目标像素占比大于 60% 的小样本数据，得到 200 张 128×128×6 的热喀斯特湖分布数据集，用于深度学习分类算法研究。

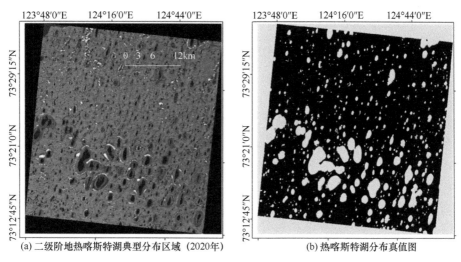

图 6-9　热喀斯特湖遥感图像和专家解译真值图

图 6-10 为本节遥感图像分类所使用的 U-Net 深度学习模型的结构图，它是一个 9 级网络，每个层级由不同类型和数量的卷积层、池化层或全连接层构成，整个模型结构分为左半边的压缩通道（又称编码部分）和右半边的扩展通道（又称解码部分）。为了降低模型的运算量，每一级的核函数的维数相比于经典 U-Net 缩小了一半。同时，为了保证输入图像与输出图像大小相同，使用了 Padding 层填充边界。

压缩通道是一个编码器，它的作用是逐层提取影像的特征。U-Net 结构的输入图像尺寸为 128×128×6（6 表示影像总波段数），首先进行了一次卷积操作，将输入数据转换为 32 维的特征图，然后再重复采用 2 个卷积层和 1 个最大池化层的结构。扩展通道是一个解码器，它能够逐渐还原影像的细节信息和位置信息。在扩展通道，先进行了 1 次反卷积操作，使特征图的维数减半，然后拼接对应压缩通道的特征图，重新组成一个 2 倍维数的特征图，再采用 2 个卷积层，并重复这一结构，拼接操作能够使网络学习多尺度和不同层级的特征，增加网络健壮性，有利于提高分类精度；在最后的输出层，采用一个卷积核为 1×1 大小的 2 维卷积层将上一层得到的特征图映射成 2 维输出特征图。

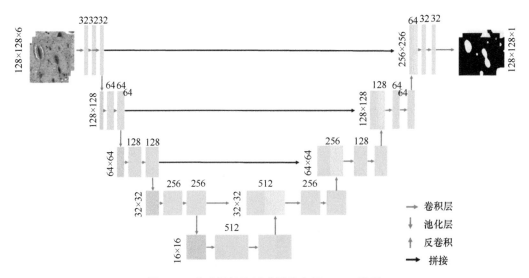

图 6-10　热喀斯特湖遥感图像分类 U-Net 模型

通过卷积操作将特征图通道数减少到 2，网络采用二分类，经过 Sigmoid 函数之后的输出值介于 0～1，每一个像素点的值代表该像素点所属类型。这种网络结构能够在一定程度上增强热喀斯特湖低维特征信息，强化模型学习目标物边缘信息，提高目标分割边缘精度。求得概率值后，使用损失函数计算地面真实数据与预测概率之间的 loss 值来量化两者之间的差距，当 loss 值越小时，说明分类越准确。实验使用 BCEWithLogitsLoss 函数计算损失值，计算公式如下：

$$\mathrm{loss}\left(y_i', y_i\right) = -w_i[y_i \times \lg y_i' + \left(1 - y_i\right) \times \lg\left(1 - y_i'\right)] \tag{6-3}$$

$$\mathrm{loss}\left(y_i', y_i\right) = \sum_{i=0}^{k=1}[-y_i \times \lg y_i - \left(1 - y_i\right) \times \lg\left(1 - y_i\right)] \tag{6-4}$$

式中，y_i 表示地面真实数据标签值；y_i' 表示预测地物类别的输出概率值；k 表示地物类型类别；w_i 为权重。

模型训练的过程是优化 loss 函数、缩小 loss 值的过程，即调整更新 U-Net 模型参数的过程，也称为后向传播。实验使用 Adam 优化算法进行模型训练，逐层更新模型中的参数，Adam 算法容易实现，计算效率高且内存需求低，是目前深度学习中常用的优化算法之一。当 loss 值达到一定阈值后，训练停止。

勒拿河三角洲是一个高度活跃的水文系统，热喀斯特湖泊的变化是冻土景观中的一个典型过程。在研究区的热喀斯特湖中观察到几种变化，包括湖水水域减少、湖体边缘缓慢扩张、湖体与河道相连以及小型热喀斯特湖的出现等。资料显示，对于典型的热喀斯特湖泊，平均侵蚀速度通常为每年几十厘米至几米。为更好地分析北极勒拿河三角洲地区的热喀斯特湖的变化，利用提出的深度学习方法分别提取 2001 年和 2020 年一级阶地研究区的热喀斯特湖分布，以及 2000 年和 2018 年二级阶地研究区的热喀斯特湖分布，通过近 20 年的时间差来观察热喀斯特湖的变化情况。

4. 监测结果与分析

通过多次试验，综合考虑模型计算效率、结果精度以及硬件 3 个方面的因素，实验最终将迭代训练次数设置为 150 次，训练曲线如图 6-11 所示，模型在通过 150 轮训练后，达到良好的收敛。实验研究区的热喀斯特湖 F1-score 精度达 95.8%，证明该深度学习算法模型对于热喀斯特湖的分类效果良好。

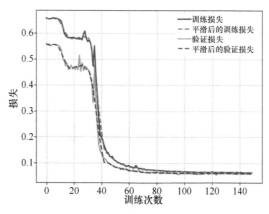

图 6-11　训练过程损失曲线

使用的精度评价指标 F1-score 是 Precision 与 Recall 的综合评价指标，对于二分类，它能够综合反映算法对正负样本的识别与区分能力。计算公式如下：

$$F1 - score = 2 \times \frac{Precision \times Recall}{Precision + Recall} \tag{6-5}$$

$$Precision = \frac{True\ positives}{True\ positives + False\ positives} \tag{6-6}$$

$$Recall = \frac{True\ positives}{True\ positives + False\ positives} \tag{6-7}$$

图 6-12 为分类结果的五组目视对比图像。从图 6-12（b）可以看到，大型面积的热喀斯特湖均得到较好还原。小型面积的热喀斯特湖也能很好地监测到位置。第五处的小型热喀斯特湖有漏分的现象，但这不影响整体分类情况。

利用提出的深度学习方法，分别提取出 2001 年和 2020 年一级阶地研究区的热喀斯特湖分布情况，以及 2000 年和 2018 年二级阶地研究区的热喀斯特湖分布情况（图 6-13）。对于一级阶地研究区，2001 年湖泊总面积为 62.47 km²，2020 年湖泊总面积为 66.51 km²，20 年间增长了 4.04 km²，扩张速率为 0.21 km²/a。对于二级阶地研究区，2000 年湖泊总面积为 648.11km²，到 2018 年湖泊总面积为 677.58 km²，增长了 29.47 km²，扩张速率为 1.64 km²/a。

从数据来看，二级阶地研究区中热喀斯特湖的扩张速率明显快于一级阶地研究区，且二级阶地研究区的热喀斯特湖分布更为密集。由于二级阶地研究区的热喀斯特湖相比于一级阶地研究区变化更为明显，所以本节主要分析二级阶地研究区热喀斯特湖面积分布的变化。按照面积大小将热喀斯特湖分为两类，即面积 I 类为大于

1 km^2，面积 II 类为小于 1 km^2（表 6-7）。2000 年，面积 I 类热喀斯特湖的总面积为 408.95 km^2，占比为 63.10%，数量为 120 个；面积 II 类总面积为 239.15 km^2，占比为 36.90%，数量为 516 个。2018 年，面积 I 类总面积为 411.73 km^2，相比于 2000 年，增加了 2.78 km^2，数量增加为 124 个；面积 II 类总面积为 265.85 km^2，增加了 26.7 km^2，数量增加为 526 个。

表 6-7　二级阶地研究区域热喀斯特湖面积分布及变化统计

面积类别	面积/km^2（2000 年）	占比/%	数量/个	面积/km^2（2018 年）	占比/%	数量/个
面积 I	408.95	63.10	120	411.73	60.76	124
面积 II	239.15	36.90	516	265.85	39.24	526
总计	648.11	—	636	677.58	—	650

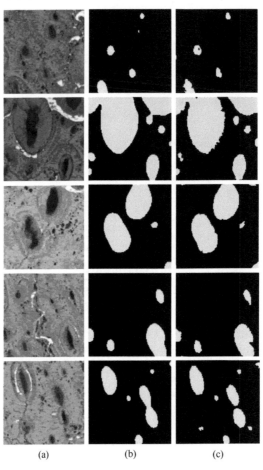

(a) (b) (c)

图 6-12　测试结果示意图

（a）原始数据；（b）分类结果；（c）地面真值

　　二级阶地热喀斯特湖的面积分布如图 6-14 所示，研究区内热喀斯特湖大小不一，分布广泛，其中面积 I 类的热喀斯特湖均分布在同纬度地带，研究区高纬度地区均为小型 II 类热喀斯特湖。

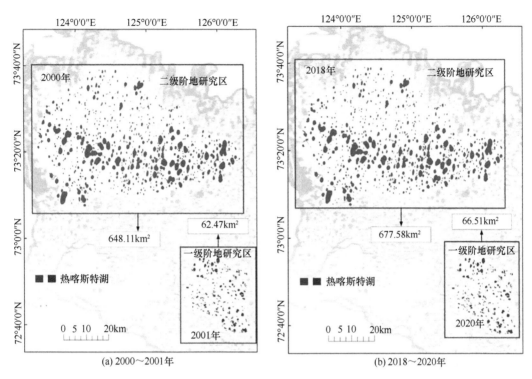

图 6-13　一级、二级阶地研究区热喀斯特湖分类结果图

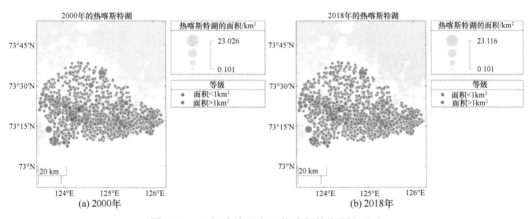

图 6-14　二级阶地研究区热喀斯特湖面积分布

由热喀斯特湖的面积分布可以看出，相比于中低纬度的热喀斯特湖，高纬度地区的热喀斯特湖扩张的潜力不大，面积多数小于 1 km²，中纬度的热喀斯特湖面积参差不齐。由监测结果可以看出，二级阶地的热喀斯特湖面积分布与纬度跨度有关，与经度关系较弱。

研究发现，二级阶地研究区内大型面积的热喀斯特湖呈现不断连通和边缘外扩的趋势，小型热喀斯特湖的数量增多。由图 6-15（a）和图 6-15（b）可以看出，大型湖泊和周边的小型湖泊连通导致整体面积增加，由图 6-15（c）可知，热喀斯特湖边缘外扩也会导致热喀斯特湖面积增加，该区域相比 2000 年，2018 年增加了 3 个面积不足 1 km^2 的热喀斯特湖。

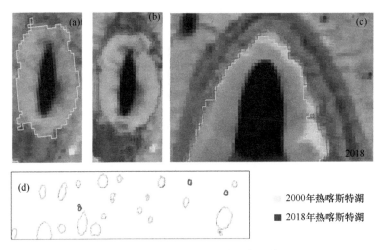

图 6-15　典型区域热喀斯特湖变化特征

（a）2000 年热喀斯特湖；（b）2018 年热喀斯特湖；（c）2018 年热喀斯特湖边缘；（d）新增小型热喀斯特湖

二级阶地的热喀斯特湖变化特征丰富，大型热喀斯特湖面积有所增加，冰含量和冰复合体总厚度决定了热喀斯特湖的变化范围，而盆地深度决定了冰含量和冰复合体总厚度，冰含量越高，冰复合体厚度越厚，热喀斯特湖泊面积越大。小型热喀斯特湖的数量略有增加，如图 6-15（d）所示，且增加的地区多集中在河流附近，原因为早前凝聚的冰川复合体平原的少量残留物已经上升到动态的河流三角洲环境之上，促进了热侵蚀的发展，导致热喀斯特湖形成。

北极勒拿河三角洲热喀斯特湖泊的扩张是冻土景观变化的一个典型过程，在所选研究区的多数湖泊中都观察到了这种现象。同时，本节提出的深度学习算法模型对于热喀斯特湖的分类具有明显的效果。阶地上的大型热喀斯特湖逐步向外扩张，且有和邻近湖泊连通的趋势，小型热喀斯特湖的面积数量略有增多，以勒拿河三角洲二级阶地变化较为明显。未来进一步的监测应探究热喀斯特湖在不同阶地中的扩张或削弱的影响因素，并在遥感监测中考虑湖泊的光谱特征受季节性的变化所带来的影响，同时调查勒拿河三角洲甲烷等温室气体的排放情况，为探测和评估北极变暖的冰缘地貌环境变化提供数据基础和技术支持。

6.1.4　新奥尔松海岸湿地变迁遥感监测

北极地区的植被生态系统因其生长环境的特殊性，如生长季短、气温低、降水量少、土壤营养缺乏和永久冻土等原因，极容易受到外界气候和人类活动的干扰，而发生重大的或不可逆转的变化（Reynolds and Tenhunen，1996）。全球变暖使得世界范围内的海冰、冰川和积雪存量在急剧减少，其中北极地区首当其冲，其变暖的趋势比世界上其他区域更为明显（Intergovernmental Panel on Climate Change，2013）。有研究显示这是五万年来北极面临的最为严重的变暖过程（Polyak et al.，2010），而冰雪融化后的北极将会反过来对全球海洋环流和气候带来更为深远的影响（Kern et al.，2010；White et al.，2010）。因此，北极地区是全球气候变化的首先响应者，对极地海岸带植被和冰川变化的监测是开展全球气候变化研究的重要途径（Laffly and Mercier，2002；Anisimov et al.，2007；Yoshitake et al.，2011）。全球气候变暖对极区的影响直接关乎极地的碳循环，特别是植物生态系统对大气中温室气体的固定作用（Oechel and Vourlitis，1994）。北极气温的变暖使得北极植被接收光照的时间增加、春季雪融时间提前，导致北极植被生态系统的初级生产力增加、植被繁荣、不同种类和群落之间的竞争优势发生改变（Williams et al.，2000）。在人类活动和气候变暖的双重影响下，加上降水补充的不足，北极地区的冰川有加速融化的趋势（Wadham et al.，2015）。

新奥尔松（Ny-Ålesund）位于斯瓦尔巴群岛西北部的 Brøggerhalvøya 半岛上，是世界各主要研究北极的国家的科研站聚集地。斯瓦尔巴群岛位于 10°E～35°E、74°N～81°N，位于挪威和北极点的中间位置，总面积约 63000 km^2（Pfüller et al.，2009），是北极圈内人类聚集的最北区域。小冰期（little ice age，19 世纪）以来，斯瓦尔巴群岛上的冰川在不断退化，到 1985 年，尚有 60%的区域被冰川覆盖（Hisdal，1985）；每年夏季，冰川融水不断改变着海岸地貌形态，并为植被的生长和覆盖度的变化提供了水源保证（Laffly and Mercier，2002；Thierry and Daniel，1994）。

早期，斯瓦尔巴群岛的植被分布情况都是基于传统调查手段获得的，直到 1990 年才出现第一幅基于遥感手段的植被监测图像，Brossard 和 Joly（1994）利用 1985 年获取的 Landsat TM 图像，结合现场调查资料，完成了覆盖本节研究区的与植被分布相关的地物类型出现概率专题制图。1995 年，Spjelkavik（1995）基于 Landsat 图像应用非监督分类方法，结合现场调查数据，制作了新奥尔松周边区域的植被分类专题图。随后，有限的几项基于遥感技术的地面覆盖和植被监测等研究工作被发表（Engeset and Weydahl，1998；Winther et al.，2003；Thuestad et al.，2015），但少有学者关注利用时间序列遥感手段的北极海岸植被和冰川变化监测和分析工作。

观测和研究显示，新奥尔松周边地区气温在不断上升，而降雪和降水量都有明显下降趋势（Descamps et al.，2017），极区的植被和相关的生态系统要比其他非极地区域对这种气候变化更为敏感（Tsay et al.，1989；Ananasso et al.，2003）。为进一步了解北极地区植被和冰川分布与变化对全球变暖的响应，本节利用 1985～2019 年的长时间序列卫星遥感数据以及高空间分辨率卫星遥感数据和 UAV 多光谱遥感数据，开展新奥尔松周边植被和冰川的变迁监测研究，并分析其在全球气候变化背景下的响应特征。

1. 研究区与数据

研究区位于大西洋北部，挪威斯瓦尔巴群岛西北部的新奥尔松（Ny-Ålesund），研究区域所在的纬度约为 78.5°N（图 6-16）。新奥尔松所在的半岛呈西北—东南走向，长度约为 30 km，受冰川融水冲击和侵蚀，发育有基岩、砂质和淤泥质海岸。不同于温带和热带的海岸带形态，极区的海岸带在一定深度的土壤以下是永久冻土层，在泥沙补充不足的淤泥质海岸，常有断崖式的冻土形态的侵蚀性海岸。受冻土层融化积水后的比热容差异效应的影响，在泥沙质海岸带多发育有热喀斯特湖。植被覆盖方面，在该区域生长的植被多为高原和极地常见的草本植物，唯一的木本植被是北极柳。在极区，由于受到气温、光照和土壤养分的限制，植被覆盖度普遍较低，但在冰川融水边缘的溪谷，多有植被覆盖度极高的苔藓群落聚集。

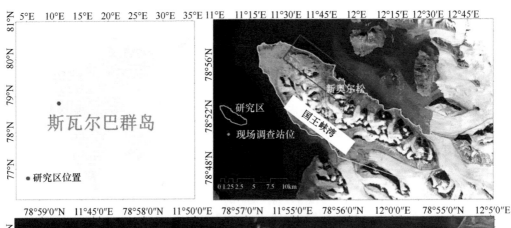

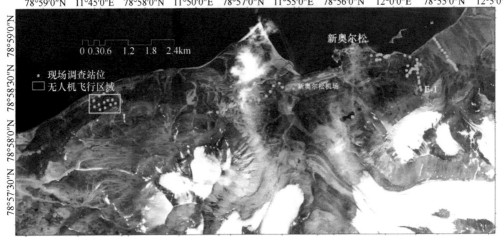

图 6-16 新奥尔松海岸带湿地遥感监测研究区

2. 数据及预处理

研究所用遥感图像包括国产高分系列卫星图像和美国 Landsat 系列卫星图像数据，时间上覆盖 1985～2019 年。遥感图像数据的详细情况如表 6-8 所示。

3. 监测方法

相比于地球上的其他区域，在北极，太阳高度角低是极地遥感面临的主要问题之一。特别是在地形起伏较为严重的山地海岸，低太阳高度角造成的大面积阴影，是开展极区海岸带植被和滨海湿地遥感监测所面临的重要问题。

表 6-8　覆盖北极新奥尔松海岸带湿地遥感图像信息

数据类型	成像日期 （年-月-日）	成像时刻 UTC	太阳方位角/（°）	太阳高度角/（°）	空间分辨率/m	云覆盖/%
Landsat 5	1985-8-1	12:11:19	−166.77015	30.19881	30	0
Landsat 5	1989-7-31	11:49:59	−167.66081	28.80918	30	0
Landsat 7	2000-7-26	12:32:39	−161.04422	29.62142	30，15	15
Landsat 7	2011-7-25	12:34:57	−160.27123	29.94874	30，15	0
Landsat 8	2015-8-1	12:16:45	−164.11969	29.49601	30，15	0
Landsat	2019-7-28	17:52:42	−73.55563	16.13456	30，15	0
GF-2	2015-8-28	12:47:44	204.552	19.9377	4，1	30
DEM	2000-2	—	—	—	30	—

为解决该问题，本节利用对遥感图像中阴影区域极为敏感且与植被信息相关性小的归一化暗像元指数（normalized dark pixel index，NDPI），如图 6-17 所示，结合对遥感图像中处于阴影位置和光照直射区域的植被像元的统计分析，完成了对阴影区域归一化植被指数（NDVI）的阴影校正，如图 6-18 所示。略去相关公式的推导过程，阴影区域 NDVI 校正模型公式为

$$\text{NDVI}_{\text{correct}} = \text{NDVI}_{\text{original}} + k \cdot \left(\text{NDPI}_{\text{original}} - \text{NDPI}_{(\text{min, NDVI}_{\max})} \right) \qquad (6\text{-}8)$$

式中，$\text{NDVI}_{\text{correct}}$ 为阴影校正之后的像元 NDVI 值；$\text{NDVI}_{\text{original}}$ 为受阴影影响像元的 NDVI 值；$\text{NDPI}_{\text{original}}$ 为遥感图像的归一化暗像元指数计算值；$\text{NDPI}_{(\text{min, NDVI}_{\max})}$ 为图像的植被像元中最大的植被指数值所对应像元的 NDPI 值；k 为调节参数，由计算 NDVI-NDPI 像元值统计斜率得到。对于 NDPI，其计算公式如下：

$$\text{NDPI} = \left(\rho_{\text{blue}} - \rho_{\text{swir2}} \right) / \left(\rho_{\text{blue}} + \rho_{\text{swir2}} \right) \qquad (6\text{-}9)$$

式中，ρ_{blue} 和 ρ_{swir2} 分别为经过大气校正的遥感图像在蓝光波段（450～520 nm）和短波红外波段（2038～2356 nm）的反射率。

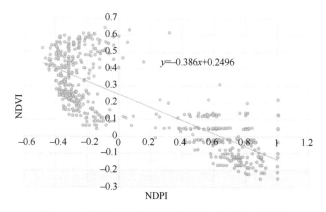

图 6-17　阴影区和阳光直射区像元的统计分析图

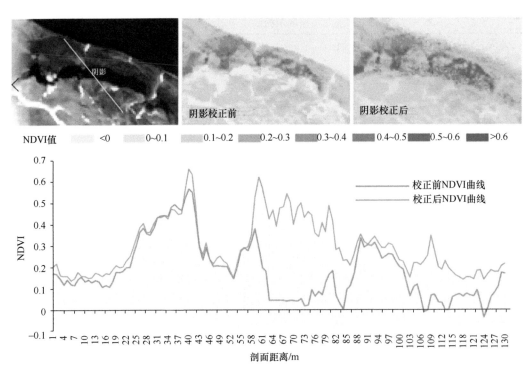

图 6-18　阴影校正前和校正之后的 NDVI 值分布

4. 监测结果与分析

结合现场调查数据，分别开展了中分辨率卫星遥感图像（Landsat 系列和 GF-1 WFV，30 m/16 m 空间分辨率）、高空间分辨率卫星遥感图像（1 m 空间分辨率）和无人机多光谱遥感图像的分类研究，分类算法使用的是 SVM。分类结果如图 6-19 和图 6-20 所示。

由于所选择的卫星遥感图像的成像时间均为 7 月底和 8 月初，在季节上属于夏季，故研究区内只有冰川没有积雪。研究区地形地貌上具有中间高四周低的特点，因而，冰川主要分布在半岛的中部，而植被主要分布在半岛的海岸附近。湿地苔藓群落的分布较为集中，主要在半岛的北部和西南部。地形较高且较为平缓的区域，是覆盖度较低的苔原草地的主要分布区。这里，覆盖度较高指的是植被覆盖度大于 30%的区域，较低覆盖度的区域植物覆盖度为 5%～30%。

根据以上分类结果，对于卫星遥感图像，中分辨率的 Landsat 卫星遥感图像可以完成尺度较大地物目标的识别和分类，适合于大区域整体性的地面覆盖监测，同时因其具有较长的时间序列数据获取能力，因而多用于大区域的土地利用/覆盖变迁监测；相比而言，具有较高空间分辨率的 GF-2 卫星遥感图像则可以实现较为精细的地面目标识别和分类，但对于植被类型，两个空间分辨率级别的卫星遥感图像都无法实现对植被的精细分类，原因是除集中分布的苔藓群落外，其他植被类型一方面分布较为稀疏，另一方面相互混生，对于空间分辨率小于 1m 的遥感图像是难以完成精细分类的。

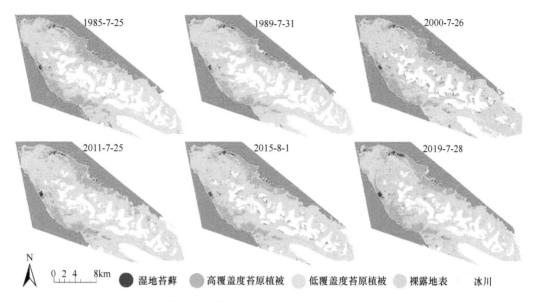

图 6-19 基于中分辨率卫星遥感图像的植被类型分类结果

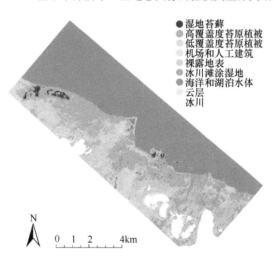

图 6-20 基于高分二号高分辨率遥感图像的分类结果

　　植被是极区除冰雪覆盖外的另一个对全球变化和人类活动都极为敏感的指示指标。根据监测结果，35 年间，研究区的植被覆盖呈逐年上升的趋势，如图 6-21 所示。这里需要指出的是，对于低覆盖度的苔原植被，2019 年监测结果面积偏小，这主要是因为2019 年 7 月 28 日的 Landsat 8 遥感图像拍摄时，太阳高度角很低，导致所获得的遥感图像中地面目标的遥感反射率都很低，降低了对植物目标的可检测性，故而总体上监测到的低覆盖度的植被分布面积被严重低估，而对于较高覆盖度的植被分布面积则较为合理。

　　另外需要指出的是，对水环境要求较高的湿地苔藓群落面积逐年增加，如图 6-22 所示，这充分说明冰川的加速融化使得地势较低（容易储藏水）的湿地苔藓群落范围不断地增加，但分布范围仅限于研究区域的个别位置。

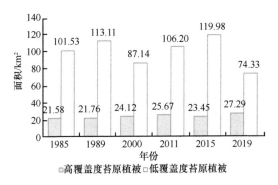

图 6-21　高覆盖度和低覆盖度的苔原植被分布面积变化分析

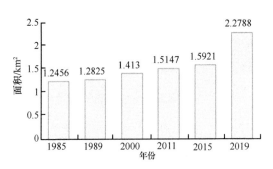

图 6-22　湿地苔藓植物群落面积的变化分析

植被覆盖度是描述植被生长和变化情况的重要指标。本研究利用现场调查获得的现场站位植被覆盖度数据,利用发展的基于归一化植被指数的植被覆盖度遥感反演模型,完成了新奥尔松海岸带时间序列植被覆盖度分布遥感监测和变化分析。其中所用的植被覆盖度(fractional vegetation coverage,FVC)反演模型公式如下:

$$FVC = \left(NDVI_{pixel} - NDVI_0\right)/\left(NDVI_\infty - NDVI_0\right) \qquad (6\text{-}10)$$

式中,$NDVI_{pixel}$ 为某一像元的 NDVI 计算结果;$NDVI_0$ 为没有任何植被覆盖的裸地区域的 NDVI 值;$NDVI_\infty$ 为研究区域 NDVI 值最大的像元。根据现场调查,在研究区域内,$NDVI_\infty$ 为植被覆盖度为 100% 的像元。图 6-23 为利用上述方法得到的 2019 年研究区植被覆盖度反演结果。结合分类结果,在研究区中除少数有苔藓群落分布的植被覆盖度极高的区域(接近 100%),大部分区域的植被覆盖度都在 50% 以下。

图 6-24 是 1985~2019 年植被覆盖度变化的空间分析图,从图 6-24 中不难发现,其一,植被覆盖度增长最明显的区域在冰川融水河谷下游的河滩上,原因是冰川融水逐渐减少,原来宽阔的河滩上并不能在整个夏季都有水流经过,特别是 2000 年以来,这片宽阔的河谷逐渐发育生长了大量的植被,独有的水分和养分供给条件和地势优势,使得这片湿地植被发育速度快,生长状态好;其二,变化监测结果中,原有的湿地苔藓分布区并没有发生植被覆盖度变化情况,这说明这些区域依旧可以获得丰富的水源供给,同时可以发现高植被覆盖度的湿地苔藓分布区域在不断增加;其三,人类活动频繁的新奥尔松和机场周边的植被覆盖度降低比较明显;其四,高海拔区域的植被覆盖度有所上升,

低海拔、大坡度处的植被覆盖度有所下降。

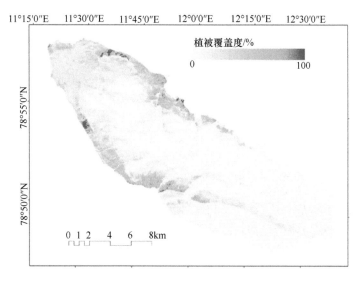

图 6-23　2019 年研究区植被覆盖度反演结果

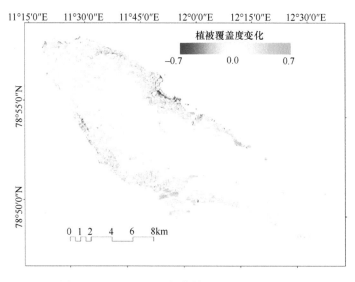

图 6-24　1985～2019 年植被覆盖度变化分析图

　　从时间变化角度，以像元（30m×30m）为单位，统计制作了研究时段内 5 个时相的植被覆盖度箱形图（图 6-25）。可以发现，植被覆盖度以 2000 年为节点，出现先降低后上升的趋势，植被覆盖度分析图像像元的中值、均值和四分位值都呈现这样的结果；2000 年之后，箱体所代表的植被覆盖度中间部分的像元覆盖度逐年增加；所有年份中，均值都大于中值，说明低覆盖度像元的数量即低覆盖度植被面积仍占主导地位。

　　根据挪威气象研究所常年气象观测数据，发现对于年均气温、年最高气温和年降水量的统计结果，大体上都以 2000 年为节点，呈现不同的趋势。对于气温，在 1985～2000 年，除 1988 年年均气温较低外，总体上呈现平稳的态势，而年最高气温除 1997 年和

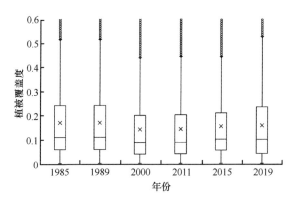

图 6-25　不同年份研究区植被覆盖度监测结果箱形图

1998 年有两年的极端高温外，总体上最高温度呈下降的趋势；而对于年降水量，1985～2000 年总体上呈平缓下降的趋势，2000～2019 年则表现出明显的上升趋势。

这在某种程度上解释了对于植被，高海拔区域、大坡度区域的植被覆盖度在 2000 年之前出现下降，因为高海拔处没有径流的水源补充，而且坡度大的区域难以涵养水源，同时，气温也没有给植被覆盖度的上升提供帮助；但是，在 2000 年以后，无论是气温还是降水，都明显有利于植被覆盖度的上升。对于冰川，根据监测结果分析，2000 年之前，冰川面积缩小并不明显，根据图 6-26 的统计，冰川面积的缩小应该是降水补充的不足导致的；而到了 2000 年之后，虽然降水的补充相比而言有了一定的增加，但仍处在一个较低的水平上，而此时，年均气温和年最高气温都有了大幅度的上升，这加剧了冰川的进一步融化。

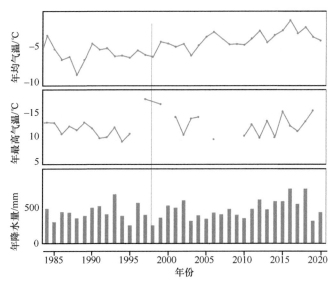

图 6-26　气温和降水逐年变化实测数据分析图

未来可以预料到，当研究区域的气温持续升高时，冰川的面积会毋庸置疑地继续减少，减少的冰川会在低海拔处为植被的生长留出更多的空间，但高海拔和大坡度处的植被覆盖度并不会有太大的提高。同时，冰川融水量的持续减少，其融水形成的溪流径流宽度会继续减小，进而出现更多的河谷土地生长植被，而且高覆盖度的植被分布范围也会越来越大。

6.2　海岸线变迁遥感监测技术

北极海岸带是环绕在北冰洋周围的一圈冻土带，其蜿蜒曲折、类型多样，有陡峭岩岸、峡湾型海岸、磨蚀海岸、低平海岸和三角洲海岸等。北极海岸不同于低纬度海岸，其同时受到来自河流和海洋冰雪共同作用的影响。在全球气候变暖的大环境下，永久冻土中的地冰含量减少，易发生热侵蚀和融化沉降，使得海岸不断受到侵蚀；同时不断增加的冰雪雪水通过河流带来更多沉积物，导致三角洲海岸不断变化。

本节选择北极地区的阿拉斯加德鲁角、西伯利亚莫戈托耶沃湖和新奥尔松三个不同地理位置、不同地貌类型的典型海岸区域，利用国内外长时间序列卫星遥感资料，开展海岸线变迁遥感监测。在此基础上，采用对比分析、分形维数等方法，结合海表温度、有效波高、冰盖分布等数据，对北极海岸侵蚀的驱动因素进行分析，以期对北极海岸侵蚀时空特征与影响因素有初步认识。

6.2.1　海岸线遥感监测方法

1. 岸线变迁监测方法

采用遥感水体指数法进行大范围的自动提取，同时结合局部人工修正，进行北极海岸线及变迁遥感监测。遥感水体指数法是指通过对波段进行比值计算，将水体反射率弱的波段作为分母，将水体反射率强的波段作为分子，从而提取水体信息的研究方法。由于改进的归一化水体指数（modified normalized difference water index，MNDWI）精度高、值稳健，因此在北极典型区域海岸线提取中采用 MNDWI 作为水体指数。其计算公式如下：

$$MNDWI = (Green - MIR)/(Green + MIR) \tag{6-11}$$

式中，Green 和 MIR 分别为绿光和中红外波段的光谱反射率。

研究确定北极海岸线与岸线变迁信息遥感监测的技术流程，如图 6-27 所示。所用遥感数据为 1985～2020 年覆盖北极海岸带的 Landsat 地表反射率（surface reflectance，SR）level-1 数据产品，主要包括 Landsat 5 TM、Landsat 7 ETM+ 和 Landsat 8 OLI。该数据产品已经过几何校正、辐射定标和云量检测。本研究移除包含云、云影和雪的像元后，针对每一个研究年份，使用年内所有清晰的像元合成一景 Landsat 无云影像（每个波段取年内中值合成）。然后，计算改进的 MNDWI，通过人机交互在研究区选取水和陆地的样本点，统计两者的 MNDWI 值分布，确定 MNDVI 水陆分割阈值，继而获取逐年的水陆二值化影像，从而实现逐年的水陆信息分离和海岸线信息提取。

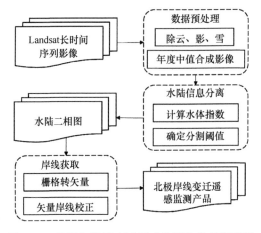

图 6-27 北极海岸线变迁遥感监测的技术流程图

在此基础上，通过栅格矢量转换方法将二值化图像转为矢量数据，并基于目视解译对矢量岸线进行修正，最终得到长时间序列的北极岸线变迁监测结果。

2. 岸线分形方法

分形是指事物的形状、形态与组织的分解、分割、分裂与分析，它在一定程度上代表一个由局部到整体的对事物的认识过程，而分形维数则是用来描述分形不规则特征的参数。海岸线受到不同自然因素作用，形成各种类型和曲折程度不一的岸线，海岸线的分形维数与岸线曲折程度存在一定的相关关系，据此，可将遥感技术与分形维数理论结合用于研究不同类型的海岸线及其变化规律。

分形几何理论提出随尺度变化不变量分维数，可定量描述岸线变化特征与空间关系，表达式如下：

$$L_D = r \times D^{1-A} \tag{6-12}$$

式中，L_D 为在标尺长度为 D 时所测的岸线长度；r 为待定常数；D 为测量标尺长度；A 为被测岸线的分形维数，对该式两边同取对数可得公式（6-13）：

$$\ln L_D = (1-A)\ln D + C \tag{6-13}$$

式中，C 为待定常数；$1-A$ 为斜率，通过计算（L_D，D）二维数组，得到 $1-A$，即求得分形维数。

6.2.2 阿拉斯加德鲁角海岸线变迁遥感监测

阿拉斯加德鲁角海岸带如图 6-28 所示，选择 1974 年、1985 年、1992 年、2001 年、2009 年和 2017 年的 6 期共 8 景卫星遥感图像，分别提取海岸线信息。选取了图 6-28 中绿色圆点的 6 个点位对 1974～2017 年这 43 年间的海岸变化进行分析，结果如表 6-9 和表 6-10 所示。

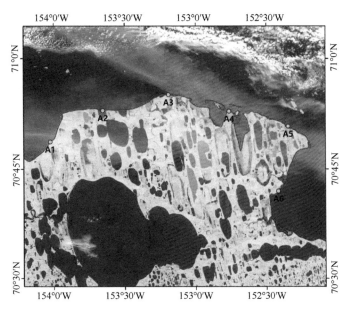

图 6-28　阿拉斯加德鲁角海岸带 Landsat 8 OLI 遥感影像

成像日期为 2017 年 7 月 14 日；红线为提取的海岸线；绿色圆点为选取的 6 个研究点位

表 6-9　阿拉斯加德鲁角海岸各点位的海岸侵蚀量　　　　　（单位：m）

时期（年份）	A1	A2	A3	A4	A5	A6	平均
1974～1985	276.2	635.4	0.0	621.4	0.0	160.8	282.3
1985～1992	84.2	427.4	130.0	707.0	781.3	31.1	360.2
1992～2001	0.0	727.0	0.0	588.6	560.4	84.3	326.7
2001～2009	138.9	614.5	435.8	761.2	552.4	94.7	432.9
2009～2017	0.0	0.0	896.4	230.9	224.2	126.8	246.4
1974～2017	499.3	2404.3	1462.2	2909.1	2118.3	497.7	1648.5

表 6-10　阿拉斯加德鲁角海岸各点位的海岸侵蚀速度　　　　　（单位：m/a）

时期（年份）	A1	A2	A3	A4	A5	A6	平均
1974～1985	25.1	57.8	0.0	56.5	0.0	14.6	25.7
1985～1992	12.0	61.1	18.6	101.0	111.6	4.4	51.5
1992～2001	0.0	80.8	0.0	65.4	62.3	9.4	36.3
2001～2009	17.4	76.8	54.5	95.2	69.1	11.8	54.1
2009～2017	0.0	0.0	112.1	28.9	28.0	15.9	30.8
1974～2017	11.6	55.9	34.0	67.7	49.3	11.6	38.4

根据表 6-9 和表 6-10 所示，1974～2017 年阿拉斯加德鲁角海岸的侵蚀强度较大，在 497.7～2909.1 m，平均侵蚀量达 1648.5 m。在监测时段内的 43 年间，德鲁角海岸侵蚀速率为 11.6～67.7 m/a，尤其在 1985～1992 年和 2001～2009 年海岸侵蚀速度达到 50 m/a 以上。Mars 和 Houseknecht（2007）对这一海岸的变化进行了遥感研究，结果表明，德鲁角海岸在过去的 50 年间（1955～2005 年）被侵蚀了 900 m，且 1985～2005 年

的侵蚀速度是 1955～1985 年的 2 倍以上。在 Jones 等（2018）和 Farquharson 等（2018）的研究中，高空间分辨率卫星图像被用于观测 2008～2017 年阿拉斯加德鲁角 9 km 海岸的侵蚀情况，发现 10 年期间的年平均侵蚀量为 17.2 m/a。其 9 km 海岸的研究区域正是本研究中点 A1 和 A2（图 6-28）所代表的区域，从表 6-10 可以看出，两处侵蚀速率相似。

阿拉斯加德鲁角的海岸侵蚀呈现快慢交替变化的特征［图 6-29（a）］，从德鲁角海岸临近的波弗特海历年 8 月平均海表温度［图 6-29（b）］、有效波高［图 6-29（c）］和海冰面积［图 6-29（d）］可以看到，波弗特海的海表温度自 1979 年起缓慢上升，海浪有效波高增大，海冰面积减小。其中，8 月平均海表温度波动范围较大（–2～5℃），尤其在 1985～1992 年和 2001～2009 年这两个期间波动异常剧烈，对照相同时间段的海岸侵蚀量来看，恰好是海岸侵蚀量较大的时期，与阿拉斯加德鲁角的海岸侵蚀呈现快慢的交替节奏相符。海冰面积减小，意味着海岸前沿海域无冰区面积增加，而扩大的海域会促进海浪发育，提升海浪有效波高，进而对海岸造成更为强烈的侵蚀作用。因此，有效波高增大、海表温度的升高及其波动的加剧都能促进海岸侵蚀的加剧。

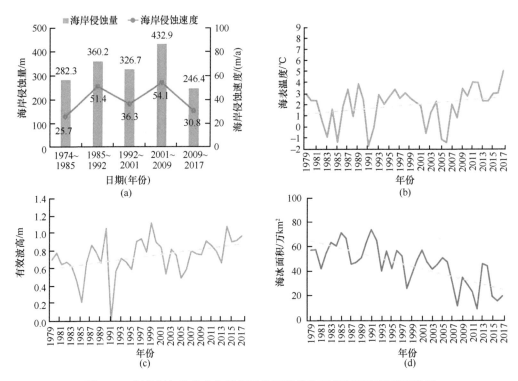

图 6-29　阿拉斯加德鲁角海岸侵蚀监测结果和近岸海洋环境观测数据
（a）阿拉斯加德鲁角历年海岸侵蚀；（b）波弗特海历年 8 月海表温度；（c）波弗特海历年 8 月有效波高；（d）波弗特海历年 8 月海冰面积

6.2.3　西伯利亚莫戈托耶沃湖海岸线变迁遥感监测

西伯利亚莫戈托耶沃湖海岸位于俄罗斯西伯利亚科雷马低地北部，如图 6-30 所示，选取 1992 年、2000 年、2009 年和 2017 年的 4 期卫星遥感图像，提取海岸线信息。选取图 6-30 中黑色三角形的 5 个点位对 1992～2017 年这 25 年的海岸变化进行了分析，结果如表 6-11 和表 6-12 所示。

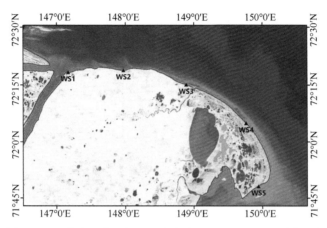

图 6-30　西伯利亚莫戈托耶沃湖海岸 Landsat 7 ETM+遥感影像
成像时间为 2000 年 8 月 3 日；红线为提取的海岸线；黑色三角形为选取的 5 个研究点位

表 6-11　西伯利亚莫戈托耶沃湖海岸各点位的海岸侵蚀量　　　　（单位：m）

时期（年份）	WS1	WS2	WS3	WS4	WS5	平均
1992～2000	0.0	234.3	0.0	0.0	0.0	46.9
2000～2009	140.8	257.3	29.7	—	68.1	124.0
2009～2017	209.8	217.8	103.6	—	106.3	159.4
1992～2017	350.6	709.4	133.3	181.2	174.4	309.8

表 6-12　西伯利亚莫戈托耶沃湖海岸各点位的海岸侵蚀速度　　　　（单位：m/a）

时期（年份）	WS1	WS2	WS3	WS4	WS5	平均
1992～2000	0.0	29.3	0.0	0.0	0.0	5.9
2000～2009	15.6	28.6	3.3	—	7.6	13.8
2009～2017	26.2	27.2	13.0	—	13.3	19.9
1992～2017	14.0	28.4	5.3	7.2	7.0	12.4

如表 6-11 和表 6-12 所示，1992～2017 年西伯利亚莫戈托耶沃湖海岸的海岸侵蚀距离在 133.3～709.4 m，平均为 309.8 m；侵蚀速度为 5.3～28.4 m/a，平均为 12.4 m/a。研究区西侧（WS1 和 WS2）海岸侵蚀量明显大于东侧（WS3、WS4 和 WS5），侵蚀速度也快于东侧。在 WS2 点位，三个时段的海岸侵蚀量是相近的，年均侵蚀速度也是相近的。而 WS1、WS3 和 WS5 点位处，海岸侵蚀都呈现明显的加速趋势。Lantuit 等（2012）利用 20 世纪 50 年代至 21 世纪初的数字化数据对北极海岸进行了研究，建立了北极海岸动力学数据库。研究结果表明，20 世纪 50 年代至 21 世纪初，西伯利亚莫戈托耶沃湖海岸的侵蚀速度为 1.5～3.5 m/a。

根据西伯利亚莫戈托耶沃湖海岸邻近海域的 1979～2017 年 8 月海表温度变化

［图 6-31（b）］，发现 2000～2009 年的海表温度明显低于 2009～2017 年的，但与阿拉斯加德鲁角海岸一样，海表温度在此期间具有较大的年际波动。同期有效波高变化［图 6-31（c）］则呈升高的趋势，海冰面积呈下降趋势［图 6-31（d）］，且两者的波动也较为强烈。因而，可以认为西伯利亚莫戈托耶沃湖海岸较强烈的海岸侵蚀应与海表温度的强烈变化和有效波高增强相关。

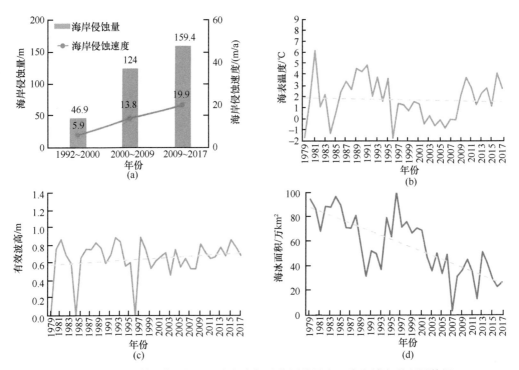

图 6-31　西伯利亚莫戈托耶沃湖海岸侵蚀监测结果和近岸海域海洋观测数据
（a）西伯利亚莫戈托耶沃湖海岸侵蚀；（b）西伯利亚莫戈托耶沃湖海岸邻近海域历年 8 月海表温度；（c）西伯利亚莫戈托耶沃湖海岸邻近海域历年 8 月有效波高；（d）西伯利亚莫戈托耶沃湖海岸邻近海域历年 8 月海冰面积

阿拉斯加德鲁角海岸和西伯利亚莫戈托耶沃湖海岸纬度相近，对比分析发现：①自1992 年以来，阿拉斯加德鲁角的海岸侵蚀率显著高于莫戈托耶沃湖海岸；②阿拉斯加德鲁角海岸侵蚀速度与海温的波动范围密切相关，而莫戈托耶沃湖海岸的侵蚀与海温的变化趋势有关。因此，纬度相近的北冰洋海岸的侵蚀与海温的变化趋势和波动范围密切相关。

6.2.4　新奥尔松海岸线变迁遥感监测

1. 岸线变化分析

经计算，人工岸线、砂质岸线的分维数分别为 1.043 和 1.0269，说明人工岸线变化大、砂质岸线变化小。2000～2020 年，岸线变化主要为人工岸线变化，2000 年人工岸线约 1.1 km，2020 年约为 1.39 km。人工岸线变化主要分布于中国北极黄河站（以下简称黄河站）附近海岸，为科考的物资保障需要而修建。相比人工岸线变化，砂质自然岸线的变化要小。

黄河站附近海域海岸线主要分为自然岸线、人工岸线，自然岸线以砂质与基岩岸线为主。

人工岸线主要分布于黄河站周边。因黄河站附近的岸线受到人类活动影响大，如修建码头等，因此选取受人类活动影响小的岸线开展岸线变迁分析，人工岸线主要分布于黄河站的机场与码头，自然岸线主要为基岩岸线与砂质岸线，如图 6-32 所示。

1989～2019 年，总体上砂质岸线侵蚀速度要快于基岩岸线，具体的表现为研究区砂质岸线变化为向陆地方向侵蚀，1989～2013 年，黄河站附近海域岸线自然岸线以平均约1.8m/a 的速度变化，总体上向陆地方向移动，表现为岸线的侵蚀；2013～2019 年，岸线变化主要集中在研究区的东部海域岸线，以平均约 4.8m/a 的速度变化，向陆地方向侵蚀，侵蚀速度明显快于 1989～2013 年。自然岸线中的基岩岸线变化总体上向陆地侵蚀，最大侵蚀量约 29.43m，但总体平均速度约为 0.8m/a，1989～2013 年侵蚀速度最快，平均约 0.82m/a，2013～2019 年侵蚀较小。

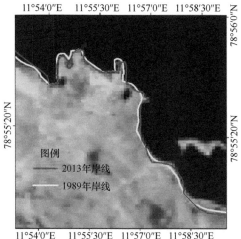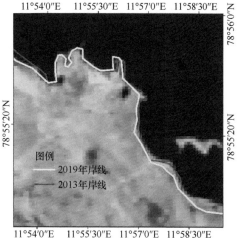

图 6-32　新奥尔松岸线变化分析图

2. 岸线维度分析

分形维数理论是在测量方式确定的条件下，平面线状目标的分形维数越大说明其形状越复杂，岸线分形维数越大，表明岸线越复杂。

研究区域岸线主要为砂质与人工岸线，其中砂质岸线占 92%以上，人工岸线占 8%以下。从尺度 1～100m，研究区岸线分形维数为 1-（-0.0279）=1.0279，相关系数为 0.68，如图 6-33 所示。由表 6-13 可知，岸线随尺度变化，岸线长度呈减小趋势，由 17.2 km 减少至 15.25 km，表明影像分辨率越大，岸线长度越为精确。研究区内以砂质岸线为主，研究区的砂质岸线变化小，分形维数为 1.0269，相关系数为 0.54，与总岸线的变化一致。人工岸线长度变化不大，不同尺度岸线长度均值为 1.11 km，主要为黄河站科考服务而在海岸修建的简单建筑，因而相关系数低，为 0.03，分形维数为 1.043，说明岸线曲折与修建的船只码头和道路有关。

表 6-13　岸线长度与分形计算

分辨率	总岸线/km	人工岸线/m	砂质岸线/m	分辨率取对数	总岸线取对数	人工岸线取对数	砂质岸线取对数
1.1 m	17.2	1.32	15.88	0.095	2.844	0.277	2.765
8 m	16.99	1.1	15.89	2.079	2.832	0.0953	2.765
15 m	16.82	0.98	15.84	2.708	2.822	−0.020	2.762
16 m	16.74	1.06	15.68	2.772	2.817	0.0582	2.752
30 m	16.62	1.05	15.57	3.401	2.810	0.048	2.745
50 m	15.34	1.30	13.95	3.912	2.730	0.329	2.635
100 m	15.25	0.97	14.28	4.605	2.724	−0.030	2.658

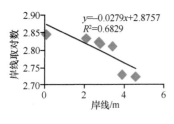 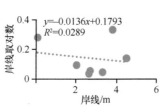 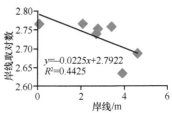

图 6-33　分形维数计算结果

3. 典型岸线变迁分析

自然岸线变迁在不同时间段的变化不一致，为此建立岸线变迁影响因子的统计分析说明岸线变迁。

用方差衡量数据的波动程度大小，方差越大说明数据波动程度越大，方差计算公式如下：

$$s^2 = \frac{\sum_{i=1}^{n}(x_i - x)^2}{n} \qquad (6\text{-}14)$$

计算得到 1989～2013 年和 2014～2021 年的温度、降水、风速、浪高的方差见表 6-14。

表 6-14　数据波动程度

年份	温度	降水	风速	浪高
1989～2013	1.47	11032.07	0.17	0.01
2014～2021	0.84	22461.71	0.09	0.01

从表 6-14 可看出，1989～2013 年，温度、风速方差要高于 2014～2021 年，而 2014～2021 年的降水方差要大于 1989～2013 年，说明降水的波动强于 1989～2013 年，这与岸线变化相一致。

在气候变化下岸线随之变化，受温度、降水、风速、底质等的共同影响，选用层次分析法把目标进行层次划分，通过模糊定性的方法确定层次的权重。运用层次分析法开展影响权重分析，经过计算，在自然因素中，温度、降水、风速、底质因素 CR<0.1，其中，温度因素总权重为 0.84，底质仅为 0.16，在对岸线变化影响气候因素中，以温度

的权重最大，为 0.59，降水权重最小，为 0.10，表明在影响北极地区岸线变化的自然因素中，温度是主要因素（表 6-15）。

表 6-15　应用 AHP 计算影响因素权重

	温度	降水	风速	底质	权重 W_i	CR
温度	1	5	3	5	0.59	
降水	1/5	1	1/3	1	0.10	−0.079 < 0.1
风速	1/3	1/3	1	3	0.20	
底质	1/5	1/3	1/3	1	0.11	

注：表中 1、3、5 代表对于岸线变化影响 4 个因素的重要性，如在岸线变化中，温度相对降水更重要。数字越大，重要性也越大。

通过计算可得每年的指标综合得分，见表 6-16。

表 6-16　综合得分

年份	得分	年份	得分	年份	得分
1989	37.1947	2000	52.9482	2011	48.8736
1990	49.8718	2001	49.8370	2012	62.5303
1991	51.3988	2002	60.4959	2013	47.1039
1992	40.1491	2003	30.1719	2014	47.0378
1993	67.7679	2004	38.4420	2015	59.2936
1994	37.6802	2005	34.6626	2016	59.9585
1995	24.2449	2006	43.9842	2017	78.2104
1996	55.8534	2007	41.9760	2018	55.6080
1997	39.1014	2008	48.0088	2019	77.7628
1998	23.8195	2009	39.7376	2020	31.4798
1999	35.9796	2010	34.8260	2021	43.9833

为此，对气温做进一步分析，分析气温变化影响。由于气候的变化，北极海岸线每年向海岸减退（赵红，2011），为此对收集的温度数据进行处理，计算年均值，1980～2020 年，温度总体趋势波动向上增加，黄河站年均温为 −4.61℃，最高值为 2015 年的 −1.15℃，最低值出现在 1988 年，为 −8.52℃。建立 1980～2020 年的温度模型，分别建立线性、对数、多项式模型，对其进行比较，多项式模型的 R^2 为 0.5652，对数模型 R^2 最低，值为 0.4185，因而采用多项式模型能更准确表现温度的趋势。如表 6-17 所示，黄河站温度整体趋势变高，表明该地处于变暖阶段。按每 5 年均值计算，建立多项式模型 $y = 0.006x^2 + 0.5906x - 6.9455$，$R^2 = 0.9263$，变暖趋势更为明显，如图 6-34 所示，尤其是近 10 年的变暖趋势更为明显，平均温度由 1980～1984 年的 −5.77℃升至 2015～2019 年的 −2.41℃，20 年间升高了 3.36℃，采用移动平均计算，如图 6-34 所示，相对于 1980～2000 年，2001～2014 年的温度波动小，且呈现波动向上趋势。

表 6-17　温度趋势不同模型

模型	表达式	R^2
线性	$y = 0.0995x - 6.6994$	0.5592
对数	$y = 1.1787\ln(x) - 7.8872$	0.4185
多项式	$y = 0.001x^2 + 0.0585x - 6.4055$	0.5652

　　从岸线分维值看，整体上，除人工岸线的变化稍大外，自然岸线的分形维数变化不大，表明岸线的变化是整体延伸与后退。计算 2000 年、2015 年、2019 年岸线弯曲度，总体上，处于黄河站东南的砂质岸线变化较小，2000~2015 年，弯曲度由 1.14 到 1.13，与分形维数计算结果一致，表明岸线在弯曲程度上的变化小，2015~2019 年，弯曲度从 1.13 升至 1.16，稍有增大，但变化并不明显。温度上升造成海平面上升，从而造成冰雪融化，在降水与风等作用下，岸线受到侵蚀。

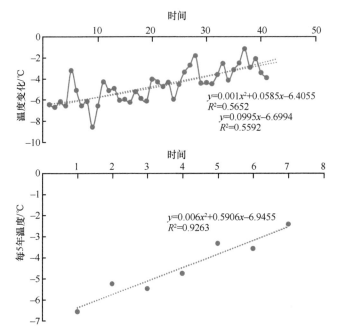

图 6-34　温度变化趋势

上图横坐标为自 1980 年起始的每 10 年，即坐标 0 代表 1980 年，坐标 10 代表 1990 年，以此类推；下图横坐标为每 5 年的年温度均值，即坐标 1 代表 1980 到 1985 年的温度均值，坐标 2 代表 1985 到 1990 年的温度均值，以此类推

4. 岸线变迁因子权重分析

　　将砂质岸线与风速、温度、降水三个变量进行线性回归，回归结果如表 6-18 所示。

表 6-18　砂质岸线回归分析结果

变量	估计	标准差	T 值	P（显著性）
风速	−83.160799	3.662849	−22.704	$< 2 \times 10^{-16}$
温度	3.334084	0.706632	4.718	4.22×10^{-5}
降水	−0.018935	0.004645	−4.077	0.00027

回归分析的 R^2 为 0.9934，对方程进行 F 检验，F 值为 1666 且对应的 $P<0.05$，所以回归方程显著。对回归系数进行 T 检验，对应的 $P<0.05$，所以回归系数均显著，可得到如下回归方程：

$$y_{砂质} = 364.132215 - 83.160799 \cdot x_{风速} + 3.334084 \cdot x_{温度} - 0.018935 \cdot x_{降水} \qquad (6\text{-}15)$$

由以上回归方程可知，风速和降水对岸线的影响均为负向影响，即岸线的值会随着风速和降水的增加而减小；而温度对岸线的影响为正向影响，即岸线的值会随着温度的升高而增大。将这三个变量对砂质岸线的影响进行对比，影响最大的是风速，其次是温度，影响最小的是降水。

5. 基岩岸线与影响因素回归分析

将基岩岸线与风速、温度、降水三个变量进行线性回归，回归结果如表 6-19 所示。

表 6-19　基岩岸线回归分析结果

变量	估计	标准差	T 值	P（显著性）
风速	−30.937129	5.687801	−5.439	5.05e-06
温度	−4.157789	1.097283	−3.789	0.00061
降水	−0.005189	0.007212	−0.719	0.47693

回归分析的 R^2 为 0.5332，对方程进行 F 检验，F 值为 12.56 且对应的 $P<0.05$，所以回归方程显著。对回归系数进行 T 检验，风速、温度两个变量回归系数的 T 检验对应的 $P<0.05$，具有统计显著性；而降水的回归系数对应的 $P>0.05$，不具有统计显著性，即降水这一变量对基岩岸线的影响不大，可以忽略，于是剔除降水这一变量重新进行回归分析，得到的结果见表 6-20。

表 6-20　基岩岸线调整后的回归分析结果

变量	估计	标准差	T 值	P（显著性）
风速	−31.162	5.639	−5.526	3.55e-06
温度	−4.348	1.057	−4.113	0.000234

剔除降水这一变量后的 R^2 为 0.5258，对方程进行 F 检验，F 值为 18.85 且对应的 $P<0.05$，所以回归方程显著。对回归系数进行 T 检验，风速、温度两个变量回归系数的 T 检验对应的 $P<0.05$，具有统计显著性，可得到如下回归方程：

$$y_{砂质} = 109.494 - 31.162 \cdot x_{风速} - 4.348 \cdot x_{温度} \qquad (6\text{-}16)$$

由以上回归方程可知，风速和温度对岸线的影响均为负向影响，即岸线的值会随着风速和温度的增加而减少。将这两个变量的影响进行对比，风速对基岩岸线的影响更大。

6.3 小　结

本章利用长时间序列的国产高分一号、高分二号中分辨率和高分辨率卫星遥感数据，结合 Landsat 系列卫星遥感数据，综合现场调查和历史文献资料所提供的现场调查资料，以北极海岸典型的三角洲湿地、海岸湿地和冻土海岸为研究区，开展了北极典型滨海湿地和海岸线变迁遥感监测。首先，针对北极海岸滨海湿地和海岸线在全球变暖背景下的变化特点，发展了北极滨海湿地和海岸线遥感监测和变迁分析方法，在此基础上，以马更些河三角洲、勒拿河三角洲、阿拉斯加德鲁角海岸、西伯利亚莫戈托耶沃湖海岸和新奥尔松海岸为典型研究区，开展了上述地区滨海湿地和海岸线分布与变化遥感监测和分析。

在北极滨海湿地遥感监测与分析方面，本章开展了对北极地区第一大三角洲勒拿河三角洲和第二大三角洲马更些河三角洲湿地分布与变迁的长时间序列遥感监测，监测并分析了北极黄河站所在的新奥尔松海岸带湿地的分布与演变情况，得到如下主要结果：①马更些河三角洲湿地植被和水体面积逐年增加，且植被类型有从低等植被向高等植被演替的趋势；②勒拿河三角洲热喀斯特湖数量和面积不断增加，且二级阶地热喀斯特湖面积增加的速率高于一级阶地，相邻湖泊不断连通，小型热喀斯特湖的数量逐渐增多；③由于冰川的不断融化、气温的升高，新奥尔松海岸湿地植被覆盖面积不断增加，且主要是 2000 年之后增加的。

在北极海岸线遥感监测与分析方面，本章分析了北极地区阿拉斯加德鲁角、西伯利亚莫戈托耶沃湖和新奥尔松三个典型北极海岸区域的海岸变迁特征及其驱动因素。得到以下基本结果：① 1974～2017 年，阿拉斯加德鲁角海岸侵蚀量较大，达到 497.7～2909.1 m，平均侵蚀量为 1648.5 m，侵蚀速率为 11.6～67.7 m/a；②西伯利亚海岸的莫戈托耶沃湖 1992～2017 年侵蚀量为 133.3～709.4 m，平均侵蚀距离为 309.8 m，侵蚀速度为 5.3～28.4 m/a；③通过对比分析和驱动因素分析表明，在北极地区的海岸侵蚀与海表温度密切相关。海表温度的强烈波动、有效波高的持续增加和海冰覆盖的减少导致沿海多年冻土的剧烈变化，促进了海岸侵蚀。

参 考 文 献

赵红. 2011. 研究发现北极海岸线每年后退数米. 地球科学进展, 26(5): 515-515.

Ananasso C, Santoleri R, Marullo S, et al. 2003. Remote sensing of cloud cover in the Arctic region from AVHRR data during the ARTIST experiment. International Journal of Remote Sensing, 24(3): 437-456.

Anisimov O A, Vaughan D G, Callaghan T V, et al. 2007. Polar regions(Arctic and Antarctic)//Parry M L, Canziani O F, Palutikof J P, et al. Climate Change 2007: Impacts, Adaptation and Vulnerability. Contribution of Working Group II to the Fourth Assessment Report of the Intergovernmental Panel on Climate Change. Cambridge: Cambridge University Press: 653-685.

Brossard T, Joly D. 1994. Probability models, remote sensing and field observation: Test for mapping some plant distributions in the Kongsfjord area, Svalbard. Polar Research, 13: 153-161.

Burn C R. 1995. The hydrologic regime of Mackenzie River and connection of "no closure" distributary channels in the Mackenzie Delta, Northwest Territories. Canadian Journal of Earth Sciences, 32(7): 926-937.

Descamps S, Aars J, Fuglei E, et al. 2017. Climate change impacts on wildlife in a High Arctic archipelago -

Svalbard, Norway. Global Change Biology, 32(2): 490-502.

Dillabaugh K A, King D J. 2008. Riparian marshland composition and biomass mapping using Ikonos imagery. Canadian Journal of Remote Sensing, 34(2): 143-158.

Engeset R V, Weydahl D J. 1998. Analysis of glaciers and geomorphology on Svalbard using multitemporal ERS-1 SAR images. Geoscience & Remote Sensing IEEE Transactions on, 36(6): 1879-1887.

Farquharson L M, Mann D H, Swanson D K, et al. 2018. Temporal and spatial variability in coastline response to declining sca-ice in northwest Alaska. Marine Geology, 404: 71-83.

Healey S P, Cohen W B, Yang Z, et al. 2005. Comparison of Tasseled Cap-based Landsat data structures for use in forest disturbance detection. Remote Sensing of Environment, 97(3): 301-310.

Henry K, Smith M. 2001. A model-based map of ground temperatures for the permafrost regions of Canada. Permafrost & Periglacial Processes, 12(4): 389-398.

Hisdal V. 1985. Geography of Svalbard. Second edition. Oslo: Norsk Polarinstitutt(Polarhandbok 2).

Hoffmann A, Ritter C, Stock M, et al. 2009. Ground-based lidar measurements from Ny-Ålesund during ASTAR 2007. Atmospheric Chemistry and Physics, 9(22): 9059-9081.

Hugelius G, Strauss J, Zubrzycki S, et al. 2014. Estimated stocks of circumpolar permafrost carbon with quantified uncertainty ranges and identified data gaps. Biogeosciences, 11(23): 6573-6593.

Intergovernmental Panel on Climate Change. 2013. The Physical Science Basis. Stockholm: Working Group II Contribution to the IPCC 5th Assessment Report.

Jones B M, Farquharson L M, Baughman C A, et al. 2018. A decade of remotely sensed observations highlight complex processes linked to coastal permafrost bluff erosion in the Arctic. Environmental Research Letters, 13: 115001.

Kade A, Romanovsky V E, Walker D A. 2006. The N-factor of nonsorted circles along a climate gradient in Arctic Alaska. Permafrost and Periglacial Processes, 17: 279-289.

Karlsson J M, Lyon S W, Destouni G. 2014. Temporal behavior of lake size distribution in a thawing permafrost landscape in Northwestern Siberia. Remote Sensing, 6(1): 621-636.

Kern S, Saleschke L, Spreen G. 2010. Climatology of the Nordic (Irminger, Greenland, Barents, Kara and White/Pechora) Seas ice cover ased on 85 GHz satellite microwave radiometry 1992-2008. Tellus Ser A - Dynamic Meteorology and Oceanography, 62: 411-434.

Kokelj S V, Lantz T C, Solomon S, et al. 2012. Using multiple sources of knowledge to investigate northern environmental change: Regional ecological impacts of a storm surge in the outer mackenzie delta, N.W.T. Arctic, 65(3): 257-272.

Kuenzer C, Klein I, Ullmann T, et al. 2015. Remote sensing of River Delta inundation: Exploiting the potential of coarse spatial resolution, temporally-dense MODIS time series. Remote Sensing, 7(7): 8516-8542.

Lacelle D, Brooker A, Fraser R H, et al. 2015. Distribution and growth of thaw slumps in the Richardson Mountains-Peel Plateau region, northwestern Canada. Geomorphology, 235: 40-51.

Laffly D, Mercier D. 2002. Global change and paraglacial morphodynamic modification in Svalbard. International Journal of Remote Sensing, 23(21): 4743-4760.

Lantuit H, Overduin P P, Couture N, et al. 2012. The Arctic coastal dynamics database: A new classification scheme and statistics on Arctic permafrost coastlines. Estuaries Coasts, 35: 383-400.

Mars J C, Houseknecht D W. 2007. Quantitative remote sensing study indicates doubling of coastal erosion rate in past 50yr along a segment of the Arctic coast of Alaska. Geology, 35: 583-586.

Nguyen T N, Burn C R, King D J, et al. 2009. Estimating the extent of near surface permafrost using remote sensing, Mackenzie Delta, Northwest Territories. Permafrost & Periglacial Processes, 20(2): 141-153.

Oechel W C, Vourlitis G L. 1994. The effects of climatic change on land atmosphere feedbacks in Arctic tundra regions. Trends in Ecology & Evolution, 9: 324-329.

Olthof I, Butson C, Fraser R. 2005. Signature extension through space for northern landcover classification: A comparison of radiometric correction methods. Remote Sensing of Environment, 95(3): 290-302.

Olthof I, Fraser R. 2014. Detecting landscape changes in high latitude ecosystems using Landsat trend analysis: 2. Classification. Remote Sensing, 6: 11558-11578.

Pfüller A, Ritter C, Stock M, et al. 2009. Ground-based lidar measurements from Ny-Ålesund during ASTAR

2007. Atmospheric Chemistry & Physics, 9: 9059-9081.

Polyak L, Alley R B, Andrews J T, et al. 2010. History of sea ice in the Arctic. Quaternary Science Reviews, 29: 1757-1778.

Raynolds M K, Walker D A, Ambrosius K J, et al. 2014. Cumulative geoecological effects of 62 years of infrastructure and climate change in ice-rich permafrost landscapes, Prudhoe Bay Oilfield, Alaska. Global Change Biology, 20(4): 1211-1224.

Reynolds J F, Tenhunen J D. 1996. Ecosystem response, resistance, resilience, and recovery in Arctic landscapes: Introduction//Reynolds J F, Tenhunen J. Landscape function and disturbance in Arctic tundra. Ecological Studies, 120: 3-18.

Schuur E A G, McGuire A D, Schädel C, et al. 2015. Climate change and the permafrost carbon feedback. Nature, 520: 7546.

Schwamborn G, Rachold V, Grigoriev M N. 2002. Late Quaternary sedimentation history of the Lena Delta. Quaternary International, 89: 119-134.

Spjelkavik S. 1995. A satellite-based map compared to a traditional vegetation map of Arctic vegetation in the Ny-lesund area, Svalbard. Polar Record, 31(177): 257-269.

Stow D A, Hope A, McGuire D, et al. 2004. Remote sensing of vegetation and land-cover change in Arctic Tundra Ecosystems. Remote Sensing of Environment, 89(3): 281-308.

Strauss J, Schirrmeister L, Grosse G, et al. 2013. The deep permafrost carbon pool of the Yedoma region in Siberia and Alaska. Geophysical Research Letters, 40(23): 6165-6170.

Terenzi J, Jorgenson M T, Ely C R. 2014. Storm-surge flooding on the Yukon Kuskokwim Delta, Alaska. Arctic, 67(3): 360-374.

Thierry B, Daniel J. 1994. Probability models, remote sensing and field observation: Test for mapping some plant distributions in the Kongsfjord area, Svalbard. Polar Research, 13: 1, 153-161.

Thuestad A E, Tømmervik H, Solbø S A. 2015. Assessing the impact of human activity on cultural heritage in Svalbard: A remote sensing study of London. Polar Journal, 5: 428-445.

Tsay S C, Stamnes K, Jayaweera K. 1989. Radiative energy budget in the cloudy and hazy Arctic. Journal of the Atmospheric Sciences, 46(7): 1002-1018.

Wadham J L, Tranter M, Dowdeswell J A. 2015. Hydrochemistry of meltwaters draining a polythermal-based, high-Arctic glacier, south Svalbard: II. Winter and early Spring. Hydrol Process,14: 1767-1786.

Wagner D, Gattinger A, Embacher A, et al. 2007. Methanogenic activity and biomass in Holocene permafrost deposits of the Lena Delta, Siberian Arctic and its implication for the global methane budget. Global Change Biology, 13: 1089-1099.

Walter K M, Zimov S A, Chanton J P, et al. 2006. Methane bubbling from Siberian Thaw Lakes as a positive feedback to climate warming. Nature, 443: 71-75.

White J W C, Alley R B, Brigham-Grette J, et al. 2010. Past rates of climate change in the Arctic. Quaternary Science Reviews, 29: 1716-1727.

Williams M, Eugster W, Rastetter E B, et al. 2000. The controls on net ecosystem productivity along an Arctic transect: A model comparison with flux measurements. Global Change Biology, 6 (S1): 116-126.

Winther J G, Oddbjørn B, Sand K, et al. 2003. Snow research in Svalbard-an overview. Polar Research, 22(2): 125-144.

Yoshitake S, Uchida M, Ohtsuka T, et al. 2011. Vegetation development and carbon storage on a glacier foreland in the High Arctic, Ny-Ålesund, Svalbard. Polar Science, 5(3): 391-397.

Zhang T, Barry R G, Knowles K, et al. 2008. Statistics and characteristics of permafrost and ground-ice distribution in the Northern Hemisphere. Polar Geography, 31(1-2): 47-68.